大型复杂超限工程
结构设计研究与应用

LARGE AND COMPLEX OVER LIMIT ENGINEERING
RESEARCH AND APPLICATION OF STRUCTURAL DESIGN

李　治◎著

中国建筑工业出版社

图书在版编目（CIP）数据

大型复杂超限工程结构设计研究与应用 ＝LARGE AND
COMPLEX OVER LIMIT ENGINEERING RESEARCH AND
APPLICATION OF STRUCTURAL DESIGN / 李治著. -- 北京 ：
中国建筑工业出版社, 2024. 9. -- ISBN 978-7-112
-30035-8

Ⅰ. TU318

中国国家版本馆 CIP 数据核字第 202449114D 号

责任编辑：刘瑞霞　梁瀛元
责任校对：姜小莲

大型复杂超限工程结构设计研究与应用
LARGE AND COMPLEX OVER LIMIT ENGINEERING
RESEARCH AND APPLICATION OF STRUCTURAL DESIGN
李　治　著

*

中国建筑工业出版社出版、发行（北京海淀三里河路 9 号）
各地新华书店、建筑书店经销
国排高科（北京）信息技术有限公司制版
鸿博睿特(天津)印刷科技有限公司印刷

*

开本：787 毫米×1092 毫米　1/16　印张：16¾　字数：405 千字
2024 年 10 月第一版　　2024 年 10 月第一次印刷
定价：**78.00** 元
ISBN 978-7-112-30035-8
（43163）

ABSTRACTS | 内容提要

本书以作者主持结构设计的 5 个典型大型复杂超限工程实例为依托,针对结构设计开展研究,总结形成了多项创新性结构设计关键技术如下:

1. 横琴国际金融中心大厦

通过一种超高层建筑结构加强层最优数量及位置的设计方法得出最少加强层数量和最优位置,该方法是高效、快速合理设置加强层的有效手段;剪力墙存在较多错洞时,可以通过局部应力分析和适当的构造措施使其满足相应的抗震性能目标;当结构上下柱网尺寸变化较大时,斜柱过渡是除了设置结构转换梁以外的另一个合理选择;利用屋顶水箱作为调谐液体阻尼器系统(TLD)减振是一种解决风振舒适度问题的经济有效的手段。

2. 越秀·国际金融汇三期超高层 T5 塔楼

超高层建筑结构整体稳定性分析、加强层设计及结构转换等是超高层结构设计的重点和难点。当结构整体稳定性指标刚重比成为结构设计的控制指标时,有必要对刚重比的适用条件进行分析。本书提出了当结构主要构件刚度沿高度显著变化时(例如:结构明显收进)针对刚重比的修正方法,使结构设计更加合理经济和安全可靠;在高区结构收进部位相邻下两层,设置伸臂桁架 + 环带桁架加强层,有效地解决了高区结构收进后刚度削弱的问题;收进后高区外框架柱与核心筒剪力墙之间采用斜柱过渡的方式,解决了高区个别外框架柱与下层的连接过渡问题,避免了结构转换层的设置。

3. 天悦星晨(天悦外滩金融中心)

两栋塔楼(其中 A 塔楼为超 B 级高度框筒结构)偏置一侧的内筒设计,最大限度地满足了建筑专业提出的所有房间可以瞰江的需求。结构设计较好地解决了内筒偏置带来的不利影响,使两栋塔楼均实现了建筑功能的特殊需求,给业主带来了巨大经济效益;地下连续墙二墙合一的一体化施工设计,有效地加快了地下室施工进度;采用高区立面斜柱过渡结合外框架柱高位多级转换,以及屋顶高达 31m 钢构架的综合设计,实现了 A 塔楼建筑高区及屋顶塔尖逐层收进的立面效果。

4. 中建·光谷之星（中建三局新总部）

该工程为高位复杂大跨度连体结构，三栋单体建筑的建筑体量、动力特性有较大差异，故连接体采用弱连接的方式与各单体建筑相连，通过设置摩擦摆隔震支座实现弱连接。书中介绍了该工程采用摩擦摆隔震支座的整体模型和强连接的整体模型以及单体模型进行的各种相互对比计算分析，说明摩擦摆隔震支座的设置使各单体结构受力更加清晰明确，同时增大了整体结构阻尼比，有利于抗震，并极大地减小了温度应力对整体结构的影响，降低了结构综合造价。

5. 武汉体育中心体育场

篷盖采用结构形式先进新颖的大悬挑预应力上拉索空间桁架-张力式索膜结构，由 64 个伞状膜单元形成纵向独立受力单元，通过角筒、环梁、下拉杆以及屋盖水平支撑形成整体空间受力体系；大悬挑上拉索钢桁架在尾部为分叉的平面连续钢桁架，提高了空间结构的整体抗震能力；钢桁架支座设计为空间柱形铰，柱铰设计实现了不向钢支座传递索膜篷盖悬挑弯矩和相邻膜单元张拉不平衡形成的扭矩，保证框架柱安全；设置四角筒，通过内外钢环梁空间拱形作用及篷盖水平支撑使整个篷盖系统形成空间稳定结构；下部支承框架采用 Y 形框架，调整了支承框架的内力，保证了框架在最不利荷载下的强度、变形满足规范要求，并减小了框架截面和配筋量，方便施工且降低了造价。

随着我国经济和城市化进程的蓬勃发展，人口城市化进程不断加快，推进了建筑行业的迅速崛起，大型复杂超限工程不断涌现，成为建筑、交通、能源以及环境工程等领域中的重要组成部分，其中很多大型复杂超限工程成为各大城市的标志性建筑。超限工程是超限高层建筑工程的简称，包括：高度超限工程、规则性超限工程以及屋盖超限工程。大型复杂超限工程的结构设计难度很高，需要对复杂的建筑采用高效的结构来满足现代社会对这些建筑的需求。为了满足这些需求，需要大量的专业学科知识，如有限元分析技术、弹性力学、弹塑性理论、结构力学、材料科学、地质工程、计算机科学等。在这些领域中，需要结构设计不断发展和探索新的理论、技术和方法，以提高设计水平和实现更加可持续的发展。因此，大型复杂超限工程结构设计需要不断引进新的专业学科，并加强不同领域之间的合作和交流，研究相关新技术并加以应用，以提高解决问题的能力和效率。只有这样，才能更好地满足现代社会对大型复杂超限工程结构设计的需求，推动社会发展和进步。

随着城市更新的进一步发展和人们对建筑审美标准的不断提高，建筑的表现形式也越来越自由与多样，成为结构设计经常遇到的难题。在这样的市场背景下，研究大型复杂超限工程结构设计关键技术，可显著提升项目的技术水平，降低工程项目的成本，实现人们对高标准建筑的追求，具有广阔的应用前景。

作者通过 5 个典型大型复杂超限工程实例，在总结各项技术的基础上，研发了超高层建筑结构加强层最优数量及位置的设计方法、考虑刚度影响的弯剪型超高层结构刚重比计算的修正方法、矩形钢管混凝土柱过渡到型钢混凝土柱的连接节点、复杂大跨度连体结构摩擦摆隔震支座设计方法、大跨度索膜结构设计理论与方法等多项结构设计关键技术，申报国家专利 50 余项，其中国家发明专利 20余项，发表论文 70 余篇，并在横琴国际金融中心大厦（339m）、越秀·国际金融汇三期超高层 T5 塔楼（330m）、天悦星晨（塔尖高度 270m）、中建·光谷之星（复杂大跨度连体结构）、武汉体育中心体育场及其综合改造等 10 余项工程中成功应用，综合效益显著。以上超限工程的创新设计成果整体达到国际领先水平或国际先进水平，获得过中国建筑金属结构协会科学技术奖一等奖（第一完成人）、第四届詹天佑土木工程大奖、中国钢结构金奖、全国优秀建筑结构设计奖、全国优秀工程勘察设计行业奖等多个全国性奖项。

通过上述大型复杂超限工程结构设计工程实例的实施效果来看，由于结构设计的创新，以较低的工程造价实现了复杂超限工程的建筑设计意图，创造了显著的经济效益与社会效益。例如：结构实现了横琴国际金融中心大厦蛟龙出海的建筑造型，使其成为珠海横琴新区的新地标；越秀·国际金融汇三期超高层 T5 塔楼立面造型收进，实现了建筑功能与美观的完美结合，使其成为武汉核心商业区的标志性超高层建筑；天悦星晨（天悦外滩金融中心），建筑立意为长江之光，并融合了代表吉祥寓意的传统灯笼造型，与江滩老租界区建筑风格相呼应，以及其全部房间瞰江的特点，打造了一个延续武汉往昔景象同时又彰显新时代领军姿态的地标建筑形象；中建·光谷之星为中建三局的新总部大楼，大跨度高位连体结构设计实现了约 580m 超长建筑物一体化建筑结构设计，成为武汉光谷地区的一道亮丽风景线；武汉体育中心体育场于 2019 年 10 月成功举办了第七届世界军人运动会开幕式，全世界各国友人对体育场的建筑形式及开幕式效果给予了高度赞赏，同时得到了媒体广泛关注和一致好评。上述技术成果可为大型复杂超限工程的设计、施工、质量、工期提供保障，在上述工程实践中应用成功后，可在类似项目建设中推广和应用，具有良好的市场前景。

本书的主要内容与设计实践结合紧密，总结形成的多项关键技术既有理论高度，同时实践性也非常强，可以直接应用于工程设计。目前关于大型复杂超限工程结构设计创新技术研究与应用的有关书籍较少，本书可供建筑结构设计工程师及大专院校土木工程专业师生参考。

书中主要内容来自作者及其结构设计团队的设计、研究成果，同时感谢中信建筑设计研究总院有限公司建筑设计团队给予的帮助和支持。本书还借鉴了有关专家学者的资料，在此一并致谢。

本书的顺利出版得到了中信建筑设计研究总院有限公司和中国建筑工业出版社各位领导、专家的大力支持，在此表示衷心的感谢！

由于作者水平有限，编著时间仓促，不妥、疏漏之处在所难免，敬请广大读者不吝指正。

李　治

2023 年 12 月于武汉

CONTENTS | 目　　录

≪ 第 **1** 章 ≫

横琴国际金融中心大厦

1.1 工程概况

横琴国际金融中心大厦作为珠澳新地标，坐落在珠海横琴十字门中央商务区北端，如图 1.1.0-1 所示。该项目规划用地面积为 18420.9m²，地上建筑面积为 138158m²，地下建筑面积为 80797m²。主塔楼地上共 69 层，地下共 4 层，裙房地上共 4 层，主要功能为办公、商业、会展、商务公寓酒店及配套服务设施。建筑总高度为 339.15m，主要屋面高度约为 300m，结构形式为带加强层的框架-核心筒混合结构，裙房高度为 24m，结构形式为框架结构。地下室埋深为 21.6m（包括筏板厚度）。主塔楼平面尺寸为 43m×43m，长宽比为 1.0，高宽比约为 7.19，埋深比约为 13.6。该项目概念以蛟龙出海为主题，寓意不凡，建成后实景如图 1.1.0-2 所示。

图 1.1.0-1 项目位置   图 1.1.0-2 建筑实景

1.1.1 建筑功能

项目规划建设成为具有国际领先水准的、绿色环保的、智能化的建筑，集高端办公、商务会所、高级公寓、餐饮商业于一体。为更好地服务于入驻企业，项目设置高端商务会所，为高层商务会谈提供高品质的会晤、交流场所，还设置了高级商务公寓。项目将遵循城市规划对地块的控制性要求，满足规划指标、交通组织等设计要求，同时在景观、灯光、

1

安防、消防、智能化、节能环保等方面高水准配套，建筑防火类别：一类；建筑耐火等级：地上及地下均为一级。

1.1.2 功能分区

充分利用场地周边环境设置不同业态需求的建筑出入口，同时兼顾该建筑作为未来城市景观的造型需求。建筑功能分区见图 1.1.2-1。

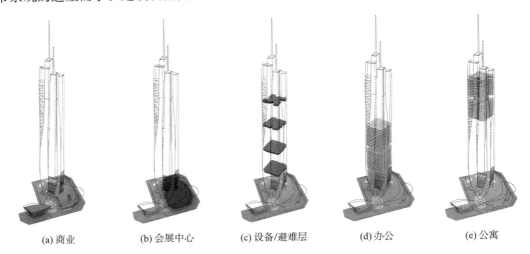

| (a) 商业 | (b) 会展中心 | (c) 设备/避难层 | (d) 办公 | (e) 公寓 |

图 1.1.2-1　建筑功能分区简图

1.2 结构设计条件和控制指标

1.2.1 设计信息

主体结构设计基准期为 50 年，设计工作年限为 50 年，主要结构构件耐久性设计使用年限为 100 年，建筑结构安全等级为二级。地下室顶板作为上部结构的嵌固部位。

建筑各区段抗震设防类别分析判断如下：

本工程地上建筑面积 138158m²，其中裙楼商业建筑面积 13815.8m²，办公区建筑面积 89802.7m²，公寓式酒店（以下简称公寓区）建筑面积 34539.5m²。建筑消防分区设计中，不同功能分区的消防疏散通道是独立的。根据《建筑工程抗震设防分类标准》[1]GB 50223—2008 第 3.0.1 条，建筑区段可分为裙楼商业（含裙楼屋面标高及以下的主塔楼部分）和主塔楼。

（1）裙楼商业（含裙楼屋面标高及以下的主塔楼部分）建筑面积小于 17000m²，但营业面积可能大于 7000m²，属于人流密集的大型的多层商场，根据《建筑工程抗震设防分类标准》第 6.0.5 条，裙楼商业（含裙楼屋面标高及以下的主塔楼部分）抗震设防类别属于重点设防类，简称乙类。

（2）主塔楼办公区建筑面积 89802.7m²，按消防疏散原则扣除核心筒后的建筑面积为 46582.3m²，公寓区扣除核心筒后建筑面积为 23415.6m²，公寓区总共 199 套。以下采用两种方法计算主塔楼内经常使用人数：第一种方法，办公区扣除核心筒后建筑面积为 46582.3m²，根据《建筑工程抗震设防分类标准》第 6.0.11 条的条文说明，经常使用人数为

$46582.3/10 \approx 4658$ 人。根据建筑设计，公寓区总共 199 套，按每套 3.5 人计算，公寓区经常使用人数为 697 人。办公区和公寓区经常使用人数共约为 $4658 + 697 = 5355$ 人；第二种方法，办公区、公寓区扣除核心筒后建筑面积共为 $46582.3 + 23415.6 = 69997.9m^2$，经常使用人数为 $69997.9/10 \approx 7000$ 人。

以上两种算法均表明，主塔楼中经常使用人数不超过 8000 人。根据《建筑工程抗震设防分类标准》第 6.0.11 条，可以认为主塔楼抗震设防类别属于标准设防类，简称丙类。

1.2.2　结构控制指标

小震、风荷载作用下最大层间位移角限值为 1/500。为确保高层建筑舒适度满足要求，需考虑建筑物风振加速度。按《高层建筑混凝土结构技术规程》[2]JGJ 3—2010（简称《高规》）第 3.7.6 条，并参照《高层民用建筑钢结构技术规程》[3]JGJ 99—2015 及广东省《高层建筑混凝土结构技术规程》[4]DBJ 15-92—2013 的规定，上部建筑功能定义为公寓式酒店，从严按公寓执行舒适度标准，建筑物顶部的风荷载加速度限值为：办公区 $0.25m/s^2$，公寓区 $0.15m/s^2$。

1.3　荷载分析

1.3.1　楼、屋面恒、活荷载

楼、屋面恒荷载及活荷载根据《建筑结构荷载规范》[5]GB 50009—2012（简称《荷载规范》）及业主使用要求确定。

1.3.2　风荷载

风荷载取值原则：50 年一遇基本风压 $w_0 = 0.85kN/m^2$，承载力设计时按基本风压的 1.1 倍采用；风荷载体型系数 $\mu_s = 1.4$；风振舒适度计算取 10 年一遇基本风压 $0.50kN/m^2$；风振系数和风压高度变化系数按荷载规范取值。地面粗糙度类别为 A 类。

由于塔楼高度超过 200m，风荷载及其响应的大小直接影响到用户的舒适度及大厦的建设成本，风荷载取风洞试验结果与《荷载规范》中风荷载（规范风荷载）的较不利值。风洞试验由湖南大学完成，试验结果可见《横琴 IFC 大厦等效静力风荷载与风振分析研究报告》[6]。风洞试验（含扭矩）与按 50 年一遇规范风荷载计算的结构力学性能结果见表 1.3.2-1。由表可知，虽然按风洞试验风荷载得到的 X、Y 向基底剪力比按规范风荷载计算得到的相应值小 2%～14%，但是考虑风洞试验扭转附加力时，X、Y 向按风洞试验风荷载得到的倾覆力矩比按规范风荷载得到的相应值分别大 10%、3%，按风洞试验风荷载得到的最不利方向 X、Y 向层间位移角分别比按 50 年一遇规范风荷载计算得到的相应值分别大 14%、6%。考虑到建筑高区体型很不规则，规范风荷载已不适用，设计采用风洞试验结果作为风荷载计算的依据。

不同工况下结构力学性能　　　　　　　　　　　　　表 1.3.2-1

计算工况		最大层间位移角	基底剪力/kN	底层倾覆力矩/（kN·m）	结构顶点位移/mm
风洞试验（含扭矩）	X 向	1/552	54140	10642278	493.6
	Y 向	1/581	49958	9943334	472.0

计算工况		最大层间位移角	基底剪力/kN	底层倾覆力矩/（kN·m）	结构顶点位移/mm
规范风荷载	X向	1/645	54922	9619095	409.5
	Y向	1/616	56780	9645575	422.4

1.3.3 地震作用

抗震设计主要依据《建筑抗震设计规范》[7]GB 50011—2010（简称《抗规》）和地震安全评价单位提供的安全性评价报告，考虑三水准地震效应。抗震设计主要参数见表1.3.3-1。

抗震设计参数 表 1.3.3-1

参数	取值
抗震设防烈度	7 度
设计基本地震加速度	0.10g
设计地震分组	第一组
小震分析阻尼比	0.04
中震分析阻尼比	0.05
大震分析阻尼比	0.07
场地类别	Ⅲ类
场地特征周期/s	0.45（小震、中震）、0.5（大震）
周期折减系数	0.85

抗震设计采用《抗规》中的反应谱函数，多遇地震下地震影响系数最大值根据《珠海横琴国际金融中心工程场地地震安全性评价报告》[8]提供的多遇地震下地震加速度最大值39gal，按 $2.25 \times 39/100/9.8 = 0.09$ 取值，多遇地震下场地特征周期按上述报告提供的 $T_g = 0.45s$ 采用，其他相应参数按《抗规》取值。

根据《超限高层建筑工程抗震设防专项审查技术要点》[9]（建质〔2010〕109 号），本工程在进行中震、大震下的结构抗震计算时的反应谱函数及地震动参数可按《抗规》采用。

综上所述，本工程采用《抗规》提供的反应谱函数，地震动参数取值见表1.3.3-2。

地震动参数 表 1.3.3-2

参数	小震	中震	大震
特征周期/s	0.45	0.45	0.50
水平地震影响系数最大值	0.09	0.23	0.50
水平地震加速度最大值/gal	39	100	220

1.3.4 温度作用及其他荷载

由于《荷载规范》中没有珠海市基本气温的规定，故参考深圳市基本气温确定温度作用，基本气温最低取为 8℃，最高气温取为 35℃。

根据《荷载规范》，计算中应考虑土压力和地下水上浮力及冲击荷载。设计地下室外墙来抵抗水、土压力，设计土压力和地下水位均根据《横琴国际金融中心大厦场地详细勘察阶段岩土工程勘察报告》[10]确定。对于埋深约 21.6m 的地下室结构，将考虑最不利水位时的地下水上浮力，并将地下水上浮力作为活荷载。电梯和设备的冲击荷载由生产厂家提供。

1.4　基础设计

1.4.1　勘察报告

根据勘察报告，场地各地层工程特性指标建议值如表 1.4.1-1、表 1.4.1-2 所示。

地基土（岩）物理力学指标建议值　　　　　　　　　　表 1.4.1-1

岩土名称		重度γ/（kN/m³）	承载力特征值f_{ak}/kPa	压缩模量E_s/MPa	变形模量E_0/MPa	抗剪强度指标		饱和单轴抗压强度f_{rk}/MPa
						黏聚力C_k/kPa	内摩擦角φ_k/°	
人工填土①		17.5	70	3.5	—	15.0	12.5	—
淤泥②₁		15.5	50	1.4	—	4.0	3.5	—
粗砂②₂、②₄		17.8	150	12.5	—	0	28.0	—
粉质黏土②₃、②₆		18.5	180	4.3	—	20.0	18.0	—
淤泥质土②₅		16.5	65	2.5	—	6.5	4.5	—
砾砂②₇		17.8	200	16.5	—	0	30.0	—
砾质黏性土③		18.8	260	4.5	40.0	21.0	22.5	—
花岗岩	全风化④₁	19.0	350	6.5	80.0	21.5	23.0	—
	强风化④₂	21.5	600	—	120.0			—
	中风化④₃	25.0	2500					38.0
	微风化④₄	26.5	5500					66.9

钻（冲）孔灌注桩设计参数建议值　　　　　　　　　　表 1.4.1-2

岩土名称		状　态	桩侧摩阻力特征值q_{sa}/kPa	桩的端阻力特征值q_{pa}/kPa	
				桩的入土深度/m	
				$L \leqslant 15$	$L > 15$
人工填土①		松　散	10	—	—
淤泥②₁		流　塑	6	—	—
粗砂②₂、②₄		稍密～中密	35	—	—
粉质黏土②₃、②₆		可塑～硬塑	35	—	—
淤泥质土②₅		流塑～软塑	11	—	—
砾砂②₇		稍密～中密	50	—	—
砾质黏性土③		可塑～硬塑	40	—	—
花岗岩	全风化④₁	全风化	60	650	800

岩土名称		状态	桩侧摩阻力特征值 q_{sa}/kPa	桩的端阻力特征值 q_{pa}/kPa	
				桩的入土深度/m	
				$L \leqslant 15$	$L > 15$
花岗岩	强风化④$_2$	强风化	80	1000	1200
	中风化④$_3$	中等风化	450	5500	
	微风化④$_4$	微风化	650	9000	

1.4.2　基础选型比较分析

（1）桩端持力层的选择

由于主塔楼单桩竖向承载力特征值需大于 11500kN，通过计算，其持力层选为中风化④$_3$层。当采用大直径端承型桩时，持力层选为微风化④$_4$层。裙房、地下室桩端持力层，一般为中风化④$_3$层，当强风化层较厚时，可以选为强风化④$_2$层。

（2）主塔楼布桩主要考虑以下 5 种可行的桩基方案，并对各方案的可行性和经济性进行了详细的分析，详见表 1.4.2-1。图 1.4.2-1～图 1.4.2-3 是各方案的桩基布置示意图。

主塔楼桩基方案　　　　　　　　　　　　　　　　表 1.4.2-1

方案	桩型	桩基及筏板描述
方案一	端承摩擦桩	桩筏基础，桩径 1000mm，单桩承载力特征值 9000～11500kN，梅花形布置，筏板厚度 3.5m
方案二	端承摩擦桩	桩筏基础，桩径 1200mm，单桩承载力特征值 13000～16000kN，梅花形布置，筏板厚度 3.5m
方案三	端承摩擦桩	桩筏基础，桩径 2000mm，单桩承载力特征值 36000～44000kN，梅花形布置，筏板厚度 3.5m
方案四	端承摩擦桩	桩筏基础，核心筒下桩径 2000mm，单桩承载力特征值 36000～44000kN，梅花形布置。外框柱下桩径 1200mm，单桩承载力特征值 15000kN，矩形阵列布置。筏板厚度 3.5m
方案五	端承摩擦桩及端承桩	桩筏基础，核心筒下桩径 2000mm，单桩承载力特征值 36000～44000kN，梅花形布置，为端承摩擦桩。外框柱下一柱一桩，桩径 2400mm，单桩承载力特征值 56000kN，为端承桩。筏板厚度 3.5～4.0m

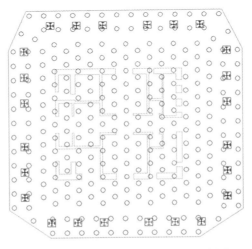

图 1.4.2-1　方案一～方案三布置示意图

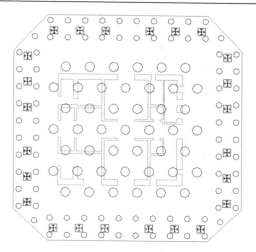

图 1.4.2-2　方案四布置示意图

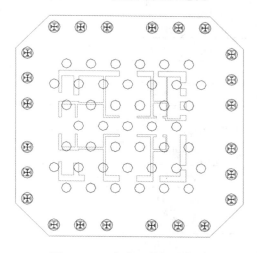

图 1.4.2-3　方案五布置示意图

比较分析见表 1.4.2-2。

桩基方案比较分析　　　　　　　　　　　　　　表 1.4.2-2

方案	桩径/mm	桩端持力层	桩数	群桩承载力/kN	造价相对关系
方案一	1000	中风化④₃	289	3076000	1.00
方案二	1200	中风化④₃	220	3110465	1.14
方案三	2000	中风化④₃	79	3104000	1.30
方案四	1200 + 2000	中风化④₃	129	3184000	1.20
方案五	2400 + 2000	中风化④₃及微风化④₄	67	3180000	1.27

结论：根据地质报告推荐，结合场地情况，经与建设单位、勘察单位、顾问单位充分讨论及协商，综合考虑结构受力、经济指标、工期影响、施工难易、现场管理等多个因素，设计拟采用方案二。

（3）裙房、地下室布桩主要由抗浮控制，有以下两种可行的桩基方案，详见表 1.4.2-3。

裙房、地下室桩基方案　　　　　　　　　　表 1.4.2-3

方案	桩型	桩基及筏板描述
方案一	端承摩擦桩	桩-承台基础，桩径 1000mm 或 1200mm。 根据计算，尽量在裙房、地下室以一柱一桩的形式布置，单桩受压承载力特征值 11500～16000kN。抗浮桩布置在跨中，桩径 1000mm，最大单桩抗拔承载力特征值 5000kN
方案二	端承摩擦桩	桩-承台基础，桩径 1000mm。 受压桩、抗浮桩均布置于柱下，单桩受压承载力特征值 9000kN，最大单桩抗拔承载力特征值 5000kN

根据综合经济性比较，方案一较优，设计拟采用方案一。

1.4.3　设计选用的基础方案

基础选型详见表 1.4.3-1。

基础选型　　　　　　　　　　表 1.4.3-1

项目	主塔楼	裙房、地下室
地基基础设计等级	甲级	甲级
建筑桩基设计等级	甲级	甲级
基础类型	桩筏	桩-承台
基础埋深	约 22m 埋深比 1/13.6 < 1/18，符合规范要求	约 21m
桩型	后注浆钻孔灌注桩	后注浆钻孔灌注桩
注浆方式	桩端、桩侧复式注浆	桩端、桩侧复式注浆
桩径或桩型号	1200mm	1000mm 或 1200mm
桩身混凝土强度等级	C50、C45	C50、C45
桩端持力层	中风化④₃	中风化④₃
进入持力层深度	2.5～5.0m	> 0.5m
有效桩长	平均约 41m	平均约 52m
单桩竖向承载力特征值	约 16000kN、13000kN	约 11500kN（抗拔 5000kN）
筏板厚度或承台厚度	3.5m	2.0m
地下室层数	4	4

1.5　结构形式、抗震等级及主要构件尺寸

1.5.1　结构形式及结构体系

主塔楼采用混合结构，为框架-核心筒结构体系，根据建筑功能分区（1～41 层为商业及办公用房，42～69 层为商务、公寓、酒店及配套服务设施用房），在避难层 31 层、44 层设置二道加强层，加强层采用周边带状桁架和伸臂桁架的形式。31 层周边带状桁架采用连续人字支撑形式，44 层周边带状桁架采用分段人字支撑形式，伸臂桁架采用 V 形布置。结构竖向构

件基本连续,底部楼层局部存在穿层柱;主塔楼平面尺寸为 43m×43m,外框柱网尺寸为 5.4m
和 9.2m。从 30 层办公高区开始采用斜柱使框架柱在平面上收进约 5m;低区核心筒平面尺寸
为 26m×23.4m,办公高区核心筒平面尺寸为 22.7m×23m。办公区采用矩形钢管混凝土柱、
钢梁、钢筋桁架混凝土楼盖,公寓区采用钢筋混凝土柱、混凝土梁板体系,外框架柱在 45~
46 层设置过渡层,采用型钢混凝土柱将钢管混凝土柱过渡到钢筋混凝土柱。主塔楼带有 4 层
裙房,主楼与裙房之间不设防震缝,为减少地震带来的不利影响,主裙楼幕墙二次钢结构之
间采用弱连接的形式。典型结构平面布置见图 1.5.1-1~图 1.5.1-4,加强层周边带状桁架采用
分段人字支撑形式,伸臂桁架采用 V 形布置,如图 1.5.1-5、图 1.5.1-6 所示(四个立面均同)。

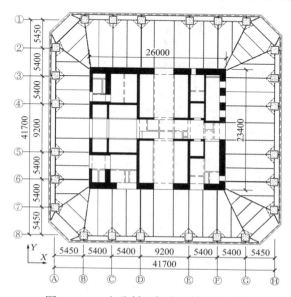

图 1.5.1-1　办公低区标准层结构平面图

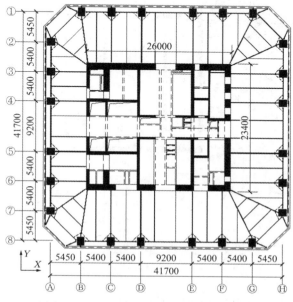

图 1.5.1-2　办公中区标准层结构平面图

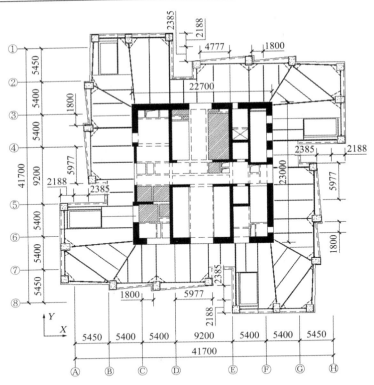

图 1.5.1-3　办公高区结构平面图

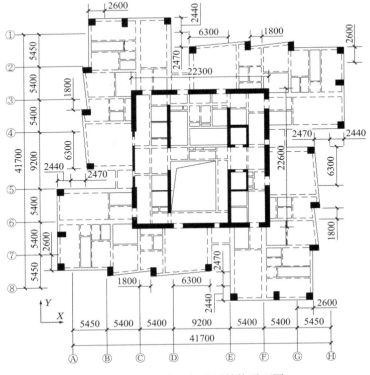

图 1.5.1-4　公寓区标准层结构平面图

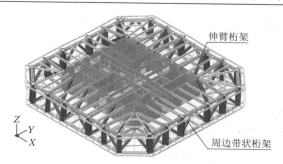

图 1.5.1-5　31 层加强层轴测图

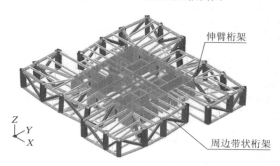

图 1.5.1-6　44 层加强层轴测图

1.5.2　主要结构构件抗震等级

　　主要结构构件抗震等级见表 1.5.2-1。裙房框架抗震等级如下：塔楼相关范围（指主楼周边外延 3 跨且不小于 20m 的范围）以内或跨度大于 18m 的框架为一级，塔楼相关范围以外为二级；地下室各构件抗震等级如下：塔楼相关范围（指主楼周边外延 2 跨的范围）以外且跨度不大于 18m 的框架为三级，跨度大于 18m 的框架为一级。塔楼相关范围内的地下 1 层抗震等级同塔楼抗震等级；塔楼相关范围内地下 1 层以下各层抗震等级逐层降低一级，但不低于三级。

主要结构构件抗震等级

表 1.5.2-1

构件	主塔楼	商业裙房	地下室
剪力墙	一级	一级（二级）	详见文中描述
框架	5 层楼面以下特一级，以上一级	一级（二级）	详见文中描述
加强层及其上下相邻各一层	特一级	—	—

1.5.3　主要结构构件尺寸

　　主塔楼框架柱、加强层桁架截面见表 1.5.3-1。1～5 区对应层数分别为：1～17 层、18～30 层、31～44 层、45～55 层、56 层及以上。表中 1～3 区框架柱为钢管混凝土柱，按《高规》和《钢管混凝土结构技术规范》[11]GB 50936—2014 的规定从严设计，4、5 区框架柱为钢筋混凝土柱，按《高规》和《混凝土结构设计规范》[12]GB 50010—2010 的规定从严设计；4 区型钢仅指过渡层型钢，5 区型钢仅指塔冠部分型钢；5 区加强层桁架仅指塔冠钢框架构件。核心筒剪力墙厚度见表 1.5.3-2，核心筒墙体编号见图 1.5.3-1。

裙房 1 层~裙房屋面层主要构件截面：框架柱采用 C40 混凝土，截面尺寸为 800mm×800mm、1000mm×1000mm、1100mm×1100mm；剪力墙采用 C40 混凝土，墙体厚度为 300mm；大跨度钢桁架按《抗规》和《钢结构设计标准》[13]GB 50017—2017 的规定从严设计，采用 Q345 钢，上下弦杆截面尺寸为 350mm×350mm×20mm，腹杆截面尺寸为 150mm×150mm×10mm。

地上部分楼板厚度根据计算确定，混凝土强度等级原则上不超过 C35。

主塔楼框架柱、加强层桁架截面　　　　表 1.5.3-1

区位	框架柱		加强层桁架截面/mm
	截面尺寸/mm	型钢截面/mm	
5 区	1000×1000、1400×900	□600×600×24/24、□1000×600×400×600×24/24	□600×600×50
4 区	1100×1100、1400×900	□800×800×30/30、□1000×600×400×400×30/30	—
3 区	1200×1200、1400×1000	□1200×1200×40/40、□1400×1000×40/40	□600×600×50
2 区	1400×1400	□1400×1400×50/50	□600×600×50
1 区	1600×1600	□1600×1600×60/60	—

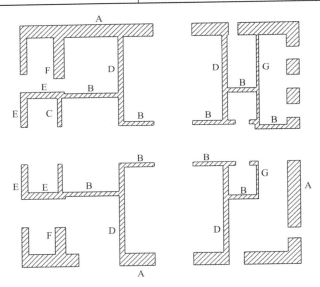

图 1.5.3-1　核心筒墙体编号

核心筒剪力墙厚度（单位：mm）　　　　表 1.5.3-2

区位	A	B	C	D	E	F	混凝土强度等级
5 区	600	400	400	500	—	700	C40
4 区	800	400	400	500	—	800	C45
3 区	1000	400	400	500	—	1000	C50
2 区	1000	400	400	500	600	1000	C55
1 区	1200	400	400	500	600	1000	C60

1.6　结构超限类型和程度

1.6.1　高度、高宽比及长宽比超限检查

高度、高宽比及长宽比超限检查详见表 1.6.1-1。

超限检查　　　　　　　　　　　　　　　　表 1.6.1-1

项目	简要涵义	超限判断	
高度	7 度（0.10g）框架-核心筒混合结构高度限值为 190m	有	本工程高度为 300m，高度超限，超过 B 级高度
高宽比	7 度（0.10g）框架-核心筒混合结构高宽比限值为 7	有	本工程高宽比为 7.194，高宽比超限
长宽比	—	无	本工程长宽比为 1，长宽比不超限

1.6.2　一般不规则检查

一般不规则检查详见表 1.6.2-1。

一般不规则检查　　　　　　　　　　　　　表 1.6.2-1

序号	不规则类型	简要涵义	超限判断	
1a	扭转不规则	考虑偶然偏心的扭转位移比大于 1.2	有	裙房考虑偶然偏心的最大位移与层平均位移的比值最大值为 1.46，相对应的层间位移角为 1/3508
1b	偏心布置	偏心率大于 0.15 或相邻层质心相差大于相应边长 15%	无	—
2a	凹凸不规则	平面凹凸尺寸大于相应边长 30% 等	无	—
2b	组合平面	细腰形或角部重叠形	无	—
3	楼板不连续	有效宽度小于 50%，开洞面积大于 30%，错层大于梁高	有	2 层有效楼板宽度小于 50%；4 层楼面，主塔楼和裙楼基本脱开，存在大开洞
4a	刚度突变	相邻层刚度变化大于 70% 或连续三层变化大于 80%	无	—
4b	尺寸突变	竖向构件位置缩进大于 25%，或外挑大于 10% 和 4m，多塔	无	—
5	构件间断	上下墙、柱、支撑不连续，含加强层、连体类	有	结构存在 2 个加强层，且 44 层错洞墙处连梁存在转换，上下墙不连续
6	承载力突变	相邻层受剪承载力变化大于 80%，即相邻楼层受剪承载力比小于 0.8	有	加强层受剪承载力突变，3 层受剪承载力比 0.69，30 层受剪承载力比 0.6，68 层受剪承载力比 0.44，43 层受剪承载力比为 0.74
7	其他不规则	如局部的穿层柱、斜柱、夹层、个别构件错层或转换	有	底层存在穿层柱；结构层 31~44 层有斜柱

本工程有 5 项一般不规则项。

1.6.3 严重不规则检查

《高规》第 10.6.3 条规定,多塔楼建筑结构各塔楼的层数、平面和刚度宜接近,塔楼对底盘宜对称布置,上部塔楼结构的综合质心与底盘结构质心的距离不宜大于底盘相应边长的 20%。本工程塔楼与裙楼不分缝,塔楼偏置判断如下,图 1.6.3-1 左下侧点为底盘质心,右上侧点为塔楼的质心,X 轴方向塔楼质心和底盘的质心距离为 12.616m,为相应底盘边长的 8%;Y 轴方向塔楼质心和底盘的质心距离为 20.021m,为相应底盘边长的 18.8%,满足《高规》第 10.6.3 条的规定。具体检查情况详见表 1.6.3-1。

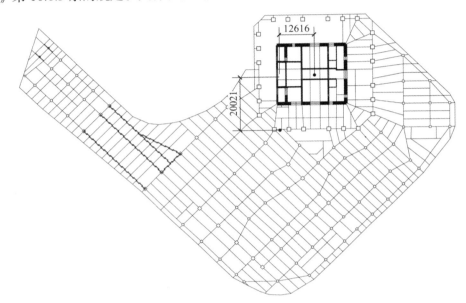

图 1.6.3-1 塔楼与底盘质心关系示意图

严重不规则检查 表 1.6.3-1

序号	不规则类型	简要涵义	超限判断
1	扭转偏大	裙房以上的较多楼层,考虑偶然偏心的扭转位移比大于 1.4	无
2	抗扭刚度弱	扭转周期比大于 0.9,混合结构扭转周期比大于 0.85	无
3	层刚度偏小	本层侧向刚度小于相邻上层的 50%	无
4	高位转换	框支墙体的转换构件位置:7 度超过 5 层,8 度超过 3 层	无
5	厚板转换	7~9 度设防的厚板转换结构	无
6	塔楼偏置	单塔或多塔与大底盘的质心偏心距大于底盘相应边长 20%	无
7	复杂连接	各部分层数、刚度、布置不同的错层; 连体两端塔楼高度、体型或者沿大底盘某个主轴方向的振动周期显著不同的结构	无
8	多重复杂	结构同时具有转换层、加强层、错层、连体和多塔等复杂类型的 3 种	无

本工程无严重不规则项。

1.6.4　补充不规则检查

本工程为超 B 级高度高层建筑。根据广东省《高层建筑混凝土结构技术规程》DBJ 15-92—2013 对本工程进行补充不规则检查，详见表 1.6.4-1。

补充不规则检查　　　　　　　　　　　　　　　　　　　　　表 1.6.4-1

结构类型	地震作用下的最大层间位移角 θ_E 范围	扭转位移比范围	扭转不规则程度	超限判断
框架-核心筒	$\theta_E \leqslant 1/1300$	$\mu \leqslant 1.2$	规则	无
		$1.2 < \mu \leqslant 1.3$	Ⅰ类	无
		$1.3 < \mu \leqslant 1.4$	Ⅰ类	无
		$1.4 < \mu \leqslant 1.6$	Ⅱ类	有
	$1/1300 < \theta_E \leqslant 1/650$	$\mu \leqslant 1.2$	规则	有
		$1.2 < \mu \leqslant 1.3$	Ⅰ类	无
		$1.3 < \mu \leqslant 1.4$	Ⅱ类	无
		$1.4 < \mu \leqslant 1.6$	Ⅱ类	无

注：扭转位移比 μ 指楼层竖向构件的最大水平位移与平均位移之比，计算时采用刚性楼板假定，并考虑偶然偏心的影响。

1.6.5　《广东省超限高层建筑工程抗震设防专项审查实施细则》的超限判断

以下根据《广东省超限高层建筑工程抗震设防专项审查实施细则》（2011 年版）进行超限判断。详见表 1.6.5-1～表 1.6.5-3。

高度超限检查　　　　　　　　　　　　　　　　　　　　　表 1.6.5-1

项目	简要涵义	超限判断	说明
高度	7 度（0.10g）框架-核心筒混合结构高度限值为 190m	有	本工程高度为 300m，高度超限，超过 B 级高度

一般不规则检查　　　　　　　　　　　　　　　　　　　　　表 1.6.5-2

序号	不规则类型	简要涵义	超限判断	
1a	扭转不规则	考虑偶然偏心的扭转位移比大于 1.2	有	裙房考虑偶然偏心的最大位移与层平均位移的比值最大值为 1.48，相对应的层间位移角为 1/3508，扭转不规则程度属于Ⅱ类
2a	凹凸不规则	平面凹凸尺寸大于相应边长 30%等	无	—
2b	组合平面	细腰形或角部重叠形	无	—
3	楼板不连续	有效宽度小于 50%，开洞面积大于 30%，错层大于梁高	有	2 层有效楼板宽度小于 50%
4a	侧向刚度不规则	该层侧向刚度变化小于上层侧向刚度的 80%	无	—
4b	尺寸突变	竖向构件位置缩进大于 25%，或外挑大于 10%和 4m	无	—
5	竖向构件不连续	上下墙、柱、支撑不连续	有	结构存在 2 个加强层，且 44 层错洞墙处连梁存在转换，上下墙不连续

续表

序号	不规则类型	简要涵义	超限判断	
6	承载力突变	相邻层受剪承载力变化大于75%	有	加强层受剪承载力突变，3层受剪承载力比0.69，30层受剪承载力比0.6，68层受剪承载力比0.44，43层受剪承载力比为0.74

本工程有 4 项一般不规则项。

严重不规则检查　　　　　　　　　　　表 1.6.5-3

序号	不规则类型	简要涵义	超限判断
1	扭转偏大	裙房以上30%或以上楼层数考虑偶然偏心的扭转位移比大于1.5	无
2	层刚度偏小	本层侧向刚度小于相邻上层的50%	无
3	高位转换	框支墙体的转换构件位置：7度超过5层，8度超过3层	无
4	厚板转换	7～9度设防的厚板转换结构	无
5	复杂连接	各部分层数、刚度、布置不同的错层、连体两端塔楼高度、体型或者沿大底盘某个主轴方向的振动周期显著不同的结构	无
6	多重复杂	结构同时具有转换层、加强层、错层、连体和多塔等复杂类型的3种	无

本工程无严重不规则项。

1.6.6　结论

根据《超限高层建筑工程抗震设防专项审查技术要点》（建质〔2010〕109 号）和《广东省超限高层建筑工程抗震设防专项审查实施细则》（2011 年版）的规定，本栋建筑为高度超限，且有平面扭转不规则、局部楼板不连续、尺寸突变、构件间断、有穿层柱、承载力突变和斜柱不规则共 7 项不规则的超限高层建筑，属于高度超限且规则性超限的工程。根据广东省《高层建筑混凝土结构技术规程》DBJ 15-92—2013，本工程属于 Ⅱ 类扭转不规则。

1.7　结构抗风设计

由于本工程位于海边，风荷载是控制工况之一，因此先对结构抗风设计作如下论述。

1.7.1　风荷载

1. 规范风荷载详见表 1.7.1-1。

珠海市横琴岛基本风压　　　　　　　　表 1.7.1-1

重现期	风压/（kN/m²）
10 年	0.5
50 年	0.85
100 年	1

2. 风洞试验风荷载

由于横琴国际金融中心大厦为具有独特造型的超高层建筑，对风荷载的静力和动力作用都将比较敏感，有必要通过风洞模型试验来确定作用在其上的风荷载，并对其风致振动特性进行研究，以便对其进行合理及安全可靠的设计。

因此，珠海横琴新区十字门国际金融中心大厦建设有限公司委托湖南大学对该大楼进行了风洞试验及风致响应分析。风洞试验模型见图 1.7.1-1，模型坐标见图 1.7.1-2。

图 1.7.1-1　横琴国际金融中心大厦效果图及风洞试验模型

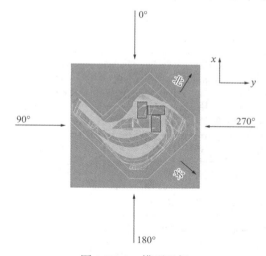

图 1.7.1-2　模型坐标

3. 风作用效应比较

本小节将风洞试验的风荷载与《荷载规范》进行比较，比较结果见表 1.7.1-2。风洞试验风荷载数据重现期为 50 年，阻尼比 4%的建筑模型考虑了横风向效应、扭转风振效应及顶部桅杆的影响；按规范取值时，50 年重现期基本风压取 0.85kN/m²，体型系数取 1.4，考虑了横风向效应。

规范与风洞试验楼层风荷载比较 表 1.7.1-2

楼层	规范风荷载		风洞试验风荷载												
			+X向（90°）			+Y向（180°）			−X向（270°）			−Y向（0°）		
	$X/$ kN	$Y/$ kN	$F_X/$ kN	$F_Y/$ kN	$T/$ （kN·m）	$F_X/$ kN	$F_Y/$ kN	$T/$ （kN·m）	$F_X/$ kN	$F_Y/$ kN	$T/$ （kN·m）	$F_X/$ kN	$F_Y/$ kN	$T/$ （kN·m）
1	1201.9	1817	222.61	336.13	2004.7	354.47	243.56	1269.6	274.95	446.55	1495.3	309.54	203.6	995.2
2	1231.1	1829.6	236.92	354.64	5148.8	372.7	258.93	2918.5	279.61	452.75	3253.6	325.32	216.87	2303.8
3	1367	2031.4	265.58	397.29	3960.4	417.85	289.87	2306.2	306.53	496	2588	364.73	242.75	1817.1
4	1023	1449.5	206.14	301.53	7178.3	312.77	226.02	4003	230.19	369.75	4427.1	272.63	190.47	3163.5
5	450.1	450.2	205.97	307.12	829.46	323.12	224.27	724.44	232.31	375.19	862.3	282.01	187.86	560.12
6	469.3	469.3	217.35	322.09	925.49	338.44	236.16	777.35	242.11	389.86	915.01	295.31	198.02	601.79
7	486.9	486.8	228.69	336.37	1031.5	352.91	247.88	833.16	251.68	403.82	971.12	307.82	208.1	645.87
8	503.2	503.3	240.18	350.23	1145.3	366.78	259.64	891.72	261.24	417.34	1030.5	319.8	218.28	692.21
9	518.6	518.6	251.99	363.81	1265.3	380.26	271.6	952.79	270.95	430.61	1093	331.4	228.67	740.6
10	533.2	533.1	264.19	377.28	1390	393.48	283.88	1016	280.91	443.79	1158.3	342.73	239.41	790.76
11	546.9	546.9	276.86	390.7	1518.2	406.54	296.55	1081.1	291.19	456.95	1225.9	353.9	250.53	842.36
12	560	560.1	290.07	404.14	1649	419.52	309.68	1147.7	301.87	470.18	1295.6	364.97	262.09	895.2
13	572.7	572.7	303.83	417.62	1781.8	432.49	323.28	1215.5	313	483.5	1366.9	375.99	274.09	949.06
14	584.9	584.8	318.13	431.18	1915.1	445.47	337.38	1284	324.57	496.94	1439.3	386.98	286.54	1003.4
15	596.5	596.6	332.98	444.82	2049.6	458.49	351.97	1353.4	336.61	510.52	1512.9	397.99	299.45	1058.5
16	607.9	607.9	378.63	476.91	2561.9	487.34	395.49	1604	373.16	543.72	1784.7	421.62	338.53	1258.2
17	703	703	434.95	549.38	2881.2	561.59	454.56	1814.8	428.11	624.58	2017.3	485.94	389	1423
18	631	630.9	381.64	487.43	2451.5	499.07	399.65	1563.5	376.39	553.13	1737	432.12	341.64	1225.1
19	641.2	641.3	398.64	501.49	2589.5	512.42	416.23	1635.6	390.39	567.3	1814.5	443.28	356.32	1282.3
20	651.4	651.4	416.12	515.66	2728.7	525.88	433.27	1708.6	404.85	581.61	1893	454.52	371.41	1340.2
21	661.2	661.2	434.08	529.9	2867.9	539.44	450.7	1781.9	419.76	596.02	1972	465.81	386.83	1398.3
22	670.9	670.9	452.39	544.18	3006	553.06	468.47	1854.8	435.04	610.51	2050.8	477.14	402.53	1456.2
23	680.4	680.3	470.99	558.49	3143.4	566.72	486.52	1927.6	450.62	625.04	2129.5	488.47	418.49	1513.8
24	689.6	689.6	489.87	572.79	3279.2	580.4	504.81	1999.7	466.5	639.59	2207.6	499.82	434.63	1571
25	698.7	698.7	508.92	587.12	3412.6	594.08	523.35	2070.7	482.58	654.19	2284.6	511.13	451	1627.3
26	707.6	707.6	528.16	601.16	3543.6	607.75	541.64	2140.7	498.87	668.5	2360.5	522.43	467.13	1682.7

续表

楼层	规范风荷载		风洞试验风荷载											
			+X向（90°）			+Y向（180°）			−X向（270°）			−Y向（0°）		
	$X/$ kN	$Y/$ kN	$F_X/$ kN	$F_Y/$ kN	$T/$ (kN·m)	$F_X/$ kN	$F_Y/$ kN	$T/$ (kN·m)	$F_X/$ kN	$F_Y/$ kN	$T/$ (kN·m)	$F_X/$ kN	$F_Y/$ kN	$T/$ (kN·m)
27	716.4	716.5	547.08	615.34	3671	621.16	560.35	2208.9	514.95	682.98	2434.6	533.52	483.61	1736.8
28	725.1	725.1	566.08	629.12	3794.1	634.53	578.55	2275	531.14	697.03	2506.4	544.56	499.65	1789.2
29	733.6	733.6	584.84	642.83	3912.5	647.7	596.84	2338.9	547.17	711.04	2575.8	555.42	515.74	1839.8
30	742.1	742	663.44	690.28	4537.1	691.95	672.85	2664.1	614.61	761.25	2934	590.95	582.9	2098
31	960.1	960.1	778.94	843.88	5070	849.67	792.66	3030.2	725.83	930.45	3334.1	727.9	685.42	2383.6
32	840.3	840.3	625.09	702.59	3934.9	710.97	637.71	2394.1	586.09	774.51	2631.6	610.73	550.26	1881.2
33	855.2	855.2	645.78	717.11	4066.5	725.41	656.89	2464.3	603.74	789.31	2707.8	622.63	567.16	1936.8
34	870.1	870.1	667.35	731.86	4150.5	740.22	676.62	2510.4	622.19	804.36	2757.5	634.83	584.53	1973.3
35	885	885	688.9	746.49	4263	754.94	696.31	2571	640.66	819.3	2823.3	646.94	601.86	2021.3
36	899.9	900	712.46	761.98	4407.3	770.65	717.63	2647.8	660.91	835.18	2907	659.82	620.63	2082.1
37	914.9	914.9	733.22	776	4552.4	784.83	736.59	2725.1	678.79	849.49	2991.4	671.48	637.3	2143.4
38	929.9	929.8	757.4	791.67	4708.5	800.72	758.5	2808.2	699.66	865.58	3082.2	684.5	656.57	2209.2
39	944.8	944.8	783.87	808.69	4282.7	817.74	782.87	2595	722.56	883.14	2844.5	698.39	678	2039.5
40	895.8	895.8	765.28	800.48	4169.9	811.25	764.17	2541.8	706.48	873.58	2784	693.62	661.35	1996.9
41	910.2	910.3	783.5	812.89	4305.9	823.86	780.8	2613.5	722.24	886.2	2862.3	704.01	675.95	2053.8
42	867.3	867.3	768.68	783.66	4272.7	793.39	764.21	2572.7	706.74	853.39	2818.3	677.08	662.06	2022.8
43	880.2	880.1	968.12	894.34	5603.1	899.89	953.09	3262.9	881.24	971.68	3582.8	761.78	828.19	2570.9
44	1070.7	1070.8	984.93	979.24	5545.8	989.84	976.26	3305.9	902.29	1064.2	3622.2	843.08	846.55	2600.9
45	705.7	705.6	667.07	654.64	3740.9	661.13	660.35	2222.4	610.12	710.89	2435.2	562.52	572.87	1748.8
46	710.3	710.4	678.32	662.23	3773.6	668.55	671.16	2240.6	619.94	718.68	2454.8	568.59	582.34	1763.2
47	715.1	715.1	690.72	670.29	3815	676.55	682.84	2263.4	630.78	726.98	2479.5	575.12	592.58	1781.3
48	719.8	719.8	703.13	678.34	3854.2	684.55	694.54	2285.1	641.64	735.27	2503	581.64	602.84	1798.4
49	724.5	724.5	715.56	686.38	3895.7	692.53	706.26	2307.8	652.52	743.56	2527.7	588.15	613.1	1816.4
50	729.2	729.2	728.01	694.54	3932.7	700.5	718.22	2328.3	663.41	751.97	2549.8	594.65	623.58	1832.6
51	733.9	733.9	740.46	702.69	3969.7	708.46	730.21	2348.8	674.33	760.38	2572	601.14	634.08	1848.8
52	738.5	738.5	753.18	710.7	4006.7	716.55	741.97	2369.2	685.48	768.64	2594.1	607.72	644.38	1864.9

楼层	规范风荷载		风洞试验风荷载											
			+X向（90°）			+Y向（180°）			−X向（270°）			−Y向（0°）		
	$X/$ kN	$Y/$ kN	$F_X/$ kN	$F_Y/$ kN	$T/$ (kN·m)	$F_X/$ kN	$F_Y/$ kN	$T/$ (kN·m)	$F_X/$ kN	$F_Y/$ kN	$T/$ (kN·m)	$F_X/$ kN	$F_Y/$ kN	$T/$ (kN·m)
53	743.2	743.2	765.66	718.69	4039.2	724.49	753.75	2387.4	696.43	776.89	2613.7	614.19	654.7	1879.3
54	747.9	747.8	1031	862.73	5556.5	864.03	1007.5	3186.4	931.35	931.16	3499.4	724.77	876.79	2513.3
55	857.7	857.8	787.96	775.94	4007.1	784.83	778.75	2418.9	719.33	838.16	2641.4	668.02	675.45	1901.5
56	757.8	757.8	762.5	720.82	3896.4	727.29	750.56	2318	693.56	778.11	2534.7	616.97	651.8	1823.9
57	762.4	762.4	774.18	728.34	3926.8	734.76	761.59	2334.9	703.82	785.85	2553	623.06	661.45	1837.3
58	767.1	767	785.87	735.85	3957.2	742.23	772.63	2351.9	714.09	793.59	2571.2	629.14	671.12	1850.7
59	771.6	771.7	797.58	743.35	3987.6	749.68	783.68	2368.8	724.37	801.32	2589.5	635.21	680.79	1864
60	776.3	776.3	809.06	750.71	4013.8	757.01	794.52	2383.5	734.46	808.9	2605.3	641.18	690.28	1875.7
61	780.9	780.9	820.55	758.07	4040	764.32	805.37	2398.3	744.56	816.48	2621.2	647.13	699.78	1887.3
62	785.6	785.5	832.04	765.29	4064	771.63	816.01	2411.9	754.68	823.92	2635.8	653.09	709.09	1898.1
63	790.2	790.2	843.1	772.38	4086.1	778.7	826.45	2424.5	764.41	831.21	2649.2	658.84	718.21	1908
64	794.8	794.8	854.14	779.46	4106	785.75	836.89	2436	774.14	838.5	2661.5	664.59	727.35	1917.1
65	799.4	799.4	865.2	786.53	4125.9	792.79	847.34	2447.5	783.87	845.78	2673.7	670.32	736.48	1926.1
66	804	804.1	875.8	793.34	4139.5	799.59	857.35	2455.7	793.21	852.78	2682.3	675.86	745.24	1932.6
67	808.7	808.7	1217.5	976.97	5842.9	978.7	1183.6	3351.2	1097	1049.6	3676.6	817.67	1030.4	2643.2
68	1065.2	1065.1	1159.7	1047.8	5356.7	1056.2	1134.7	3185.1	1049.9	1125.4	3476.9	892.55	986.33	2506.3
69	1138.9	1139	1161.8	1078.2	5265.1	1088.6	1138.9	3169.7	1053.3	1157.4	3453.8	922.09	989.44	2492.2
70	915.9	915.8	728.52	844.36	3034.6	865.3	735.65	2099.1	675.44	904.23	2248.9	745.26	632.78	1637.8
71	920.6	920.7	544.81	741.77	2118.8	771.87	573.15	1726.2	521.42	791.06	1820.4	670.89	485.78	1337.8
72	925.5	925.4	579.64	764.27	2300.9	792.34	603.99	1800.3	550.03	815.17	1903.6	687.55	513.77	1397.2
73	1493.2	1493.3	887.58	1204.7	3429.3	1252.8	933.18	2794.9	847.22	1282.2	2941.7	1088.7	791.27	2165.9
74	1506	1375.3	846.4	1185.1	3148.1	1237	899.06	2703.3	813.61	1258.3	2830	1076.7	759.47	2091.3

1.7.2 抗风分析结果

抗风分析考虑了各种工况，计算结果详见图 1.7.2-1～图 1.7.2-12 及表 1.7.2-1～表 1.7.2-3。

1. 风洞试验数据考虑扭转风振影响与不考虑扭转风振影响计算结果对比

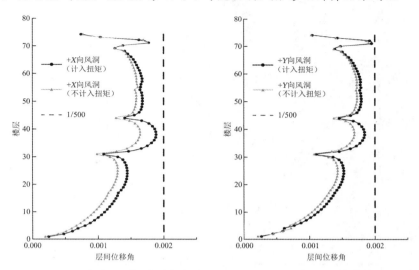

图 1.7.2-1　+X向楼层层间位移角曲线　图 1.7.2-2　+Y向楼层层间位移角曲线

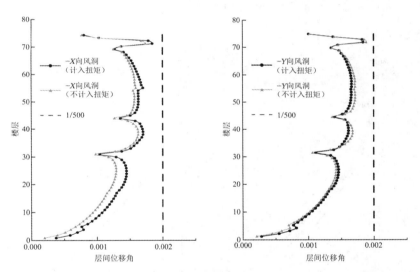

图 1.7.2-3　−X向楼层层间位移角曲线　图 1.7.2-4　−Y向楼层层间位移角曲线

风洞试验数据考虑扭转风振影响与不考虑扭转风振影响计算结果对比　表 1.7.2-1

项目	最大层间位移角	基底剪力/kN	底层倾覆力矩/（kN·m）	结构顶点位移/mm
考虑扭转风振影响	1/510（X向） 1/554（Y向）	54530.2（X向） 50313.7（Y向）	11011708（X向） 10288229（Y向）	450.84（X向） 423.44（Y向）
不考虑扭转风振影响	1/532（X向） 1/568（Y向）	54521.3（X向） 50314.4（Y向）	11011463（X向） 10288930（Y向）	429.93（X向） 402.91（Y向）

在计入风洞试验数据中扭矩这一附加力时，位移角要比不计入扭矩时大 2%～5%，基底剪力、倾覆力矩相差不大。考虑到本工程风车状外形，因此扭矩是不容忽略的重要因素。

由上可知，考虑扭转风振影响与不考虑扭转风振影响计算结果均满足规范要求。

2. 风洞试验数据（含扭矩）与规范风荷载数据计算结果对比

基底剪力对比：

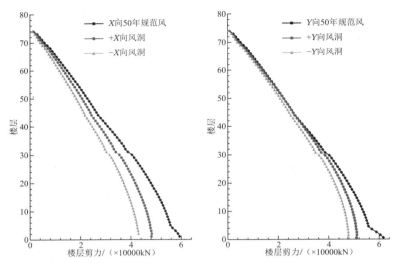

图 1.7.2-5　X向风荷载下楼层剪力　　图 1.7.2-6　Y向风荷载下楼层剪力

倾覆力矩对比：

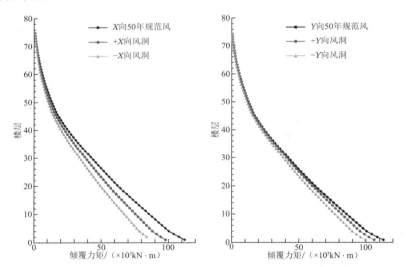

图 1.7.2-7　X向风荷载下倾覆力矩　　图 1.7.2-8　Y向风荷载下倾覆力矩

层间位移角对比：

风洞试验数据（含扭矩）与 50 年规范风荷载数据计算结果对比　　表 1.7.2-2

项目	最大层间位移角	基底剪力/kN	底层倾覆力矩/（kN·m）	结构顶点（300m 处）位移/mm
风洞试验（含扭矩）	1/510（X向） 1/554（Y向）	54530.2（X向） 50313.7（Y向）	11011708（X向） 10288229（Y向）	450.84（X向） 423.44（Y向）
规范风荷载	1/535（X向） 1/538（Y向）	59475.7（X向） 61622.6（Y向）	11222128（X向） 11228668（Y向）	424.31（X向） 439.73（Y向）

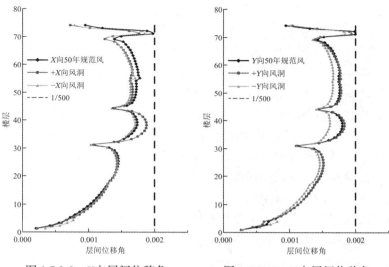

图 1.7.2-9　X向层间位移角　　　图 1.7.2-10　Y向层间位移角

由上可知，虽然X、Y向风洞基底剪力要比规范风荷载小 9%～19%；X、Y向风洞倾覆力矩要比规范风荷载小 2%～9%；但是考虑风洞扭转附加力时，风洞试验最不利方向X、Y向层间位移角分别比 50 年规范风荷载大 5%、小 3%。

按风洞试验数据及规范数据计算，计算结果均满足规范要求。

3. 风洞试验数据（不含扭矩）与 50 年规范风荷载数据计算结果对比

层间位移角对比：

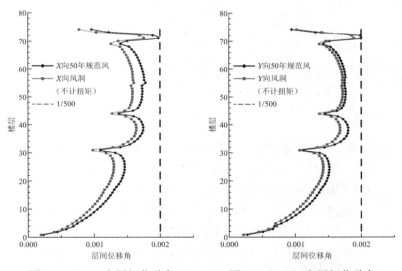

图 1.7.2-11　X向层间位移角　　　图 1.7.2-12　Y向层间位移角

风洞试验数据（不含扭矩）与 50 年规范风荷载数据计算结果对比　　　表 1.7.2-3

项目	最大层间位移角	基底剪力/kN	底层倾覆力矩/（kN·m）	结构顶点（300m 处）位移/mm
风洞试验 （不含扭矩）	1/532（X向） 1/568（Y向）	54521.3（X向） 50314.4（Y向）	11011463（X向） 10288930（Y向）	429.93（X向） 402.91（Y向）

续表

项目	最大层间位移角	基底剪力/kN	底层倾覆力矩/（kN·m）	结构顶点（300m处）位移/mm
规范风荷载	1/535（X向） 1/538（Y向）	59475.7（X向） 61622.6（Y向）	11222128（X向） 11228668（Y向）	424.31（X向） 439.73（Y向）

由上可知，虽然X、Y向风洞基底剪力要比规范风荷载小9%～19%；X、Y向风洞倾覆力矩要比规范风荷载小2%～9%；但是不考虑风洞扭转附加力时，风洞试验最不利方向X、Y向层间位移角分别比50年规范风荷载大0.5%和小5%。

按风洞试验数据及规范数据计算，计算结果均满足规范要求。

4. 两个不同力学模型的空间分析程序对比分析

表1.7.2-4显示，两种软件（YJK、PMSAP）的计算结果规律基本一致，只是由于软件对某些特殊情况的处理方法在概念上不尽相同，使得计算结果在数值上存在一些差异，但这些差异均在工程上可以接受的范围以内。

风荷载作用下不同力学模型结果对比　　　　　表 1.7.2-4

计算程序	方向	YJK	PMSAP
底层剪力/kN	X向	59475.7（规范）	59377.871（规范）
	Y向	61622.6（规范）	60596.063（规范）
倾覆力矩/（kN·m）	X向	11011708	11063526
	Y向	10288229	10910379
最大层间位移角（计算层数）	X向	1/510（38）	1/516（57）
	Y向	1/554（57）	1/505（58）

5. 风荷载作用下的整体抗倾覆验算

主塔楼基础计算结果表明，所有桩均处于受压状态，最大压力、最小压力、基础底面未出现零应力区，结构整体满足抗倾覆要求。

1.7.3　舒适性分析

按照《高规》中第3.7.6条的规定，高度超过150m的高层建筑结构应具有良好的使用条件，满足舒适度要求，按现行国家标准《荷载规范》规定的10年一遇的风荷载取值计算的顺风向与横风向结构顶点最大加速度不应超过表1.7.3-1的限值。必要时，可通过风洞试验结果计算确定顺风向与横风向结构顶点最大加速度，且不应超过表1.7.3-1的限值。根据湖南大学提供的《风洞试验报告》中的项目区域风气候研究结果，10年重现期风荷载取0.51kN/m²。结构顶部峰值加速度如表1.7.3-2所示，结构顶部X向最大加速度为0.233m/s²，Y向为0.231m/s²，满足规范关于办公楼的要求。关于如何满足规范关于公寓的要求，详见后述第1.12节。

结构顶点峰值加速度限值（10年重现期）　　　　表 1.7.3-1

使用功能	峰值加速度限值/（m/s²）
住宅、公寓	0.15
办公楼、酒店	0.25

10 年重现期结构顶部加速度（阻尼比：1.5%，单位：m/s²）　　　表 1.7.3-2

风向角	X 向	Y 向
0°	0.11	0.228
10°	0.068	0.222
20°	0.098	0.211
30°	0.076	0.183
40°	0.076	0.078
50°	0.098	0.102
60°	0.121	0.064
70°	0.103	0.067
80°	0.179	0.115
90°	0.226	0.081
100°	0.201	0.092
110°	0.232	0.095
120°	0.148	0.088
130°	0.071	0.091
140°	0.09	0.111
150°	0.071	0.1
160°	0.104	0.149
170°	0.098	0.229
180°	0.152	0.231
190°	0.101	0.228
200°	0.095	0.219
210°	0.09	0.145
220°	0.078	0.127
230°	0.095	0.058
240°	0.089	0.091
250°	0.148	0.068
260°	0.231	0.135
270°	0.233	0.114
280°	0.229	0.086
290°	0.192	0.172
300°	0.132	0.109
310°	0.096	0.101
320°	0.087	0.138
330°	0.116	0.106
340°	0.106	0.175
350°	0.147	0.224

1.8 抗震性能设计

本节根据《珠海横琴新区十字门国际金融中心大厦超限高层建筑工程抗震设计可行性论证报告》[14]的有关章节编写，主要内容如下。

1.8.1 抗震设防要求及抗震性能目标

结构抗震性能目标是针对某一级地震设防水准而期望建筑物能够达到的性能水准或等级，是抗震设防水准与结构性能水准的综合反映。根据工程的场地条件、社会效益、结构的功能和构件重要性，并考虑经济因素，结合概念设计中的"强柱弱梁""强剪弱弯""强节点弱构件"和框架柱"二道防线"的基本理念，制定如下抗震性能目标。

针对本工程结构形式和超限情况，采用结构抗震性能设计方法进行补充分析和论证，根据结构可能需要加强的关键部位，依据《高规》针对性地选择 C 级性能目标及相应的抗震性能水准，详见表 1.8.1-1。

构件在相应性能水准下的状况　　　　　　　　　　　　表 1.8.1-1

地震水准		多遇地震（小震）	设防地震（中震）	罕遇地震（大震）
层间位移角限值		1/500	—	1/125
性能水准定性描述		完好、无损坏	轻度损坏	中度损坏
关键构件	底部加强区核心筒	弹性	轻微损坏，正截面承载力不屈服，受剪承载力弹性	轻度损坏满足受剪截面控制条件
	外框角柱	弹性		
	加强层上下各一层外框架柱	弹性		
	伸臂桁架	弹性		
	环带桁架	弹性		
普通竖向构件	除关键构件外的核心筒墙体	弹性	轻微损坏，正截面承载力不屈服，受剪承载力弹性	部分构件进入屈服阶段，中度损坏，满足受剪截面控制条件
	外框架边柱	弹性		
耗能构件	框架梁	弹性	部分构件进入屈服阶段，轻度损坏，部分中度损坏，受剪承载力不屈服	大部分构件进入屈服阶段，中度损坏，部分比较严重损坏
	连梁	弹性		
楼板		弹性	轻微损坏，抗震承载力不屈服	中度损坏，满足受剪截面控制条件
节点		弹性	不先于构件破坏	不先于构件破坏

1.8.2 多遇地震下振型分解反应谱法弹性计算结果及分析

采用建筑结构有限元分析软件 YJK（2013 版）和 PMSAP 两个不同力学模型的空间分析程序进行多遇地震计算分析（计算模型取地下室顶板为嵌固部位），计算模型如图 1.8.2-1、图 1.8.2-2 所示。

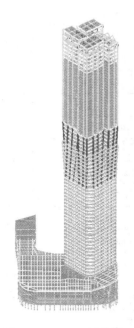 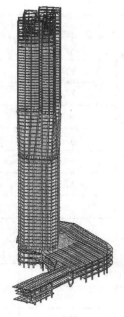

图 1.8.2-1　YJK 计算模型　　图 1.8.2-2　PMSAP 计算模型

1. 结构计算参数，详见表 1.8.2-1。

主要参数　　　　　　　　　　　　　　　　　　表 1.8.2-1

主要参数	小震弹性
地震影响系数最大值$\alpha_{\max}$	0.09
场地特征周期T_g/s	0.45
周期折减系数	0.85
连梁刚度折减系数	0.7
阻尼比	0.04
荷载分项系数	按规范取值
材料强度	设计值
承载力抗震调整系数γ_{RE}	按规范取值
内力调整系数	按规范取值
承载力利用系数ξ	—

2. 多遇地震作用下的性能分析主要结果详见表 1.8.2-2。

性能分析主要结果　　　　　　　　　　　　　　表 1.8.2-2

计算程序	YJK	PMSAP
地震质量/t	256662.34	257335.8
结构自振周期/s	$T_1 = 6.0398$ $T_2 = 5.8775$ $T_3 = 3.1381$	$T_1 = 6.064$ $T_2 = 5.868$ $T_3 = 3.377$

续表

计算程序		YJK	PMSAP
底层地震力剪力/kN	X向	35695.2	39632
	Y向	34875.9	39145
地震作用倾覆力矩/（kN·m）	X向	7115761.6	6439718.5
	Y向	7084911.1	6367906.5
底层风剪力/kN	X向	59475.7（规范）	59377.871（规范）
	Y向	61622.6（规范）	60596.063（规范）
风荷载倾覆力矩/（kN·m）	X向	11011708	11063526
	Y向	10288229	10910379
剪重比	X向	0.01391	0.0151
	Y向	0.01359	0.0147
第一扭转周期同第一平动周期之比		0.520	0.557
最大层间位移角（计算层数）	X向风	1/510（38）	1/516（57）
	X向地震	1/882（59）	1/801（55）
	Y向风	1/554（57）	1/505（58）
	Y向地震	1/873（58）	1/792（58）
偶然偏心 最大位移比 （计算层数）	X向地震	1.35（3）1.36（2）	1.12（5）1.11（2）
	Y向地震	1.46（1）1.46（1）	1.03（38）1.32（1）

表 1.8.2-2 显示，两种软件（YJK、PMSAP）的计算结果基本规律一致，只是由于软件对某些特殊情况的处理方法在概念上的不尽相同，使得计算结果在数值上存在一些差异，但这些差异均在工程上可以接受的范围以内。

共计算结构的前 18 阶周期振型，振型参与质量达到规范要求的 90%，表 1.8.2-3 给出 YJK 模型的前 10 阶振型的周期值和振型描述。

YJK 模型振型统计 表 1.8.2-3

振型号	周期/s	转角/°	平动系数（X+Y）	扭转系数
1	6.0398	61.14	1.00（0.23+0.77）	0.00
2	5.8775	151.13	1.00（0.77+0.23）	0.00
3	3.1381	49.01	0.01（0.00+0.00）	0.99
4	1.7955	54.29	1.00（0.36+0.64）	0.00
5	1.7438	143.46	1.00（0.64+0.35）	0.00
6	1.1812	139.00	0.03（0.01+0.02）	0.97
7	0.8662	19.72	1.00（0.84+0.16）	0.00
8	0.8492	117.20	0.94（0.15+0.80）	0.06
9	0.7281	142.38	0.15（0.08+0.06）	0.85
10	0.6153	138.79	0.21（0.11+0.09）	0.79

地震作用最大的方向为 63.093°，X 方向的有效质量系数为 91.32%，Y 方向的有效质量系数为 90.26%，第一扭转周期 T_t 与第一平动周期 T_1 的比值 T_t/T_1 为 0.524，满足《高规》第 3.4.5 条的要求。

3. 楼层剪力和倾覆力矩

图 1.8.2-3、图 1.8.2-4 为地震剪力和倾覆力矩的比较曲线。

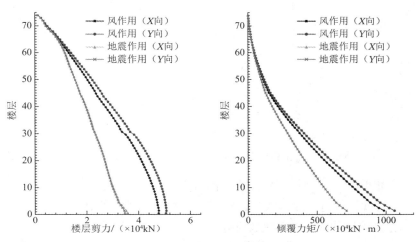

图 1.8.2-3　地震作用与风荷载作用下　　图 1.8.2-4　地震作用与风荷载作用下
　　　　　　楼层剪力比较　　　　　　　　　　　　倾覆力矩比较

由图可知，本工程主要由风荷载作用控制。

4. 剪重比

根据《高规》第 4.3.12 条的要求，在水平地震作用下楼层剪力应该满足剪重比的要求。按《抗规》5.2.5 条要求，周期大于 5.0s 时，最小地震剪力系数应为 $0.15\alpha_{\max} = 0.0135$，剪力系数不足 0.0135 时，按规范要求进行剪力调整。计算结果表明，最小剪重比满足规范要求。

5. 结构位移

图 1.8.2-5～图 1.8.2-8 为结构在荷载作用下的位移曲线。

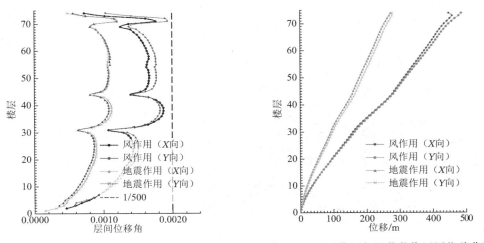

图 1.8.2-5　地震作用与风荷载作用层间位移角曲线　图 1.8.2-6　地震作用与风荷载作用层位移曲线

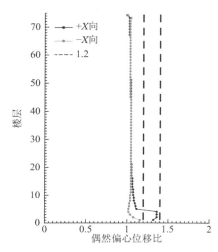

图 1.8.2-7　X向地震偶然偏心位移比曲线　　　图 1.8.2-8　Y向地震偶然偏心位移比曲线

由以上结果可知，X、Y向地震作用下，裙房以上楼层竖向构件最大层间位移与平均层间位移之比基本均满足规范关于最大层间位移与平均层间位移之比不大于 1.4 的要求。两个方向地震作用下最大层间位移角满足规范规定的 1/500 的限值要求。

由以上 YJK 和 PMSAP 计算的位移结果可以看出，结构的最大层间位移角满足规范要求，最大位移和平均位移之比也满足规范要求。

6. 楼层刚度比

计算结果如图 1.8.2-9、图 1.8.2-10 所示。

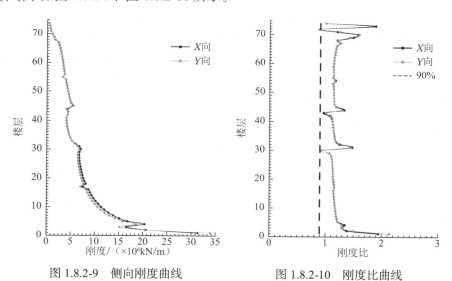

图 1.8.2-9　侧向刚度曲线　　　　　　　　图 1.8.2-10　刚度比曲线

由以上结果可知，各层X、Y方向塔侧移刚度大于上一层相应塔侧移刚度 90%、110% 或者 150%，比值 110%适用于本层层高大于相邻上层层高 1.5 倍的情况，150%适用于嵌固层。

该工程除结构加强层外，无刚度突变现象。

7. 受剪承载力

根据《高规》第 3.5.3 条，B 级高度高层建筑的楼层抗侧力结构的层间受剪承载力不应小于其相邻上一层受剪承载力的 75%。

由图 1.8.2-11、图 1.8.2-12 可知，抗侧力结构的层间受剪承载力不小于其相邻上一层受剪承载力的 80%。除结构加强层向下一层受剪承载力比小于 0.75，其余各层均满足规范要求。

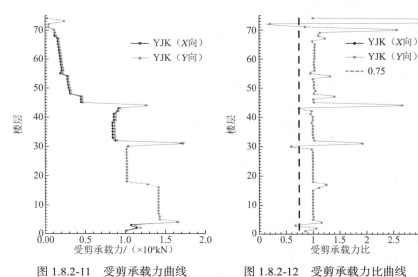

图 1.8.2-11　受剪承载力曲线　　　　图 1.8.2-12　受剪承载力比曲线

8. 整体稳定性与刚重比

表 1.8.2-4 显示结构刚重比大于 1.4，表明能够通过《高规》第 5.4.4 条的整体稳定验算；小于 2.7，表明结构整体计算分析应该考虑重力二阶效应。

结构整体稳定验算结果　　　　　　　　　表 1.8.2-4

	YJK 结果	PMSAP 结果
X向刚重比	2.418	2.35
Y向刚重比	2.281	2.20

9. 墙柱轴压比

本工程为框架-核心筒混合结构，框架抗震等级为一级，剪力墙抗震等级为一级。框架柱的轴压比限值为 0.65，剪力墙底部加强部位的轴压比限值为 0.50。计算结果基本满足规范要求。

10. 外框架柱承担剪力及倾覆力矩

根据《高规》第 9.1.11 条，抗震设计时，筒体结构框架部分按侧向刚度分配的楼层地震剪力应进行调整，当框架部分楼层地震剪力最大值小于结构底部总地震剪力的 10%时，各层框架部分承担的地震剪力应增大到结构底部总地震剪力的 15%，其各层核心筒墙体的地震剪力应乘以 1.1，且不大于基底剪力。

由图 1.8.2-13～图 1.8.2-16 可知，在大部分楼层，外框架柱在两个方向承担的地震剪力占总剪力比例大于 10%，仅个别楼层小于 5%，框架地震剪力将按照 $0.2Q_0$ 进行调整。框架柱及楼层倾覆力矩如图 1.8.2-17 所示。

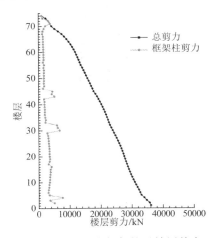

图 1.8.2-13　X向框架柱及楼层剪力　　图 1.8.2-14　Y向框架柱及楼层剪力

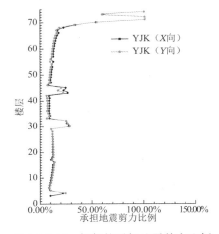
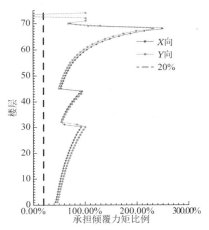

图 1.8.2-15　框架柱承担地震剪力比例　　图 1.8.2-16　框架柱承担倾覆力矩比例

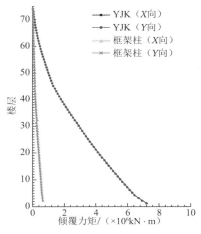

图 1.8.2-17　框架柱及楼层倾覆力矩

1.8.3　多遇地震下的弹性时程分析结果

1. 地震波选取

（1）频谱特性、有效峰值及有效持续时间的分析

地震的发生是概率事件，为了能够对结构抗震能力进行合理的估计，在进行结构分析时，应选择合适的地震波输入，按照《抗规》要求，时程分析所选用的地震波需满足以下频谱特性规定：特征周期与场地特征周期接近；有效峰值加速度符合规范要求；有效持续时间为结构基本周期的 5～10 倍；多组时程波的平均地震影响系数曲线与振型分解反应谱法所用的地震影响系数曲线相比，在对应于结构主要振型的周期点上相差不大于 20%。

按照《抗规》要求，本工程采用了双向地震波输入，其中主次两个分量峰值加速度的比值符合 1.0∶0.85 的要求。地震波有效持续时间均大于 5 倍结构基本周期。由于本工程主塔楼平面较规则，最不利的地震作用方向为 90°方向，因此选取 0°、90°两个方向同时输入主次地震波，每一组地震波交换一次主次方向，7 组地震波共计 14 次双向输入计算。

根据《高规》第 4.3.4-3 条规定，本建筑为超限高层结构，需要进行弹性时程分析。采用 YJK 进行计算，建立分层模型，将各楼层的质量集中于楼层处，形成弹性多质点体系，然后输入地震波（数字化地震地面运动加速度）进行时程分析，可得结构各点的位移、速度和加速度反应，由位移反应计算结构内力。

按《抗规》的规定，时程分析所采用的加速度时程曲线"其平均地震影响系数曲线应与振型分解反应谱法所采用的地震影响系数曲线在统计意义上相符"，根据此原则，选择了 5 组天然地震波和 2 组人工波。所有地震波加速度均与场地安评报告加速度 39cm/s² 基本一致。频谱特性比较如图 1.8.3-1～图 1.8.3-8 所示。

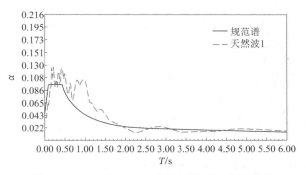

图 1.8.3-1　天然波 1 反应谱与设计反应谱比较

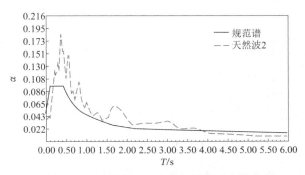

图 1.8.3-2　天然波 2 反应谱与设计反应谱比较

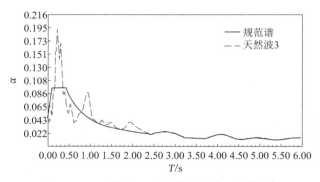

图 1.8.3-3　天然波 3 反应谱与设计反应谱比较

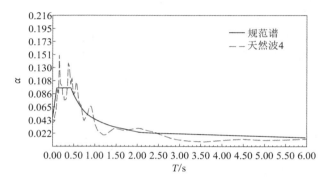

图 1.8.3-4　天然波 4 反应谱与设计反应谱比较

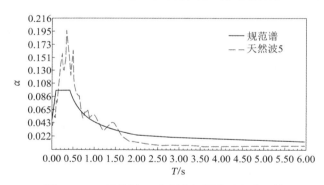

图 1.8.3-5　天然波 5 反应谱与设计反应谱比较

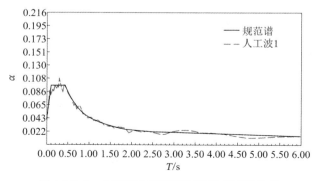

图 1.8.3-6　人工波 1 反应谱与设计反应谱比较

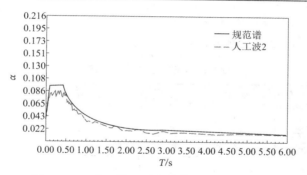

图 1.8.3-7　人工波 2 反应谱与设计反应谱比较

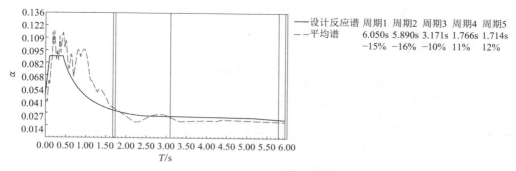

图 1.8.3-8　平均谱与设计反应谱比较

从上述对比中可以看到，该 5 组天然地震波与设计采用的反应谱基本吻合，2 组人工地震波与设计采用的反应谱吻合较好。且以上 7 组波有效持续时间均大于 5 倍结构基本周期（约 30s），符合规范要求。

（2）《抗规》规定，弹性时程分析时，每条时程曲线计算所得结构底部剪力不应小于振型分解反应谱法计算结果的 65%，多条时程曲线计算所得结构底部剪力的平均值不应小于振型分解反应谱法计算结果的 80%，表 1.8.3-1 给出了反应谱分析和时程分析的计算结果。

弹性时程分析法基底剪力计算结果　　　　　　　　　　　　表 1.8.3-1

		X 向基底剪力/kN	X 向与反应谱比例	Y 向基底剪力/kN	Y 向与反应谱比例
振型分解反应谱法		36766.802	—	35869.025	—
弹性时程分析	天然波 1	33105.0	90%	31260.2	88.9%
	天然波 2	45459.850	123%	41018.9	116.7%
	天然波 3	28724.094	78%	30153.9	85.8%
	天然波 4	29308.491	79%	27944.1	79.5%
	天然波 5	33511.418	91%	32031.4	91.1%
	人工波 1	38755.628	105%	37166.756	103%
	人工波 2	36323.697	98%	34618.905	96%
	平均值	35026.883	95%	33456.309	94%

以上计算结果显示，本次弹性时程分析选取的 7 组地震波符合规范规定，可以采用。

2. 结构弹性时程分析主要计算结果

计算结果详见表 1.8.3-2 及图 1.8.3-9、图 1.8.3-10。

弹性时程分析法位移计算结果 　　　　　　表 1.8.3-2

		X向位移角	X向位移/mm	Y向位移角	Y向位移/mm
振型分解反应谱法		1/911	240.60	1/906	250.75
弹性时程分析	天然波1	1/930	248.690	1/985	248.866
	天然波2	1/1170	130.893	1/1242	133.543
	天然波3	1/1108	206.414	1/1084	213.799
	天然波4	1/1338	169.466	1/1322	176.907
	天然波5	1/1756	107.496	1/1782	108.319
	人工波1	1/1039	202.674	1/1020	208.066
	人工波2	1/956	202.666	1/939	208.611
	平均值	1/1185	181.18	1/1196	185.45

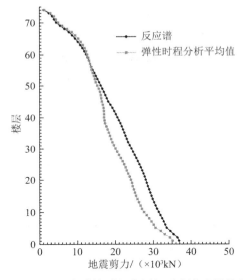

图 1.8.3-9　X向弹性时程分析与反应谱地震剪力　　图 1.8.3-10　Y向弹性时程分析与反应谱地震剪力
对比　　　　　　　　　　　　　　对比

从上述对比分析可知，弹性动力时程计算结果的平均值基本上小于振型分解反应谱法的计算结果，各项指标验算也满足规范有关要求。振型分解反应谱法的计算结果曲线在结构高度方向的大部分范围内均大于 7 条地震波对应的平均计算结果，但在顶部二者接近，说明采用振型分解反应谱法进行结构设计时，宜考虑高振型对结构顶部带来的不利影响。

在施工图设计阶段进行振型分解反应谱法计算分析时，对 60 层及以上的地震力进行适当放大，放大系数为 1.05，并对顶部结构作适当加强。

1.8.4　多遇地震作用下抗震性能分析工程结论

对该超限结构在多遇地震作用下，采用了振型分解反应谱和弹性时程分析进行了弹性内力分析。计算结果表明，核心筒外围墙体及框架角柱无损坏，核心筒其他墙体及框架边柱无损坏，框架梁、连梁无损坏，加强层伸臂桁架、环带桁架、裙房大跨度桁架等构件及结构整体指标均满足规范要求，结构整体完好无损坏，满足预定的性能水准 1 的要求。

1.8.5　设防地震、罕遇地震下的等效弹性计算结果及分析

1. 结构计算参数

本节对竖向构件及水平构件进行中震第 3 性能水准及大震第 4 性能水准的验算。其中竖向构件有框架柱和剪力墙，水平构件主要有连梁和框架梁等。根据《超限高层建筑工程抗震设防专项审查技术要点》，利用 SATWE 对结构构件进行抗震性能设计，中震和大震可仍按规范的设计参数采用，构件性能验算时选用的参数见表 1.8.5-1。

不同地震水准下主要计算参数　　　　　　　　　　　　表 1.8.5-1

主要参数	小震弹性	中震等效弹性	大震等效弹性
地震影响系数最大值α_{max}	0.09	0.23	0.50
场地特征周期T_g/s	0.45	0.45	0.50
周期折减系数	0.85	0.95	1.0
连梁刚度折减系数	0.7	0.5	0.3
阻尼比	0.04	0.05	0.07
内力调整系数	按规范取值	—	—
承载力利用系数ξ	—	按规范取值	按规范取值

2. 设防烈度地震作用下等效弹性验算结果

根据广东省《高层建筑混凝土结构技术规程》DBJ 15-92—2013 进行结构抗震性能设计，在设防烈度地震作用下，第 3 性能水准的结构，其关键构件及普通竖向构件的抗震承载力应符合式(1.8.5-1)的规定。部分耗能构件进入屈服阶段，但其抗震承载力应符合式(1.8.5-1)的规定。

$$S_{GEk} + \eta(S^*_{Ehk} + 0.4S^*_{Evk}) \leqslant \xi R_k \tag{1.8.5-1}$$

式中，R_k 为材料强度标准值计算的构件承载力；ξ 为承载力利用系数，压、剪取 0.74，弯、拉取 0.87；S_{GEk} 为重力荷载代表值作用下的效应标准值；S^*_{Ehk}、S^*_{Evk} 分别为水平和竖向中震作用下计算的构件内力标准值，不需乘以与抗震等级有关的增大系数；η 为构件重要性系数，关键构件取 1.1；一般竖向构件取 1.0；水平耗能构件取 0.8。

根据《高层建筑混凝土结构技术规程》JGJ 3—2010 条文说明，允许采用等效弹性方法计算关键构件和竖向构件的组合内力，进行上述性能目标的验算。

通过在设防地震作用下对结构进行的截面验算（图 1.8.5-1）可以看出，抗震性能满足性能水准 3 的要求。其余构件验算过程不再赘述。

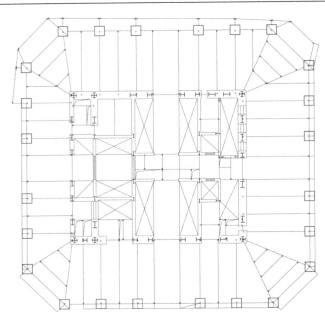

图 1.8.5-1　6层（办公低区）外框架角柱（关键构件）及核心筒墙体（普通竖向构件）截面承载力
验算结果

3. 预估的罕遇地震作用下的等效弹性验算结果

根据广东省《高层建筑混凝土结构技术规程》DBJ 15-92—2013 进行结构抗震性能设计，在大震作用下结构符合第 4 性能水准的要求，竖向构件的受剪截面宜符合下式的要求：

$$V_{GEk} + \eta V_{Ek}^{**} \leqslant 0.15 f_{ck} b h_0$$

式中，V_{Ek}^{**} 为大震作用计算的构件剪力标准值，不需乘以与抗震等级有关的增大系数；V_{GEk} 为重力荷载代表值下的构件剪力标准值；f_{ck} 为混凝土轴心抗压强度标准值；b 为矩形截面宽度；h_0 为截面有效高度。

典型构件编号详见图 1.8.5-2、图 1.8.5-3，计算结果详见表 1.8.5-2～表 1.8.5-4。

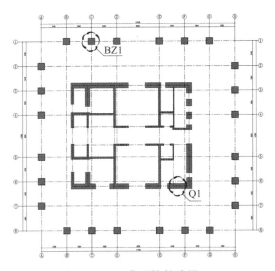

图 1.8.5-2　典型构件编号一

罕遇地震作用下的关键构件 Q1 受剪截面验算结果（楼层为举例说明）　表 1.8.5-2

关键构件编号	楼层	截面/mm	混凝土强度等级	方向	剪力/kN	剪压比	验算结果
Q1	1	1200×5300	C60	X	4160.6	0.01699	满足
				Y	17487.9	0.07142	满足
	10	1200×5300	C60	X	2331.9	0.00952	满足
				Y	11189.05	0.04570	满足
	20	1100×5200	C55	X	1448.8	0.00713	满足
				Y	10575.8	0.05208	满足
	30	1100×5200	C55	X	1237.05	0.00609	满足
				Y	3995.75	0.01968	满足
	40	1000×5100	C50	X	781.6	0.00473	满足
				Y	12725.35	0.07701	满足
	50	800×1700	C45	X	433.4	0.01077	满足
				Y	1371.7	0.03407	满足
	60	600×1500	C40	X	174.55	0.00724	满足
				Y	1084.5	0.04496	满足
	70	600×1500	C40	X	174.55	0.00724	满足
				Y	1084.5	0.04496	满足
	71	600×1500	C40	X	163.3	0.00677	满足
				Y	1051	0.04357	满足
	72	600×1500	C40	X	151.65	0.00629	满足
				Y	1008.15	0.04180	满足

罕遇地震作用下的关键构件 BZ1 受剪截面验算结果（楼层为举例说明）　表 1.8.5-3

框架柱编号	楼层	截面/mm	混凝土强度等级	方向	剪力/kN	剪压比	验算结果
边柱 BZ1	1	1500×1500	C60	X	−24205	−0.27942	满足
				Y	−24259	−0.28005	满足
	10	1500×1500	C60	X	−22959.8	−0.26505	满足
				Y	−24952.7	−0.28805	满足
	20	1300×1500	C55	X	−16850.8	−0.24342	满足
				Y	−18702.2	−0.27016	满足
	30	1300×1500	C55	X	−15938	−0.23023	满足
				Y	−17633.2	−0.25472	满足
	40	1100×1500	C50	X	−16892.4	−0.31598	满足
				Y	−16644.4	−0.31134	满足

框架柱编号	楼层	截面/mm	混凝土强度等级	方向	剪力/kN	剪压比	验算结果
边柱 BZ1	50	900×1400	C45	X	−6423.38	−0.17223	满足
				Y	−6945.53	−0.18623	满足
	60	750×1400	C40	X	−4764.87	−0.16933	满足
				Y	−5230.32	−0.18587	满足
	70	750×1400	C40	X	−5027.37	−0.17866	满足
				Y	−4546.42	−0.16156	满足
	71	750×1400	C40	X	−4721.97	−0.16780	满足
				Y	−4631.67	−0.16459	满足
	72	750×1400	C40	X	−4513.02	−0.16038	满足
				Y	−4249.02	−0.15100	满足

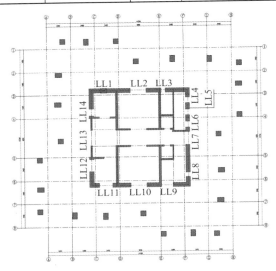

图 1.8.5-3 典型构件编号二

罕遇地震作用下的错洞墙处连梁（关键构件）受剪截面验算结果　　　表 1.8.5-4

连梁编号	楼层	截面/mm	混凝土强度等级	验算控制截面	剪力/kN	剪压比	验算结果
LL1	44	1000×1800	C50	剪力最大截面	−1589.22	−0.0273	满足
				剪力最小截面	−3048.98	−0.0523	满足
LL2	44	1000×1800	C50	剪力最大截面	2942.1	0.0504	满足
				剪力最小截面	−623.85	−0.0107	满足
LL3	44	1000×1800	C50	剪力最大截面	3494.85	0.0599	满足
				剪力最小截面	−1393.39	−0.0239	满足
LL4	44	1000×3000	C50	剪力最大截面	−3627.89	−0.0373	满足
				剪力最小截面	795.48	0.0082	满足
LL5	44	1000×3000	C50	剪力最大截面	−337.99	−0.0035	满足
				剪力最小截面	2315.06	0.0238	满足

续表

连梁编号	楼层	截面/mm	混凝土强度等级	验算控制截面	剪力/kN	剪压比	验算结果
LL6	44	1000 × 3000	C50	剪力最大截面	1186.89	0.0122	满足
				剪力最小截面	3197.02	0.0329	满足
LL7	44	1000 × 1800	C50	剪力最大截面	4424.22	0.0759	满足
				剪力最小截面	4027.03	0.0691	满足
LL8	44	1000 × 1800	C50	剪力最大截面	−41.6	−0.0007	满足
				剪力最小截面	−5371.97	−0.0921	满足
LL9	44	1000 × 1800	C50	剪力最大截面	2791.85	0.0479	满足
				剪力最小截面	−1938.25	−0.0332	满足
LL10	44	1000 × 1800	C50	剪力最大截面	21691.6	0.3719	满足
				剪力最小截面	3353.79	0.0575	满足
LL11	44	1000 × 1800	C50	剪力最大截面	−367.42	−0.0063	满足
				剪力最小截面	−9356.83	−0.1604	满足
LL12	44	1000 × 1800	C50	剪力最大截面	−598.32	−0.0103	满足
				剪力最小截面	−2237.39	−0.0384	满足
LL13	44	400 × 1800	C50	剪力最大截面	−2035.41	−0.0873	满足
				剪力最小截面	−8061.1	−0.3456	满足
LL14	44	1000 × 1800	C50	剪力最大截面	−268.38	−0.0046	满足
				剪力最小截面	2122.86	0.0364	满足

通过在预估的罕遇地震作用下对结构进行的截面验算可以看出，本工程抗震性能满足性能水准4的要求。

1.8.6　弹塑性分析结果

目前有两种方法确定结构在大震作用下的弹塑性性能：静力弹塑性分析方法和弹塑性时程分析方法。静力弹塑性分析地震动参数采用规范取值，弹塑性时程分析方法采用安评报告提供的人工波和天然波进行计算。

1. 静力弹塑性推覆分析（Pushover）

1）设防烈度地震下结构 Pushover 分析及抗震性能评价

有关计算结果详见表 1.8.6-1 及图 1.8.6-1～图 1.8.6-4。

设防烈度地震下结构分析结果　　　　　　　　　　　　表 1.8.6-1

方向		X向	−X向	Y向	−Y向
设防烈度地震作用下的最大层间位移角		1/470	−1/490	1/512	−1/553
基底剪力	Q_0/kN	55930	62200	42220	48160
等效阻尼比/%		5	9.6	6.8	5

由表 1.8.6-1 可以看出，由于连梁刚度的退化，基底剪力并非呈线性增加，层间位移角为 1.5～2 倍的弹性层间位移角限值，满足《抗规》第 3.10.3 条规定的轻度损坏的性能目标，结构宏观上能够实现性能 3 的水准目标。

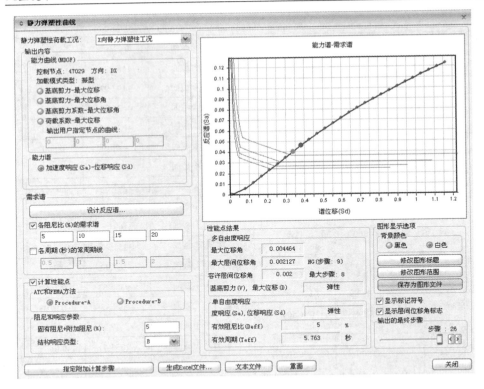

图 1.8.6-1　X向中震性能曲线

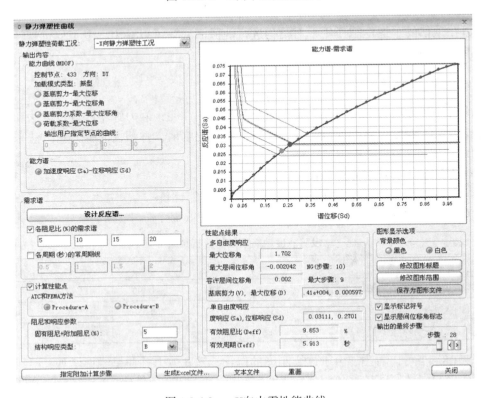

图 1.8.6-2　-X向中震性能曲线

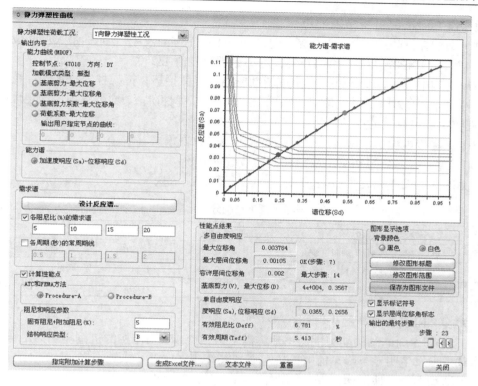

图 1.8.6-3　Y 向中震性能曲线

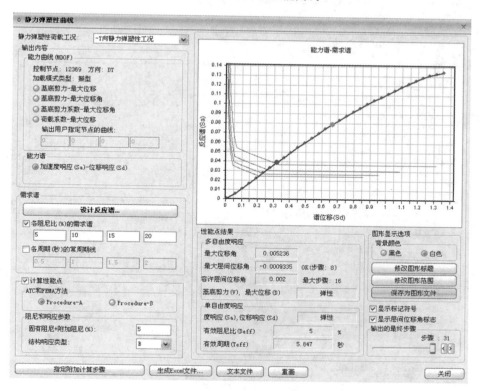

图 1.8.6-4　-Y 向中震性能曲线

由中震 Pushover 分析结果可知：

（1）结构在设防地震作用下，X方向、$-X$方向、Y方向及$-Y$方向的最大层间位移角分别为 1/470、$-1/490$、1/512 和$-1/553$，均小于规范限值 1/250。

（2）结构中震时，少量框架梁出现塑性铰属于轻微损坏，框架柱未出现塑性铰，基本处于弹性阶段，剪力墙基本处于应变水平 1，基本处于弹性阶段，均可以满足预定性能水准 3，实现"中震可修"的设防目标。

（3）在推覆过程中，墙肢、框架柱均未出现受拉现象。

2）罕遇地震下结构 Pushover 分析及抗震性能评价

有关计算结果详见表 1.8.6-2 及图 1.8.6-5～图 1.8.6-8。

罕遇地震下结构分析结果   表 1.8.6-2

方向	X向	$-X$向	Y向	$-Y$向
罕遇地震作用下的最大层间位移角	1/278	$-1/218$	1/254	$-1/272$
基底剪力Q_0/kN	92800	122100	86140	91710
等效阻尼比/%	7	12.49	7.3	7

由大震 Pushover 分析结果可知：

（1）X向、Y向的结构能力谱均与地震需求谱相交，表明结构的抗倒塌能力足够，整体结构承载力未发生明显下降，能够抵抗罕遇地震作用，保证"大震不倒"。

（2）结构在罕遇地震作用下，X方向、$-X$方向、Y方向及$-Y$方向的最大层间位移角分别为 1/278、$-1/218$、1/254 和$-1/272$，均小于规范限值 1/125。

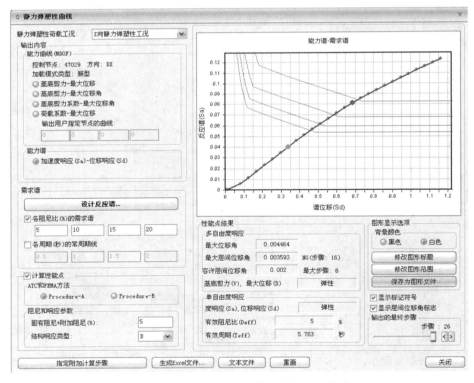

图 1.8.6-5   罕遇地震下X向静力弹塑性性能曲线

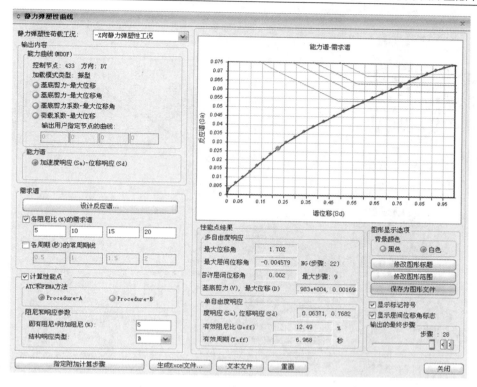

图 1.8.6-6　罕遇地震下–X向静力弹塑性性能曲线

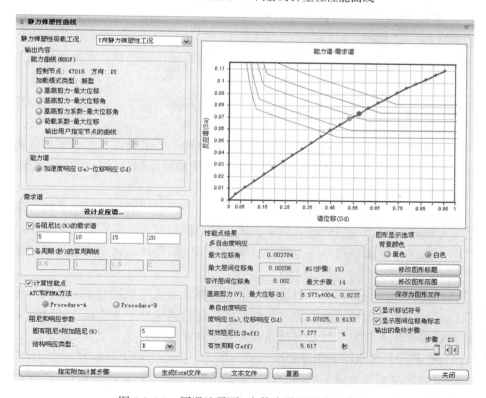

图 1.8.6-7　罕遇地震下Y向静力弹塑性性能曲线

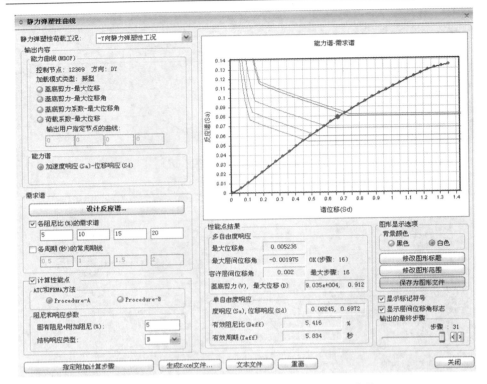

图 1.8.6-8　罕遇地震下－Y向静力弹塑性性能曲线

（3）大震下部分框架梁出现塑性铰，框架柱未出现塑性铰，塑性铰处于轻度损坏状态和中度损坏状态，剪力墙大多数处于应变状态 1，个别处于应变状态 2、3，结构整体能达到性能水准 4 的要求，说明结构基本上是合理的，塑性铰主要出现在耗能构件上，能够实现大震二道设防。

（4）在推覆过程中，墙肢、框架柱均未出现受拉现象。

3）工程结论

（1）在设防地震作用下，分析结果表明，剪力墙基本处于弹性状态，框架柱处于弹性状态，少量框架梁、连梁轻度损坏，宏观判断整体结构轻度损坏可以满足性能水准 3 的要求。

（2）在罕遇地震作用下，分析结果表明，加强层中间部位剪力墙轻微损坏，变截面处端部剪力墙轻度损坏、错洞墙处连梁轻微损坏，其他部位剪力墙以及框架柱基本处于弹性状态，部分框架梁、连梁轻度损坏、中度损坏，宏观判断整体结构中度损坏，满足性能水准 4 的要求。

在弹塑性推覆分析的过程中，对结构布置和构件截面、配筋进行了多轮次的优化和加强。各项指标分析结果均显示本工程结构能够达到现行规范规定的抗震性能目标 C。

2. 预估的罕遇地震作用下的动力弹塑性时程分析结果

1）本工程进行罕遇地震下的弹塑性时程分析，以期达到以下分析目的：

（1）评价结构在罕遇地震下的动力响应及弹塑性行为，根据主要构件的塑性损伤情况和整体变形情况，确认结构是否达到相应的性能目标。

（2）在大震作用下进行结构的非线性计算，允许结构薄弱部位或重要部位构件屈服，但要满足选定的变形控制；竖向构件不发生剪切等脆性破坏。

（3）在大震作用下，计算结构变形。评价结构层间位移角，判断是否满足《抗规》规定的弹塑性层间位移角限值。考察结构变形，由结构塑性区的分布判定结构薄弱位置。根据塑性区所处的状态，检验结构构件是否满足大震作用性能水准的要求。

（4）在大震作用下进行关键构件的极限承载力复核，检验结构构件是否满足大震作用性能水准的要求。

（5）了解本工程的结构抗震性能，包括罕遇地震下的最大顶点位移、最大层间位移以及最大基底剪力。

弹塑性时程分析是将结构作为弹塑性振动体系，直接将地震波数据输入，通过积分运算求得在地面加速度随时间变化期间结构的内力和变形随时间变化的全过程，该方法也称为弹塑性直接动力法。由于计算中输入的是地震波的整个过程，因此该方法可以反映出各个时刻地震作用引起的结构响应，包括结构的变形、应力、损伤形态（开裂和破坏）等。总之，静力弹塑性分析通常只能对结构进行定性分析，而动力分析不仅能对结构进行定性分析，同时还可以给出结构在大震下的量化性能指标。弹塑性时程分析方法对结构的简化假定较少，分析精度高，是计算结构在地震作用下弹塑性变形的较准确的方法。

2）地震波的输入

人工波及天然波数据均由广东省工程防震研究院提供，通过频谱特性、有效峰值、有效持续时间及大震弹性基底剪力比较的分析，选取了1组人工波和2组天然波。本工程分析考虑主塔楼结构两个主轴方向双向地震输入。

3）结构整体性能评价

以下整体性能评价均以三组地震波的包络值为准，复核是否满足性能目标。

（1）计算分析显示，各组地震波均能够完成整个弹塑性时程分析过程而不发散。

（2）各组地震波作用下，结构的最终状态仍然竖立不倒。

（3）整体计算结果汇总对比详见表1.8.6-3。

整体结构计算结果汇总　　　　　　　　　　　　　　　　表 1.8.6-3

项目		X向			Y向		
		人工波	天然波第一组	天然波第二组	人工波	天然波第一组	天然波第二组
大震弹塑性时程分析	基底剪力/kN	203837	144544	208144	160467	121177	65771
	剪重比	7.89%	5.60%	8.06%	6.21%	4.69%	2.55%
	最大顶点位移/m	1.130	0.641	1.276	0.973	1.070	0.669
	最大层间位移角	1/204	1/319	1/193	1/265	1/237	1/365
大震弹性时程分析	基底剪力/kN	247076	132803	196371	229068	127311	185114
	剪重比	9.56%	5.14%	7.60%	8.86%	4.93%	7.16%
	最大顶点位移/m	1.188	0.659	1.129	1.264	0.703	1.234
	最大层间位移角	1/158	1/194	1/219	1/155	1/185	1/213

（4）工程结论

在三组地震波的分别作用下，层间位移角均小于规范层间位移角限值，满足规范要求。弹性时程基底剪力和弹塑性时程基底剪力并无太大差别，弹性时程位移角大部分略大于相对应的弹塑性时程位移角。由此可见，在大震下结构进入弹塑性状态的部分并不太多，较大部分仍然处于弹性状态。

4）结构构件抗震性能评价

以下对结构主要构件，选取基底剪力反应最大的一组波举例说明。

（1）外框架构件

从计算结果可以看出：

①框架柱在地震波的作用下未产生任何塑性铰或破坏。

②部分框架梁在地震波的作用下产生了塑性铰。

③在动力弹塑性时程分析过程中未产生受拉柱和薄弱部位。

（2）内筒构件

从计算结果中可以看出：

①在罕遇地震作用下时，核心筒底部加强区全部完好，无损坏。

②核心筒非底部加强区在罕遇地震作用下时，剪力墙基本处于完好状态，出现少量轻微损坏、个别中度损坏的裂缝，但未出现比较严重的损坏。剪力墙较大部分处于完好无损坏的状态，非关键部位的局部出现轻微、轻度损坏，少量的部位出现中度损坏，可以达到预估性能水准 4 的要求。

③核心筒加强部位的墙体在罕遇地震下抗震承载力基本不屈服，错洞墙处连梁和墙体，在大震下抗震承载力不屈服。

④在动力弹塑性时程分析过程中未出现受拉墙肢。

（3）加强层构件

从计算结果中可以看出：

加强层各构件未出现塑性铰，抗震承载力基本不屈服。

（4）工程结论

由分析结果可知，结构在预估的罕遇地震作用下，主要外框架构件性能目标均能满足规范要求。框架体系在大震下基本完好，仍然能起到抵抗侧向力和传递竖向力的作用。剪力墙混凝土压应变及分布钢筋的拉应变水平都较低，剪力墙破坏程度较小。核心筒在大震下仍然能起到承担竖向力和抵抗侧向力的作用。

综上所述，预估的罕遇地震作用下，结构整体及绝大部分构件的抗震性能满足本报告提出的性能目标，结构能满足"大震不倒"的要求。宏观判断，结构整体处于中度损坏状态，满足性能水准 4 的要求。

1.8.7 弹性分析、等效弹性分析、弹塑性静力推覆分析、弹塑性时程分析结果对比

1）采用不同分析方法，风荷载及不同地震水准下得到的结构的基底剪力、最小剪重比、底层倾覆力矩、层间位移角等主要结构整体性能指标对比见表 1.8.7-1。

各方法整体性能分析　　　　　　　　　　　　　　　表 1.8.7-1

项目	风荷载，弹性	小震		中震		大震		
		反应谱	弹性时程	等效弹性	Pushover	等效弹性	Pushover	弹塑性时程
结构基本周期/s	$T_1=6.0398$ $T_2=5.8775$ $T_3=3.1381$	$T_1=6.0398$ $T_2=5.8775$ $T_3=3.1381$	$T_1=6.0398$ $T_2=5.8775$ $T_3=3.1381$	$T_1=6.2885$ $T_2=6.1205$ $T_3=3.6078$	$T_1=5.913$ $T_2=5.613$	$T_1=6.5672$ $T_2=6.3898$ $T_3=4.0284$	$T_1=6.968$ $T_2=5.817$	$T_1=6.0186$ $T_2=5.8599$
结构地震质量/t	256662.340	256662.340	256662.340	256662.340	255237.89	256662.340	255237.89	258402.73
最小剪重比	0.0212（X） 0.0196（Y）	0.0139（X） 0.0136（Y）	0.01356（X） 0.01296（Y）	0.02834（X） 2 倍小震 0.02760（Y） 2 倍小震	0.02437（X） 1.8 倍小震 0.01887（Y） 1.4 倍小震	0.06186（X） 4.5 倍小震 0.06015（Y） 4.5 倍小震	0.04784（X） 3.4 倍小震 0.03593（Y） 2.7 倍小震	0.0789（X） 5.6 倍小震 0.062（Y） 4.6 倍小震
基底剪力/kN	54530.2（X） 50313.7（Y）	35695.2（X） 34875.9（Y）	35026.88（X） 33456.31（Y）	73158.4（X） 71254.3（Y）	62200（X） 48160（Y）	159251.3（X） 155304.6（Y）	122100（X） 91710（Y）	203837（X） 160467（Y）
底层倾覆力矩/（kN·m）	11011708（X） 10288229（Y）	14189709（X） 14081160（Y）	6369835.2（X） 5750286.9（Y）	29347900（X） 29131920（Y）	—	63054952（X） 62985752（Y）	—	80709643（X） 65079428（Y）
最大层间位移角	1/510（X） 1/554（Y）	1/882（X） 1/873（Y）	1/1185（X） 1/1196（Y）	1/397（X） 1/409（Y）	1/470（X） 1/512（Y）	1/168（X） 1/175（Y）	1/218（X） 1/254（Y）	1/193（X） 1/237（Y）
最大层间位移角限制	1/500	1/500	1/500	1/250	1/250	1/125	1/125	1/125

2）整体性能分析

（1）通过以上对比分析可知，结构在风荷载、小震、中震、大震作用下的计算结果均满足规范要求。

（2）弹性阶段，可知本结构为风荷载控制的工程。

（3）从结构基本周期可以看出，中震时结构基本处于弹性阶段。

3）弹塑性静力推覆和弹塑性时程的对比分析

（1）从以上计算结果可知，弹塑性静力推覆分析结果和弹塑性时程分析结果相比，基底剪力、层间位移角等控制性指标比较接近，说明主塔楼两个主轴方向的第一振型仍起控制作用。

（2）弹塑性时程分析结果的基底剪力、层间位移角等控制性指标明显大于弹塑性静力推覆分析的计算结果，说明高阶振型的影响在本工程中不可忽略。

（3）大震下，外框架各构件塑性铰的分布规律比较接近。两种分析方法内筒的损伤情况则不尽相同，静力推覆分析显示，加强层中间部位剪力墙轻微损坏，变截面处端部剪力墙轻度损坏、错洞墙处连梁轻微损坏，其他部位剪力墙基本处于弹性状态。弹塑性动力时程分析显示，除低区内筒剪力墙有损伤外，44 层以上部分区域有轻度、中度损坏。对内筒的损伤分析，两种分析结果有一定的相似之处，但弹塑性动力时程分析内筒损伤范围较弹塑性静力推覆分析更广，特别是办公高区和公寓区。说明要注意高阶振型对结构的不利影响，并采取适当的加强措施。

1.8.8 风荷载、中震、大震下主塔楼的抗倾覆验算

根据《高规》第 12.1.7 条的有关规定，基础底面如不出现零应力区，则可认为主塔楼的抗倾覆能力具有足够的安全储备，整体抗倾覆能力满足安全需要及规范要求。

根据表 1.8.8-1 验算结果可知，在各工况作用下，所有桩均处于受压状态，基底未出现零应力区，满足规范要求。

风荷载、中震、大震作用下的桩筏基桩反力验算汇总　　　　　　表 1.8.8-1

	基桩最大压力/kN	基桩最小压力/kN
风荷载	20175	8048
中震	25813	12544
大震	26886	14163

1.8.9 主要构件分析

1. 典型楼板应力分析

本工程 44 层设置了加强层，加强层环桁架上下弦所在的楼层楼盖应具有必要的承载力和可靠的连接构造来承担环桁架上下弦向核心筒传递的剪力，因此加强层上下弦所在的楼层楼板应力较大，且由于 44 层以下斜柱的影响，楼板处容易产生较大拉应力。本工程用 PMSAP 软件分析计算第 44 层的楼板应力，计算时将楼板设置为弹性板，考虑楼板的实际刚度及变形。图 1.8.9-1～图 1.8.9-9 列举了第 44 层在多遇地震、设防烈度地震及预估的罕遇地震下地震工况的楼板应力。

主楼与裙房不分缝，存在扭转效应，导致裙楼和塔楼相连的楼板应力集中，因此也需进行验算和加强，以第 3 层楼板应力为例进行分析，如图 1.8.9-10～图 1.8.9-18 所示。

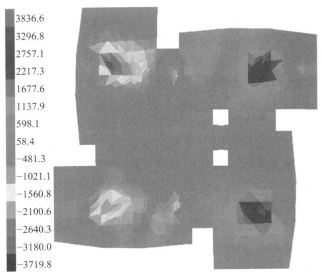

图 1.8.9-1　第 44 层多遇地震工况下楼板面内 X 向正应力 S_x（单位：kN/m²）

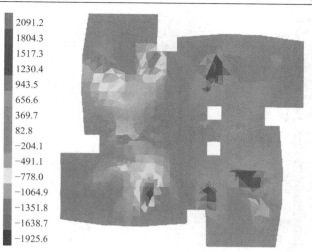

图 1.8.9-2 第 44 层多遇地震工况下楼板面内 Y 向正应力 S_y（单位：kN/m²）

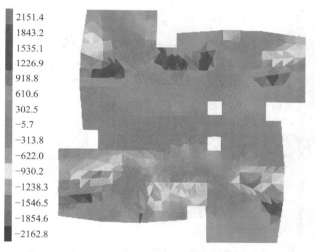

图 1.8.9-3 第 44 层多遇地震工况下楼板面内剪应力 S_{xy}（单位：kN/m²）

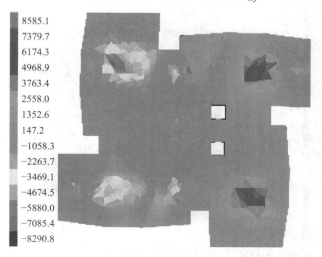

图 1.8.9-4 第 44 层设防烈度地震工况下楼板面内 X 向正应力 S_x（单位：kN/m²）

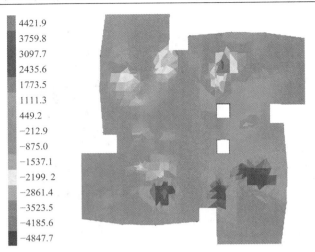

图 1.8.9-5　第 44 层设防烈度地震工况下楼板面内 Y 向正应力 S_y（单位：kN/m²）

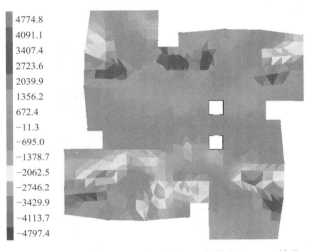

图 1.8.9-6　第 44 层设防烈度地震工况下楼板面内剪应力 S_{xy}（单位：kN/m²）

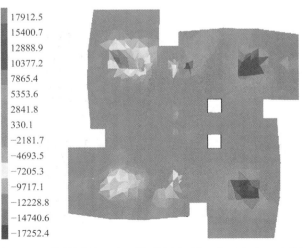

图 1.8.9-7　第 44 层预估的罕遇地震工况下楼板面内 X 向正应力 S_x（单位：kN/m²）

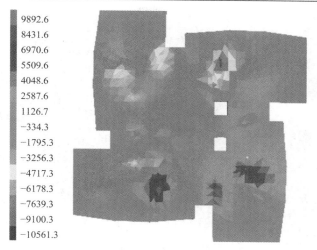

图 1.8.9-8　第 44 层预估的罕遇地震工况下楼板面内 Y 向正应力 S_y（单位：kN/m²）

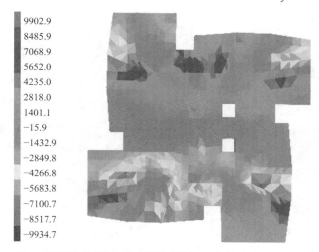

图 1.8.9-9　第 44 层预估的罕遇地震工况下楼板面内剪应力 S_{xy}（单位：kN/m²）

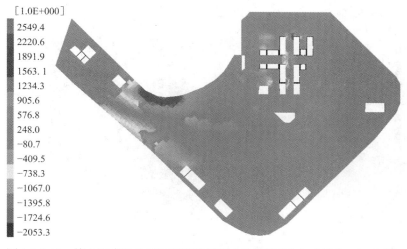

图 1.8.9-10　第 3 层多遇地震工况下楼板面内 X 向正应力 S_x（单位：kN/m²）

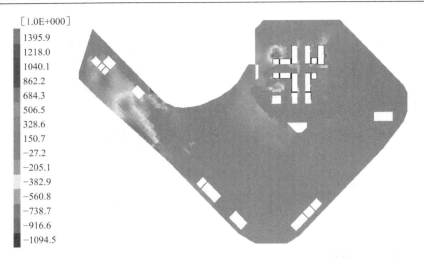

图 1.8.9-11　第 3 层多遇地震工况下楼板面内 Y 向正应力 S_y（单位：kN/m²）

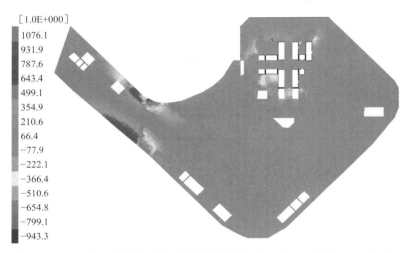

图 1.8.9-12　第 3 层多遇地震工况下楼板面内剪应力 S_{xy}（单位：kN/m²）

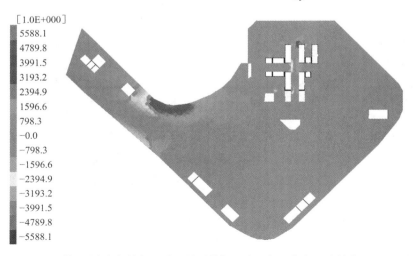

图 1.8.9-13　第 3 层设防烈度地震工况下楼板面内 X 向正应力 S_x（单位：kN/m²）

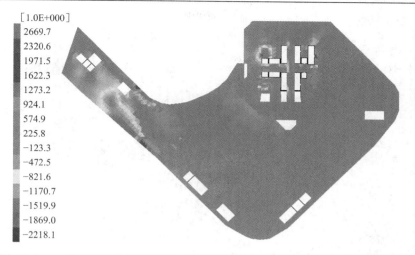

图 1.8.9-14 第 3 层设防烈度地震工况下楼板面内 Y 向正应力 S_y（单位：kN/m^2）

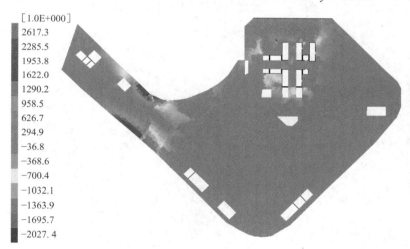

图 1.8.9-15 第 3 层设防烈度地震工况下楼板面内剪应力 S_{xy}（单位：kN/m^2）

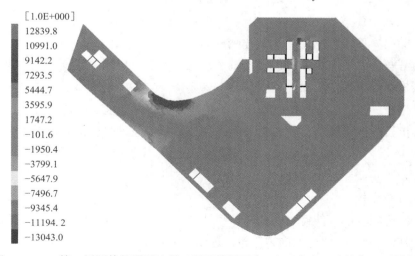

图 1.8.9-16 第 3 层预估的罕遇地震工况下楼板面内 X 向正应力 S_x（单位：kN/m^2）

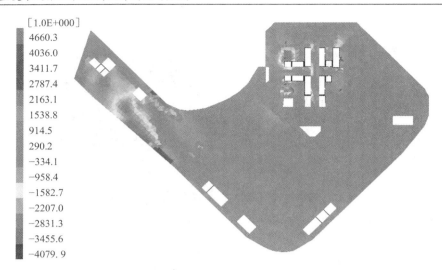

图 1.8.9-17 第 3 层预估的罕遇地震工况下楼板面内 Y 向正应力 S_y（单位：kN/m²）

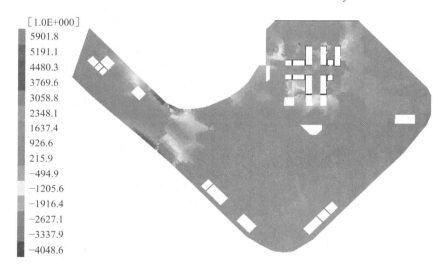

图 1.8.9-18 第 3 层预估的罕遇地震工况下楼板面内剪应力 S_{xy}（单位：kN/m²）

由图 1.8.9-1～图 1.8.9-18 可以看出，在多遇地震工况下，第 3 层和第 44 层楼板的大部分位置应力都较小，小于 C40 的混凝土轴心抗拉强度以及抗压强度设计值，即小震下这些位置处的楼板均处于弹性阶段。

在设防烈度、预估的罕遇地震作用下，若楼板平面内受压，其应力水平远小于 C40 混凝土的轴心抗压强度设计值，若楼板平面内受拉，可以通过楼板钢筋来承担应力，在具体设计中，第 44 层楼板厚度 180mm，并双层双向配筋，每层各方向配筋率不小于 0.3%。第 3 层楼板配筋适当加强。

2. 伸臂桁架分析

由于墙厚原因，部分伸臂墙内弦杆、腹杆与伸臂桁架弦杆、腹杆无法等截面设计，故对 44 层加强层的伸臂桁架进行内力分析，选取一榀典型桁架 SHJ2 的腹杆，按最不利工况提取内力，结果见表 1.8.9-1。图 1.8.9-19 为 44 层 SHJ2 伸臂桁架立面图。

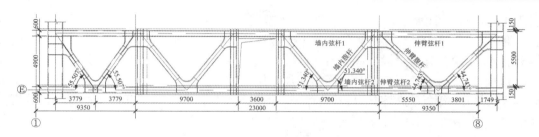

图 1.8.9-19　44 层 SHJ2 伸臂桁架立面图

SHJ2 伸臂桁架的腹杆在各工况下的轴力（单位：kN）　　　　表 1.8.9-1

桁架杆件	工况			
	风荷载	小震	中震	大震
伸臂腹杆	11781.9	5475.0	11028.4	24350.3
墙内腹杆	10621.03	4935.5	9941.8	21951.1

由以上内力比较分析可知，墙内弦杆可以与伸臂弦杆实现等强度设计。由表 1.8.9-1 中数据可以看出，伸臂桁架在风荷载作用下产生的轴力远大于小震作用下的轴力，略大于中震作用下的轴力，小于大震作用产生的轴力。故在小震作用下，伸臂桁架的轴力主要由风荷载控制；在中震作用下，伸臂桁架处于弹性阶段。

1.9　超高层建筑结构加强层创新设计方法

超高层建筑为抵抗水平荷载的作用，需要一定的侧向刚度，侧向刚度一般由剪力墙、框架柱、支撑以及由上述构件组成的核心筒等抗侧力构件提供。当建筑很高，特别是超过 300m 时，不可避免地要遇到一个问题，由于其位移类似悬臂构件，结构在水平荷载作用下水平位移会很大，作为主要抗侧力构件的框架柱、剪力墙、支撑或筒体等承受的内力也会很大，会造成设计困难。一般通过设置加强层来加强其侧向刚度，减小水平位移，可以解决上述问题。设置加强层就是加强部分水平层的刚度，从而提高结构整体刚度的措施，一般只在超高层建筑中应用。加强层即设置连接内筒与外围结构的水平外伸臂结构（梁或桁架）的楼层，必要时还可沿该楼层外围结构设置带状水平桁架或梁。

随着经济的发展，超高层建筑在全世界普遍发展，加强层在超高层建筑结构中的应用也越来越普遍。加强层位置一般在顶层、中间楼层的设备层。加强层的合理设置可以改善结构的受力状况，有效地减小结构的侧向位移，增大结构的侧向刚度。传统设计中，加强层的数量和位置的确定一般依靠多次试算和设计经验，其弊端是设计效率不高且受设计者的经验所限，不易找到加强层的最优设置方案。据此，笔者提出了一种超高层建筑结构加强层最优数量及位置的设计方法，通过试算能快速筛选出加强层的最优设置方案，不仅能高效得出加强层的最优数量和位置，而且与设计者经验关系不大，使结构设计既经济又合理可靠。

1.9.1　加强层最优数量及位置的设计步骤

为实现上述目的，将设置加强层的楼层由低至高进行顺序编号，如图 1.9.1-1 所示，分别建立只含有一个加强层的n个有限元计算模型，由低至高依次将加强层分别设置在第i_1层、第i_2层……第i_n层，每一个有限元计算模型只能含一个加强层；通过有限元计算分析，得出上述n个模型各自最大层间位移角θ_{max}，然后由小至大将对应的计算模型排序为m_1模型、m_2模型……m_n模型，此时各模型的加强层位置为第j_1层、第j_2层……第j_n层；按第j_1层、第j_2层……第j_n层顺序从1开始逐个增加加强层数量建立有限元模型进行计算分析，直至增加到第k个，满足混合结构最大层间位移角$\theta_{max} < 1/500$，钢结构最大层间位移角$\theta_{max} < 1/250$，则加强层数量为k个，位置为第j_1层、第j_2层……第j_k层，$1 \leqslant k \leqslant n = 10$。具体步骤如下：

步骤一：对超高层建筑结构建立一个不含加强层的有限元模型，通过有限元计算分析得到各楼层层间位移角$\theta = \Delta/h$，Δ为层间位移，h为层高。

对于混合结构，当最大层间位移角θ_{max}满足下式要求：

$$\frac{1}{200} < \theta_{max} < \frac{1}{400}$$

则进行步骤二；否则，应调整结构剪力墙、支撑、框架柱以及框架梁布置和截面尺寸，直至θ_{max}满足上式要求，方可进行步骤二。

对于钢结构，当最大层间位移角θ_{max}满足下式要求：

$$\frac{1}{100} < \theta_{max} < \frac{1}{150}$$

则进行步骤二；否则，应调整结构框架柱、支撑以及框架梁布置和截面尺寸，直至θ_{max}满足上式，方可进行步骤二。

步骤二：将设置加强层的楼层由低至高进行顺序编号，假定有n个，n应满足$1 \leqslant n \leqslant 10$的条件，编号依次为1、2……$n$，其对应的楼层号分别为第$i_1$层、第$i_2$层……第$i_n$层；根据编号，分别建立只含有一个加强层的$n$个有限元计算模型，由低至高依次将加强层设置在第$i_1$层、第$i_2$层……第$i_n$层，每一个有限元计算模型只能含有一个加强层。

步骤三：通过有限元计算分析，得出上述n个模型的各自最大层间位移角θ_{max}，然后由小至大将对应的计算模型排序为m_1模型、m_2模型……m_n模型，此时各模型的加强层位置为第j_1层、第j_2层……第j_n层；对于混合结构，当m_1模型对应的最大层间位移角$\theta_{max} \leqslant 1/500$时，对于钢结构，当$m_1$模型对应的最大层间位移角$\theta_{max} \leqslant 1/250$时，则确定加强层数量为1个，加强层位置为$j_1$层；当混合结构$\theta_{max} > 1/500$、钢结构$\theta_{max} > 1/250$进行步骤四。

步骤四：建立含有2个加强层的有限元模型，位置为j_1层、j_2层；通过有限元计算分析，对于混合结构，当最大层间位移角$\theta_{max} < 1/500$时，对于钢结构，当最大层间位移角$\theta_{max} < 1/250$时，则确定加强层数量为2个，加强层位置为j_1层、j_2层；否则，按第j_1层、第j_2层……第j_n层顺序逐个增加加强层数量建立有限元模型进行计算分析，直至增加到第k个，对于混合结构，最大层间位移角$\theta_{max} < 1/500$时；对于钢结构，最大层间位移角$\theta_{max} < 1/250$时，则确定加强层数量为k个，位置为第j_1层、第j_2层……第j_k层，$k \leqslant n = 10$。

步骤五：加强层数量和位置确定后，楼层最小地震剪力系数应大于$0.15\alpha_{max}$，α_{max}为水平地震影响系数最大值。如不满足，应对结构进行相应调整或放大地震力。

步骤六：复核结构自振周期的合理性，具体要求如下：结构自振周期应不小于5s；房屋高度250~400m时，尚不宜大于8s；房屋高度400~500m时，尚不宜大于9s；房屋高度500m以上时，尚不宜大于10s；如不满足，应对结构进行相应调整，再进行后续设计。

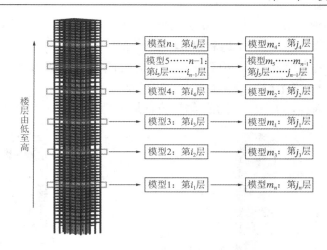

图 1.9.1-1　模型编号及楼层编号示意图

1.9.2　该方法的创新性

通过有限元计算分析，得出上述 n 个模型的最大层间位移角 θ_{max}，然后由小至大将对应的计算模型排序为 m_1 模型、m_2 模型……m_n 模型，此时各模型的加强层位置为第 j_1 层、第 j_2 层……第 j_n 层。再按第 j_1 层、第 j_2 层……第 j_n 层顺序逐个增加加强层数量并建立有限元模型进行计算分析，直至满足要求。并将此有限元计算模型作为结构整体有限元计算分析的基础，避免了繁琐耗时的加强层传统设计方法，提高了结构设计和整体计算分析的效率，且避免了经验局限性导致的浪费。

1.9.3　该方法在横琴国际金融中心大厦中的应用

以高度约 339m 的本工程混合结构设计为例，说明其加强层最优数量及位置的确定过程。

第 1 步：建立一个不含加强层的有限元模型，通过有限元计算分析得到最大层间位移角 θ_{max} 为 1/397，满足下式要求：

$$\frac{1}{200} < \theta_{max} < \frac{1}{400}$$

可进行第 2 步。

第 2 步：考虑到加强层设置在设备层对建筑功能影响较小，本工程选择 31 层、44 层及 68 层分别设置加强层进行试算。按照楼层由低至高进行顺序编号：模型 1 加强层在第 31 层；模型 2 加强层在第 44 层；模型 3 加强层在第 68 层。根据编号，分别建立只含有一个加强层的 3 个有限元计算模型，见图 1.9.3-1～图 1.9.3-3。

第 3 步：通过有限元计算分析，得出上述 3 个模型的最大层间位移角 θ_{max}，然后由小至大将对应的计算模型排序为 m_1 模型、m_2 模型和 m_3 模型。m_1 模型对应模型 1，加强层位于第 31 层，最大层间位移角 θ_{max} 为 1/492；m_2 模型对应模型 2，加强层位于第 44 层，最大层间位移角 θ_{max} 为 1/462；m_3 模型对应模型 3，加强层位于第 68 层，最大层间位移角 θ_{max} 为 1/406。对于混合结构，m_1 模型对应的最大层间位移角 $\theta_{max} > 1/500$ 时，可进行第 4 步。

第 4 步：建立含有 2 个加强层的有限元模型，加强层位于 31 层、44 层，见图 1.9.3-4。

通过有限元计算分析，最大层间位移角$\theta_{\max}$为1/548，满足$\theta_{\max} < 1/500$，因此可确定加强层数量为2个，加强层位于第31层和第44层。

第5步：与之对应的有限元模型计算的楼层最小地震剪力系数为1.351%，大于$0.15\alpha_{\max} = 0.15 \times 9$（本工程$\alpha_{\max}$为0.09），即1.35%。

第6步：与之对应的有限元模型的结构自振周期为7.0072s，大于5s，且不大于8s。

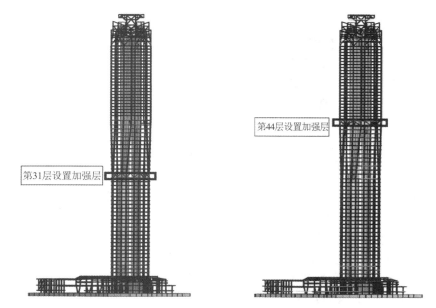

图1.9.3-1　模型1（第31层设置加强层）　图1.9.3-2　模型2（第44层设置加强层）

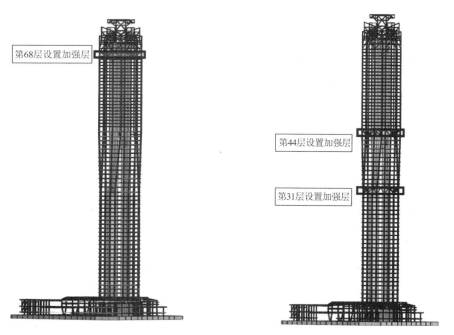

图1.9.3-3　模型3（第68层设置加强层）　图1.9.3-4　模型4（第31层和第44层设置加强层）

1.10　核心筒错洞布置的处理措施

由于办公高区和公寓区建筑功能对核心筒墙体开洞的要求不同，导致办公高区和公寓区的过渡区域形成了复杂的错洞墙，如图 1.10.0-1 所示。针对错洞墙布置，采取了如下措施：

（1）错洞形成的过渡连梁不作为转换梁，避免直接套用关于结构转换层的各项规定，设计时有选择性地采取部分措施予以完善，使得设计更加合理。

（2）通过有限元软件 YJK 对整体和局部进行应力计算分析，得到该复杂错洞区域的应力分布结果。计算结果显示，在最不利工况下，该区域最大压应力为 -8.25N/mm^2，最大拉应力为 1.02N/mm^2，均未超过混凝土抗压、抗拉强度设计值。形成错洞位置的洞口边缘有应力集中趋势，以压应力为主，在 $-6.00\sim-8.25\text{N/mm}^2$ 之间，洞口角部小部分区域存在拉应力，在 $0.71\sim1.02\text{N/mm}^2$ 之间。设计时根据该应力分布情况，复核了核心筒剪力墙的配筋，实配钢筋均能满足计算需要。

（3）根据应力分析结果，采取如下有针对性的构造措施予以加强：①提高第 43、44、45 层核心筒剪力墙抗震等级为特一级；②所有核心筒外墙洞口两边设置约束边缘构件；③相关连梁和边缘构件分别满足转换梁和转换柱的构造要求，适当提高配筋率；④在第 43、44、45 层核心筒外墙和与外墙相连的部分翼墙设置型钢，提高剪力墙的承载力和延性；⑤提高该部位剪力墙和连梁的抗震性能目标，采用钢骨提高错洞位置连梁的受剪承载力，钢骨含钢率为 6%，满足中震、大震下抗震承载力不屈服的要求。

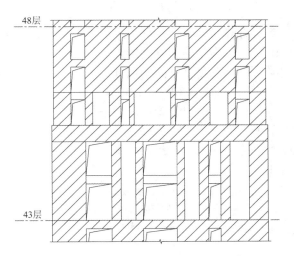

图 1.10.0-1　核心筒剪力墙错洞布置（典型立面）

1.11　外框架柱高区大范围斜柱过渡实现双重结构转换

从图 1.5.1-1～图 1.5.1-4 的各区典型结构平面中可以看出，办公区和公寓区外框架柱网尺寸不同，外框架柱需要采取措施实现两种不同柱网间的过渡。最容易想到的结构设计方法是在办公高区的顶层设计一个结构转换层，实现柱网转换。但该项目的概念为蛟龙出海，简单的一个转换层不能实现项目概念与结构设计要求的高度协调一致，在办公区和公寓区之间需要一段略扭曲的立面造型实现蛟龙的创意。于是结构设计上将办公高区作为柱网过渡区，下部办公中区外框架柱网通过在整个办公高区的范围内设置斜柱逐步过渡到公寓区的外框架柱网。

塔楼 30 层以下外框架每侧布置 6 根钢管混凝土柱。根据平面变化，45 层以上公寓区大致分为 4 部分，每部分布置 6 根型钢混凝土框架柱，30～45 层通过斜柱过渡，平滑内收，斜柱与公寓区相接。框架柱网尺寸从 5.4～9.2m 不等，底层框架柱对边距离为 41.7m。框架柱通过周边上下层框架梁和带状桁架刚性连接形成整个外框架抗侧力体系，外框架斜柱立面过渡如图 1.11.0-1 所示。

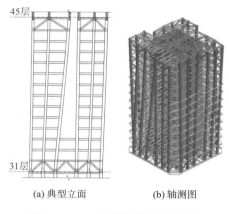

(a) 典型立面　　　　　　(b) 轴测图

图 1.11.0-1　外框架斜柱立面过渡

由于办公高区核心筒剪力墙局部收进、外框架梁不连续及外框架斜柱导致外框刚度削弱，为降低外框架刚度削弱对结构整体刚度的影响并控制外框架斜柱引起的扭转效应，对于布置外框架斜柱的楼层采取以下几个方面的加强措施：

（1）控制塔楼的扭转、平动周期比和扭转位移比。在第 31～44 层范围内不减小核心筒剪力墙厚度，与 2 区保持一致，并通过计算控制外框架斜柱截面尺寸和钢管壁厚度变化幅度，使两个平动主振型周期比为 0.97，接近 1.0。第 1 扭转周期与第 1 平动周期之比为 0.55，远小于 0.85。主塔楼最大扭转位移比为 1.25，小于 1.4，且层间位移角满足《高规》要求，结构整体刚度得到明显加强。

（2）在外框架斜柱段顶、底（第 31、44 层）设置环带桁架＋伸臂桁架的加强层。从 1.8.2 节表 1.8.2-2 中的数据可知，环带桁架能有效控制结构扭转位移比使其满足《高规》要求，达到控制斜柱引起的扭转效应的目的。V 形伸臂桁架能弥补斜柱及外框架梁不连续造成的外框架刚度削弱。

（3）对外框架斜柱区域起始楼层和中间典型楼层的楼板、梁进行小震及风荷载、中震和大震下的性能分析。计算结果显示，该区域楼板能满足小震、风荷载作用下弹性，中震、大震不屈服的要求，能够确保该区域楼板在各种工况下的整体性，结构各竖向构件能有效地协同工作。

1.12　屋顶调谐液体阻尼器设计

根据湖南大学提供的《风洞试验报告》中的项目区域风气候研究结果，10 年重现期风荷载取为 0.51kN/m²。结构顶部峰值 X 向加速度为 0.233m/s²，Y 向加速度为 0.231m/s²，不满足《高规》公寓结构顶点峰值加速度限值 0.15m/s² 的要求。

经初步论证分析，需采取减振措施使结构达到规范要求，能够采取的减振措施有以下三种：①在屋顶设置调谐液体阻尼器系统（简称 TLD）；②在屋顶设置调谐质量阻尼器系统（简称 TMD）；③在中高区避难层设置黏滞阻尼器系统。

由于屋顶设置了停机坪且有配套消防通道，没有空间设置 TMD，而黏滞阻尼器系统造价过高，最终确定利用屋顶水箱增设经济有效的 TLD 系统。根据《珠海横琴国际金融中心调谐液体阻尼器可行性评估与概念设计》[15]，TLD 布置方案有三种：方案一采用钢结构，底标高约 312m，位于机房屋顶；方案二采用钢筋混凝土结构，底标高约 300m，位于屋面层，斜放；方案三采用钢筋混凝土结构，底标高约 300m，位于屋面层，正放。TLD 平面布置方案如图 1.12.0-1 所示。

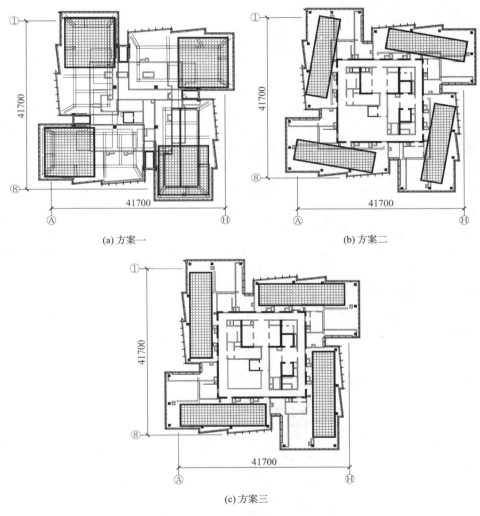

(a) 方案一　　　　　　　　　　　　　(b) 方案二

(c) 方案三

图 1.12.0-1　TLD 平面布置方案

由于是在建造至接近高区时才考虑 TLD 减振措施，故整体结构计算复核时仅考虑其荷载增加的不利因素，不考虑其增大阻尼后的有利影响。针对三个 TLD 布置方案的技术经济指标见表 1.12.0-1。

<table>
<tr><td colspan="2" align="center">TLD 方案技术经济指标</td><td colspan="3" align="right">表 1.12.0-1</td></tr>
</table>

TLD 方案		方案一	方案二	方案三
水箱标高/m		312.4	300	300
TLD 数量	X向	4	2	2
	Y向	4	2	2
TLD 净尺寸/m	X向	12×11.72×3.8	19.5×4.9×5.9	20.5×5.05×6.2
	Y向	12×11.72×3.8	20×4.9×5.9	21.04×5.05×6.2
每个 TLD 的减振方向		双向	单向	单向
总水量/t		700	1430	1735
减振有效质量/t	X向	420	465	480
	Y向	420	425	425
顶部最大加速度/（m/s²）		0.15	0.15	0.15
预估造价/万元		约1250	约900	约900

在建筑空间方面，方案一对建筑空间的影响最小，方案二、三占据屋面泳池和花园位置，且需在外框架和核心筒之间增设梁，对室内空间造成较大影响；在结构设计方面，方案一水箱重量较轻，对下部结构构件影响较另外两个方案小一些；在减振效率方面，方案一的减振效率最高；在预估造价方面，方案一的预估造价最高，主要原因是幕墙改变所引起的造价提高，而其他两个方案不影响幕墙。

经综合比较，最终选用了减振效率高且对建筑、结构较为有利的方案一。安邸建筑环境工程咨询（上海）有限公司（Rowan Williams Davies and Irwin Inc）设计了 4 个总水量约700t 的 TLD，通过选择合适的箱体尺寸和液体深度，将晃动的频率"调谐"至结构的自振频率。由于结构的共振响应，箱体内的液体开始晃动，振动能量通过结构传递给 TLD，该能量进而由箱体的阻尼装置耗散，本项目在箱体中使用桨柱以产生流体阻力，增加湍流并消耗能量，从而达到降低上部楼层风致加速度的目的。单个水箱调谐液体阻尼器如图 1.12.0-2 所示。

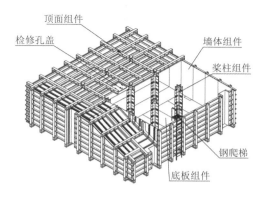

图 1.12.0-2 阻尼器轴测图

舒适度分析采用 10 年重现期基本风压 0.51kN/m²，阻尼比采用 0.015，塔楼名义频率为 0.1435Hz、0.1468Hz 和 0.2622Hz（周期分别为 6.97s、6.81s 和 3.81s）。X向无控响应为

0.233m/s²、Y 向为 0.231m/s²，设置 TLD 后，X 向、Y 向响应均降至 0.15m/s² 以下，X 向、Y 向减震率均达到 35%。

1.13　一种矩形钢管混凝土柱过渡到型钢混凝土柱的连接节点及其施工方法

随着超高层建筑结构技术的发展，混合结构的外框架柱在建筑物下部受力较大，常采用钢管混凝土柱以便控制截面大小，而上部使用型钢混凝土柱或钢筋混凝土柱以节省造价。这种情况下，会遇到下部钢管混凝土柱和上部型钢混凝土柱的连接问题。因此需要一种合理的钢管混凝土柱到型钢混凝土柱的过渡连接节点，使下部钢管混凝土柱和上部型钢混凝土柱进行合理高效的连接。

在已建成的结构中，当钢管混凝土柱与型钢混凝土柱连接时，通常将矩形钢管混凝土柱截面四个外壁与型钢混凝土柱的翼缘直接焊接，当上部与下部边长不同时，型钢混凝土中型钢、钢筋与钢管混凝土柱的连接非常复杂，且连接节点一般位于梁、柱相交区域，构造复杂、施工不便且质量不易保证。为克服上述问题，针对本工程发明了一种新型的连接节点[16]，避开了梁、柱相交节点的复杂构造，极大地方便了施工，同时可以实现过渡连接节点整体在工厂制作，现场安装，最大限度地减少了现场焊接操作，具有传力明确、性能可控及施工简便等优点。发明的目的是解决受力较大、截面较大的矩形钢管混凝土柱和型钢混凝土柱的合理过渡连接问题，提供一种矩形钢管混凝土柱过渡到型钢混凝土柱的连接节点及其施工方法。

1.13.1　节点设计创新点

本书提出了一种矩形钢管混凝土柱过渡到型钢混凝土柱的连接节点，包括主节点和与主节点连接的过渡节点，主节点位于过渡节点上方；主节点和过渡节点均采用等强度连接；型钢混凝土柱和矩形钢管混凝土柱通过主节点和过渡节点连接；所述的过渡节点包括十字型钢、上柱脚底板、下柱脚底板、与十字型钢连接的十字型钢加劲板、下竖向加劲板、外围钢管壁和核心混凝土；上柱脚底板和下柱脚底板分别位于外围钢管壁顶端和底端且与外围钢管壁焊接连接，核心混凝土位于上柱脚底板、下柱脚底板和外围钢管壁围合的空间内，十字型钢、十字型钢加劲板和下竖向加劲板埋设于核心混凝土内并与外围钢管壁焊接连接；所述主节点包括上竖向加劲板和纵筋连接板，所述上竖向加劲板和纵筋连接板位于型钢混凝土柱内，纵筋连接板与型钢混凝土柱纵筋焊接连接，上竖向加劲板与型钢混凝土柱焊接连接；上竖向加劲板和纵筋连接板分别与上柱脚底板焊接连接；上竖向加劲板和纵筋连接板焊接连接；所述过渡节点位于连接在矩形钢管混凝土柱上的梁的上方且位于矩形钢管混凝土柱和型钢混凝土柱之间。

矩形钢管混凝土柱和型钢混凝土柱截面边长可以不相等，矩形钢管混凝土柱截面最小边长宜大于等于 0.8m，型钢混凝土柱截面最小边长宜大于等于 0.6m。

所述型钢混凝土柱中的型钢为十字型钢或 H 型钢。当型钢为十字型钢时，上竖向加劲板为 8 个；十字型钢的 4 个翼缘中的每个翼缘均与纵筋连接板和 2 个上竖向加劲板围合成方形框结构。

该发明提出了一种矩形钢管混凝土柱过渡到型钢混凝土柱的连接节点，所述下柱脚底板与连接在矩形钢管混凝土柱上梁的距离大于等于 500mm，所述过渡节点为斜度小于 1∶6、长度等于型钢混凝土柱中型钢边长 2 倍且不小于 2m 的纵截面为矩形、直角梯形或等腰梯形的连接节点。即所述过渡节点位于梁、柱相交节点区域以外一定距离，一般该距离应大于等于 500mm；在接近下段柱柱顶区域，设置一个斜度小于 1∶6（矩形钢管混凝土柱和型钢混凝土柱截面边长不相等时）、长度 $L = 2h_c$（h_c 为十字型钢或 H 型钢截面的较大边长）且不小于 2m 的过渡连接节点。

所述型钢混凝土柱纵筋与纵筋连接板双面焊接连接。所述上柱脚底板和下柱脚底板均设置若干个直径不小于 200mm 的灌浆孔。

所述主节点和过渡节点均采用等强度连接，是指主节点和过渡节点之间的焊接连接均为一级全熔透焊缝连接。进一步地，为实现等强度连接，上柱脚底板（1）、下柱脚底板（2）与外围钢管壁（13）连接的焊缝均为一级全熔透焊缝；十字型钢或 H 型钢（14）、十字型钢加劲板（3）、上竖向加劲板（4）、纵筋连接板（5）、下竖向加劲板（9）与上柱脚底板（1）、下柱脚底板（2）连接的焊缝均为一级全熔透焊缝，构件位置见图 1.13.2-1～图 1.13.2-2。

进一步地，型钢混凝土柱纵筋（7）与纵筋连接板（5）双面焊接，焊接长度根据等强度连接的原则计算确定。

进一步地，过渡节点核心区均应浇筑混凝土，且上柱脚底板（1）及下柱脚底板（2）均应设置若干个直径不小于 200mm 的灌浆孔。

含有连接节点的过渡层按照型钢混凝土柱截面建模，计算得到型钢混凝土柱截面的尺寸及配筋，再将过渡层按钢管混凝土截面复核，保证过渡层在两种截面形式下均能满足计算需要。

该发明还提出了上述矩形钢管混凝土柱过渡到型钢混凝土柱的连接节点的施工方法，首先在工厂制作除核心混凝土外的过渡节点框架及其上柱脚底板以上 1.5m 高的十字型钢或 H 型钢，然后将过渡节点在下层梁面以上 500mm 处与矩形钢管混凝土柱焊接，随后将型钢混凝土柱纵筋与纵筋连接板焊接，最后往型钢混凝土柱内和过渡节点框架内浇筑混凝土。

该节点构造可用于受力较大且截面较大的矩形钢管混凝土柱和型钢混凝土柱的过渡连接。将下层钢管混凝土柱（以下称下段柱）向上延伸，同时将型钢混凝土柱（以下称上段柱）内的型钢锚入过渡段内，通过上柱脚底板及下柱脚底板分别将上段柱和下段柱的内力经该过渡节点段传递，实现钢管混凝土柱到型钢混凝土的等强度连接，并且可以用于矩形钢管混凝土柱和型钢混凝土柱截面边长不相等的情况。该过渡连接节点及上下段柱均可在工厂制作，现场安装后，将型钢混凝土柱的钢筋与连接板焊接，然后浇筑混凝土。该连接节点的设计避开了梁、柱相交节点的复杂构造，极大地方便了施工，同时可以实现连接节点整体在工厂制作，现场安装，最大限度地减少了现场焊接操作，具有传力明确、性能可控及施工简便等优点。

1.13.2　在本工程中的具体实施方式

如图 1.13.2-1～图 1.13.2-3 所示，该过渡连接节点位于梁、柱相交节点区域以外一定距离，一般该距离应大于等于 500mm；在接近下段柱柱顶区域，设置一个斜度小于 1∶6（矩形钢管混凝土柱和型钢混凝土柱截面边长不相等时)、长度 $L = 2h_c$(h_c 为十字型钢或 H 型钢截面的较大边长)且不小于 2m 的过渡连接节点。

如图 1.13.2-1～图 1.13.2-3 所示,所述的过渡节点由上柱脚底板(1)、下柱脚底板(2)、十字型钢加劲板(3)、上竖向加劲板(4)、纵筋连接板(5)、下竖向加劲板(9)、外围钢管壁(13)、上柱脚底板灌浆孔(6)、下柱脚底板灌浆孔(10)、核心混凝土(15)共同组成。

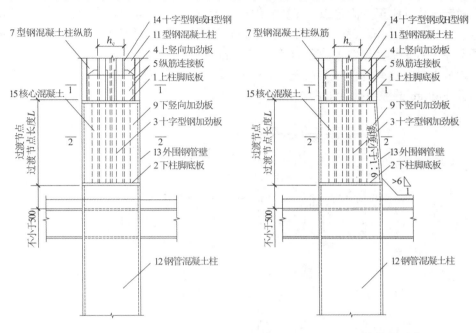

图 1.13.2-1　过渡节点形式一　　　　　图 1.13.2-2　过渡节点形式二

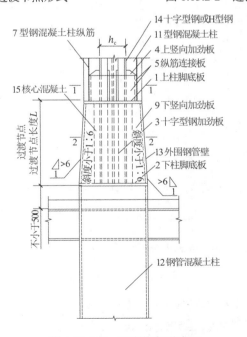

图 1.13.2-3　过渡节点形式三

为实现等强度连接，上柱脚底板（1）、下柱脚底板（2）与外围钢管壁（13）连接的焊缝均为一级全熔透焊缝；十字型钢或 H 型钢（14）、十字型钢加劲板（3）、上竖向加劲板（4）、纵筋连接板（5）、下竖向加劲板（9）与上柱脚底板（1）、下柱脚底板（2）连接的焊缝均为一级全熔透焊缝。

型钢混凝土柱纵筋（7）与纵筋连接板（5）双面焊接，焊接长度根据等强度连接的原则计算确定。并且应至少满足以下条件：焊接长度不得小于 10 倍连接钢筋直径；型钢混凝土柱箍筋（8）在上柱脚底板（1）以上 500mm 范围内，箍筋间距为 50mm，箍筋直径同型钢混凝土柱（11）加密区箍筋直径且不小于 10mm。

过渡节点核心区均应浇筑混凝土，且上柱脚底板 1 及下柱脚底板 2 均应设置若干个直径不小于 200mm 的灌浆孔，如图 1.13.2-4～图 1.13.2-6 所示。

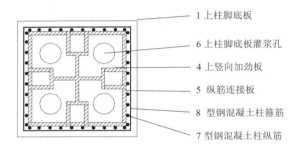

图 1.13.2-4　1-1 剖面形式一

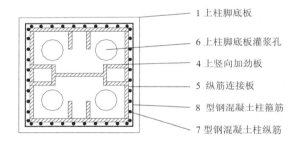

图 1.13.2-5　1-1 剖面形式二

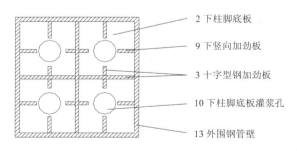

图 1.13.2-6　2-2 剖面

首先将过渡节点及其上柱脚底板（1）以上 1.5m 高的十字型钢或 H 型钢（14）在工厂制作，然后将节点在下层梁面以上 500mm 处与下柱焊接，随后将型钢混凝土柱纵筋（7）与纵筋连接板（5）焊接，最后往节点内浇筑混凝土。

下竖向加劲板（9）主要是为增强核心混凝土（15）与外围钢管壁（13）的粘结并提高钢管壁的平面外稳定而设置，可按照加劲板的构造要求进行设计。

上下柱脚底板的厚度应通过柱脚底板所承受的弯矩和剪力计算确定。

十字型钢加劲板（3）厚度同十字型钢或 H 型钢（14）的腹板翼缘厚度。

纵筋连接板（5）应与纵筋等强度设计。同时纵筋连接板板厚不小于 20mm，且满足加劲板的构造要求，以保证足够的刚度，使其同时发挥抗剪键的作用。

上竖向加劲板（4）高度应通过计算确定，应能保证十字型钢或 H 型钢分担的柱荷载有效地传递到上柱脚底板（1）。

含有连接节点的过渡层按照型钢混凝土柱截面建模，计算得到型钢混凝土柱截面的尺寸及配筋，再将过渡层按钢管混凝土截面复核，保证过渡层在两种截面形式下均能满足计算需要。

1.14　经济指标

混凝土总用量：地上 67293m³；地下室 72021m³。钢筋总用量：29732t。型钢总用量：19236t。建筑面积：塔楼（上部）124850m²；塔楼（地下室）7665m²；裙房（上部）13303m²；裙房（地下室）54743m²。本工程的经济指标详见表 1.14.0-1。

塔楼经济指标　　　　　　　　　　表 1.14.0-1

结构部分	混凝土/m³	混凝土技术指标/（m³/m²）	钢筋/t	钢筋技术指标/（kg/m²）	型钢/t	型钢技术指标/（kg/m²）
塔楼（上部）	62675	0.502	13459	107.8	16880	135.2
塔楼（地下室）	11037	1.43	2032	265.2	1598	208.5
裙房（上部）	4618	0.35	788	59.2	626	47.1
裙房（地下室）	60984	1.11	13453	245.7	132	2.4

综合认为，本工程的技术经济指标经济合理。

1.15　结语

（1）加强层数量和位置的确定是建筑高度 300m 以上的超高层结构设计的重点、难点之一，直接关系到结构设计的经济性、合理性，不能完全依靠概念设计。笔者创新性地提出了一种超高层建筑结构加强层最优数量及位置的设计方法，解决了该设计难题，大幅提升了超高层结构设计效率及其经济性。

（2）核心筒由于上下建筑功能的影响，开洞位置不能对齐，形成较多错洞时，可以通过局部应力分析和适当的构造措施使其满足相应的性能目标。

（3）外框架柱网沿高度有变化时，采用斜柱过渡是除了设置结构转换梁以外的另一个合理选择，结构设计时应注意斜柱产生水平分力的不利影响，采取相应措施。

（4）当 10 年重现期风荷载下结构顶部峰值加速度不满足规范要求时，利用屋顶水箱作为调谐液体阻尼器系统（TLD）减振是一种经济有效的方案，减振率可以达到35%左右。

（5）本工程发明了一种矩形钢管混凝土柱过渡到型钢混凝土柱的新型连接节点及其施工方法，避开了梁、柱相交节点的复杂构造，极大方便了施工，同时可以实现过渡连接节点整体在工厂制作，现场安装，最大限度地减少了现场焊接操作，具有传力明确、性能可控及施工简便等优点，具有很好的应用前景。

‹ 第 **2** 章 ›

越秀·国际金融汇三期超高层 T5 塔楼

2.1　工程概况

越秀·国际金融汇三期项目位于武汉市江汉区解放大道与新华路交汇处，规划用地面积为 30937.58m²，地上总建筑面积为 264337.44m²，地下总建筑面积为 75750m²。其中 T5 塔楼与裙房之间设置防震缝脱开，T5 塔楼地上建筑面积为 138936.4m²，建筑功能为商业、酒店及办公用房，其中商业用房建筑面积为 441.6m²，酒店用房建筑面积为 30892m²，办公用房建筑面积为 107602.8m²。T5 塔楼地上共 66 层（结构层 68 层），地下室共 3 层，其中 1~4 层为办公大堂、酒店大堂、商务中心及办公用房，5~45 层为办公用房，46 层及以上为酒店用房。

主要屋面建筑高度约为 330m，结构形式为带加强层的框架-核心筒混合结构。地下室埋深约 20m（包括筏板厚度），主塔楼平面尺寸为 52.5m × 45m，长宽比为 1.16，高宽比约为 7.33，埋深比约为 16.5。结构在 227.45m 高度处一侧方向偏心收进，结构宽度沿建筑高度由 45m 收进为 33m。建筑效果图如图 2.1.0-1 所示，剖面图如图 2.1.0-2 所示。

图 2.1.0-1　建筑效果图

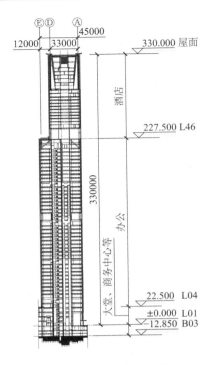

图 2.1.0-2　建筑剖面图

2.2　结构设计条件和控制指标

2.2.1　结构设计条件

设计基准期为 50 年；主体结构设计工作年限为 50 年；结构构件耐久性设计年限为：重要构件 100 年，其他构件 50 年；建筑结构安全等级为：重要构件一级，其他构件二级。重要构件指竖向承重构件、抗侧力构件以及转换梁、转换柱。

抗震设防类别属于重点设防类乙类。地面粗糙度类别为 C 类。

2.2.2　控制指标

小震、风荷载作用下最大层间位移角限值为 1/500。按《高层建筑混凝土结构技术规程》JGJ 3—2010（简称《高规》）第 3.7.6 条及《高层民用建筑钢结构技术规程》JGJ 99—2015 的有关规定，上部建筑功能为酒店，建筑物顶部的风荷载加速度限值为 0.25m/s²。

2.3　荷载分析

2.3.1　风荷载

50 年一遇基本风压 $w_0 = 0.35\text{kN/m}^2$；承载力设计时按 50 年一遇基本风压的 1.1 倍采用；风荷载体型系数 $\mu_s = 1.4$，设计时考虑相互干扰系数后，风荷载体型系数取 1.47；舒适度计算时采用 10 年一遇基本风压 0.25kN/m²；风振系数和风压高度变化系数按《建筑结构荷载规范》GB 50009—2012（简称《荷载规范》）取值。

由于塔楼高度超过 200m，风荷载及其响应的大小直接影响到大厦的建设成本及用户的舒适度，风荷载依据风洞试验结果与规范风荷载（指《荷载规范》中风荷载值）取值进行比较后合理取用。风洞试验由华南理工大学土木与交通学院完成，试验结果可见于《精武路项目五期结构风荷载及风振响应分析报告》[17]。按风洞试验（含扭矩）风荷载与按 50 年重现期规范风荷载计算的结构力学性能结果见表 2.3.1-1。由表 2.3.1-1 可知，风洞试验及规范风荷载计算的结构力学性能指标满足《高规》要求。但 X、Y 向风洞试验风荷载下基底剪力要比规范风荷载作用下相应值分别小 30.1%、20.2%；X、Y 向风洞试验风荷载下倾覆力矩要比规范风荷载作用下相应值小 34.6%、24.7%。按风洞试验风荷载计算得到的结果较规范风荷载相应值低较多，主要是因为风洞试验给出的等效静风荷载考虑了风速风向折减，且风荷载各方向组合系数也与荷载规范不同。根据审查专家的建议，偏于安全地考虑，设计采用的风荷载值为风洞试验结果和规范风荷载计算结果的包络值。

不同工况下结构力学性能　　　　　　　　　　表 2.3.1-1

计算工况		最大层间位移角	基底剪力/kN	底层倾覆力矩/（kN·m）	结构顶点位移/mm
风洞试验（含扭矩）	X向	1/2098	12389.4	2205555.0	94.9
	Y向	1/976	17891.6	3382335.5	215.7
规范风	X向	1/1132	17734.3	3373151.0	176.73
	Y向	1/622	22414.0	4494563.5	303.37

2.3.2　地震作用

抗震设计主要依据《建筑抗震设计规范》GB 50011—2010（2016 年版）（简称《抗规》）、《超限高层建筑工程抗震设防专项审查技术要点》（2015 年版）、地震安全评价单位提供的安全评价报告[18]及武汉市有关地方文件[19]规定，确定抗震措施，考虑三水准地震效应，主要抗震设计参数见表 2.3.2-1。

抗震设计参数　　　　　　　　　　表 2.3.2-1

参数	取值
抗震设防烈度	6 度
设计基本地震加速度值	0.05g
设计地震分组	第一组
小震分析阻尼比	0.04
中震分析阻尼比	0.05
大震分析阻尼比	0.07
建筑场地类别	III 类
场地特征周期/s	0.45（小震、中震），0.5（大震）
周期折减系数	0.85

根据武汉市有关地方文件的规定，该塔楼抗震计算采用的地震动参数需按提高一档标准确定抗震措施提高一度设计，通过与安全评价报告提供的地震动参数对比分析，按不利原则采用地震动参数，见表 2.3.2-2。

参数	小震	中震	大震
特征周期/s	0.45	0.45	0.50
水平地震影响系数最大值	0.08	0.23	0.50
水平地震加速度最大值/gal	35	100	220

其他荷载根据相关规范、勘察报告和有关资料确定。

2.4 基础设计

2.4.1 场地各地层工程特性指标

根据勘察报告，场地各地层工程特性指标建议值详见表 2.4.1-1、表 2.4.1-2。

地基土（岩）物理力学指标建议值   表 2.4.1-1

土层编号	岩土名称	重度γ/（kN/m³）	承载力特征值f_{ak}/kPa	压缩模量$E_{s(1-2)}$/MPa	抗剪强度指标		饱和单轴抗压强度f_{rk}/MPa
					黏聚力C_k/kPa	内摩擦角φ_k/°	
①₁	杂填土	—	—	—	—	—	—
②₁	粉质黏土	18.7	120	5.3	18.4	9.0	—
②₂	淤泥质黏土	16.5	60	2.7	9.2	5.9	—
②₃	粉质黏土夹粉土、粉砂	18.6	125	6.2	15.3	12.0	—
③₁	粉砂夹粉质黏土	17.9	160	12.0	0.0	24.2	—
③₂	粉砂	—	225	19.0	0.0	36.5	—
③₃	细砂	—	265	24.0	0.0	39.0	—
③₃ₐ	粉质黏土	18.7	145	6.0	21.3	9.5	—
③₄	砾砂	—	360	$E_0=24$	0.0	40.0	—
④₁	强风化泥岩		600	$E_0=48$			—
④₂	中风化泥岩		2500	—			7.62

钻（冲）孔灌注桩设计参数建议值   表 2.4.1-2

土层编号	岩土名称	预应力管桩		水下钻（冲）孔灌注桩			
		q_{sia}/kPa	q_{pa}/kPa	q_{sia}/kPa	β_{si}	q_{pa}/kPa	β_p
①₁	杂填土	11	—	10			
②₁	粉质黏土	28	—	31	1.7		
②₂	淤泥质黏土	9	—	9	1.3		
③₃	粉质黏土夹粉土、粉砂	26	—	28	1.6		
③₁	粉砂夹粉质黏土	25	—	20	1.5		
③₂	粉砂	30	1800（15<h≤30m）	25	1.6	400	2.4
③₃	细砂	40	2600（h≥30m）	30	1.8	600	2.6
③₃ₐ	粉质黏土	30	—	32	1.7		

土层编号	岩土名称	预应力管桩		水下钻（冲）孔灌注桩			
		q_{sia}/kPa	q_{pa}/kPa	q_{sia}/kPa	β_{si}	q_{pa}/kPa	β_p
③₄	砾砂	62	5000	60	2.2	1000	2.8
④₁	强风化泥岩	80	3000	70	1.4	700	2.2
④₂	中风化泥岩	—	—	120		3000	—

注：h 表示桩自然地面以下的入土深度。

2.4.2　基础选型比较分析

（1）桩端持力层的选择

由于塔楼单桩竖向承载力特征值需达到 12000kN 以上，通过计算，其持力层需选为中风化泥岩④₂层。

（2）塔楼布桩主要考虑以下 2 种可行的桩基方案，并对各方案的可行性和经济性进行了详细的分析，详见表 2.4.2-1、表 2.4.2-2。图 2.4.2-1、图 2.4.2-2 是 2 个方案的描述和桩基布置示意图。

基础方案设计　　　　　　　　　　　　　　　　表 2.4.2-1

方案	桩型	桩基及筏板描述
方案一	端承摩擦桩	桩筏基础，桩径 1000mm，单桩承载力特征值 12000kN，梅花形布置，筏板厚度 3.6m
方案二	端承摩擦桩	桩筏基础，桩径 1200mm，单桩承载力特征值 16000kN，梅花形布置，筏板厚度 3.6m

比较分析如下：

基础方案比较　　　　　　　　　　　　　　　　表 2.4.2-2

方案	桩径	桩端持力层	桩数	造价相对关系
方案一	1000mm	中风化④₂	354	1.0
方案二	1200mm	中风化④₂	248	1.06

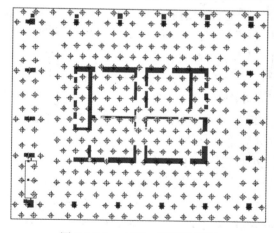

图 2.4.2-1　方案一布置示意图

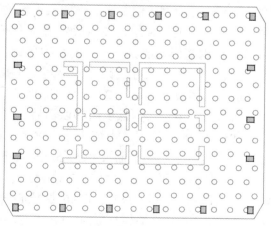

图 2.4.2-2　方案二布置示意图

结论：根据地质报告推荐，结合场地情况，经与建设单位、勘察单位充分讨论及协商，考虑结构受力、经济指标、工期影响、施工难易、现场管理等多个因素，设计采用方案一。

2.4.3 设计选用的基础形式

基础选型详见表2.4.3-1。

基础选型 表2.4.3-1

地基基础设计等级	甲级
建筑桩基设计等级	甲级
基础类型	桩筏
基础埋深	约20m 埋深比1/16.5
桩型	后注浆钻孔灌注桩
注浆方式	桩端、桩侧复式注浆
桩径或桩型号	1000mm
桩身混凝土强度等级	C50
桩端持力层	④₂中风化泥岩
进入持力层深度	≥6m
有效桩长	平均约48m
单桩竖向承载力特征值	约12000kN
筏板厚度或承台厚度	3.6m
地下室层数	3

2.5 结构布置及主要构件尺寸

2.5.1 结构形式及结构体系

超高层塔楼为钢-混凝土混合结构，采用框架-核心筒结构体系，主塔楼与裙房分缝脱开。框架柱为钢管混凝土，框架梁采用钢梁，核心筒为钢筋混凝土核心筒。在46～47层间设置了一道加强层，加强层采用周边带状钢桁架和伸臂钢桁架的形式。楼盖采用楼面钢梁＋钢筋桁架混凝土楼板的结构形式。根据建筑功能分区，1～4层为办公大堂、酒店大堂、商务中心及办公区，5～45层为办公区，46层及以上为酒店区；结构设有一道加强层，具体设计详见第2.9节。典型结构平面如图2.5.1-1～图2.5.1-4所示。核心筒存在两次收进，第一次为低区电梯取消后，位于27层楼面，收进后平面如图2.5.1-2所示；第二次位于46层楼面，为结构整体收进，收进后平面如图2.5.1-3所示，底部楼层局部存在穿层柱。主塔楼平面尺寸52.5m×45m，外框架柱网9～12m，结构在46层楼面一侧收进，收进后平面尺寸为52.5m×33m。收进后结构形式仍为框架-核心筒结构体系，收进后高区酒店外框架柱落在46层核心筒一侧剪力墙轴线上，其中一个外框架柱由于距离46层核心筒外墙较远（约3.6m），从44～46层间采用斜柱过渡到核心筒剪力墙上，具体设计详见2.10节。

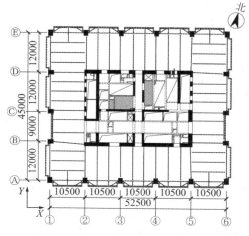

图 2.5.1-1　低区办公标准层结构平面图

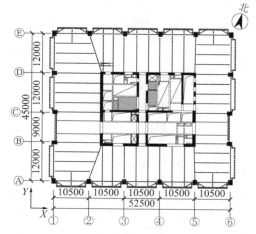

图 2.5.1-2　中区办公标准层结构平面图

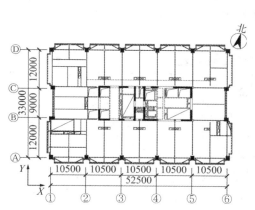

图 2.5.1-3　高区酒店标准层结构平面图

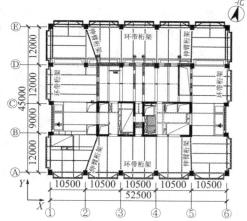

图 2.5.1-4　46 层伸臂桁架及环带桁架平面布置

设置加强层，主要是由于本工程采用的框筒结构体系不能满足侧向刚度要求，因此根据《高规》第 10.3.2 条，设置适宜刚度的水平伸臂构件、周边环带构件，形成带加强层的高层建筑结构。结合建筑设计的避难层和设备层的位置，将加强层设置在 46 层（避难层）和 47 层（机电层）较为合理。加强层由 2 层环带桁架及 4 榀伸臂桁架构成。伸臂桁架能有效提高周边框架的抗倾覆能力，在结构进入弹塑性状态后，伸臂桁架可作为抗震设防的另一道防线，提供较大的安全冗余度。伸臂桁架钢结构弦杆贯穿核心筒墙体。伸臂桁架采用单向斜撑的形式布置，该形式有利于建筑环通走道的布置，减小对建筑功能的影响。伸臂桁架及环带桁架布置见图 2.5.1-4。

2.5.2　主要结构构件抗震等级

结构主要构件抗震等级见表 2.5.2-1。表 2.5.2-1 中地下室抗震等级如下：塔楼相关范围（主楼周边外延 2 跨的范围）以外且跨度不大于 18m 的框架为三级；对于跨度大于 18m 的

77

框架，抗震等级为一级；塔楼相关范围内的地下 1 层抗震等级同塔楼抗震等级；塔楼相关范围内地下 1 层以下各层抗震等级逐层降低一级，但不低于三级。

结构主要构件抗震等级　　　　　　　　　　表 2.5.2-1

构件	超高层塔楼	地下室
框架	一级	一级～三级
剪力墙	一级	一级～三级
加强层及其上下相邻各一层	特一级	—

2.5.3　主要结构构件尺寸

主塔楼框架柱、加强层桁架截面见表 2.5.3-1，表中外框架柱均为钢管混凝土柱，按《高规》和《钢管混凝土结构技术规范》GB 50936—2014 的规定从严设计。主塔楼加强层（46～47 层）桁架截面为□600×600×30×30～□1100×600×80×80，按《抗规》和《钢结构设计标准》GB 50017—2017 的规定从严设计。核心筒剪力墙编号见图 2.5.3-1，相应的墙体厚度见表 2.5.3-2。剪力墙混凝土强度等级为 C50～C60，部分墙体设有钢骨，少量墙体为钢板混凝土剪力墙，按《高规》和《钢骨混凝土结构技术规程》[20]YB 9082—2006 的规定从严设计。地上部分楼板采用钢筋桁架混凝土楼板，厚度根据计算确定，混凝土强度等级原则上不超过 C35。

主塔楼框架柱、加强层桁架截面　　　　　　表 2.5.3-1

楼层	截面尺寸/mm	
47 层以上	内圈框架柱	600×600
	外圈边柱	(1100～900)×(1200～900)
	外圈角柱	(1100～900)×(1200～900)
46～47 层	边柱	1100×1400
	角柱	1200×1500
1～46 层	边柱	(1200～1100)×(1600～1400)
	角柱	(1300～1200)×(1700～1500)

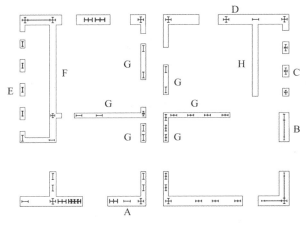

图 2.5.3-1　核心筒墙体编号

核心筒剪力墙墙厚（单位：mm）　　　　　　　　　　表 2.5.3-2

楼层	A	B	C	D
47 层以上	500	800～500	—	—
46～47 层	500	800	—	—
27～46 层	800～600	900～800	600	1000～700
1～27 层	1200～900	1200～1100	800	1200～900
楼层	E	F	G	H
47 层以上	—	700～500	550～400	—
46～47 层	—	800	550	—
27～46 层	—	800	600～550	600～350
1～27 层	600～400	800	600	700～600

2.5.4　用钢量优化设计

1. 关于用钢量作出以下几个方面的优化

（1）钢管柱壁厚减小，在满足轴压比和承载力的前提下按规范构造要求（$h/t < 60\sqrt{235/345} = 49.5$），选取壁厚。

（2）剪力墙内钢板最大厚度改为 30mm。核心筒四个角部型钢，除部分楼层计算需要外，其他楼层取消。适当减小剪力墙内型钢截面和墙身钢板厚度。

（3）将外框架梁□900×500×24×44 全部改成□800×400×20×30（避难层处改成□900×500×20×36）。标准层梁 HW458×417×30×50 均改为 H500×300×16×22，H600×400×20×40 改为 H600×400×18×26。减小 45M 及 46 层钢梁截面。

（4）将环带桁架上下弦由□800×800×40 改为□600×800×40，将斜腹杆由□600×600×50 改为□600×600×40。

2. 优化前后用钢量对比详见表 2.5.4-1。

T5 塔楼用钢量统计　　　　　　　　　　表 2.5.4-1

项目	优化前	优化后
剪力墙用钢量/t	1216	455
钢框架梁用钢量/t	11561	9170
钢管混凝土柱用钢量/t	14133	7905
钢斜杆用钢量/t	1000	728
合计	27910	18258
单位面积用钢量	200kg/m²	131kg/m²

2.6　结构超限类型和程度

本工程主塔楼地上 68 层（结构层），地下 3 层，建筑物高度（主要屋面高度）为 330m，采用框架核心筒结构。根据住房和城乡建设部文件《超限高层建筑工程抗震设防专项审查技术要点》（2015 年版），各项超限相关具体内容见表 2.6.1-1、表 2.6.2-1、表 2.6.3-1 及表 2.6.3-2。

2.6.1 高度超限检查

高度超限检查   表 2.6.1-1

项目	简要涵义	超限判断	结论
高度	7 度（0.1g）型钢（钢管）混凝土框架-钢筋混凝土核心筒混合结构高度限值为 190m	有	本工程高度为 330m，高度超限
高宽比	7 度（0.1g）框架-核心筒混合结构高宽比限值为 7	有	本工程高宽比为 7.33，高宽比超限
长宽比	—	无	本工程长宽比为 1.17，长宽比不超限

2.6.2 不规则项检查（一）

同时具有下表所列三项及三项以上不规则的高层建筑工程   表 2.6.2-1

序号	不规则类型	涵义	超限判断	备注
1a	扭转不规则	考虑偶然偏心的扭转位移比大于 1.2	有	Y 向考虑偶然偏心的最大位移与层平均位移的比值最大值为 1.38
1b	偏心布置	偏心率大于 0.15 或相邻层质心相差大于相应边长 15%	无	—
2a	凹凸不规则	平面凹凸尺寸大于相应边长 30%等	无	—
2b	组合平面	细腰形或角部重叠形	无	—
3	楼板不连续	有效宽度小于 50%，开洞面积大于 30%，错层大于梁高	有	2、3 层有效楼板宽度小于 50%；2、3 层楼面楼板开洞面积大于 30%
4a	刚度突变	相邻层刚度变化大于 70%（按《高规》考虑层高修正时，数值相应调整）或连续三层变化大于 80%	无	—
4b	尺寸突变	竖向构件收进位置高于结构高度 20%且收进大于 25%，或外挑大于 10%和 4m，多塔	有	49 层有外框架柱收进大于 25%
5	构件间断	上下墙、柱、支撑不连续，含加强层、连体类	有	结构存在 1 个加强层，47 层有托柱转换
6	承载力突变	相邻层受剪承载力变化大于 80%，即相邻楼层受剪承载力比小于 0.8	有	3 层受剪承载力比 0.75，28 层受剪承载力比 0.78
7	局部不规则	如局部的穿层柱、斜柱、夹层、个别构件错层或转换，或个别楼层扭转位移比略大于 1.2 等	有	底部两层、27～28、46～47、49～50、63～66 层存在穿层柱

2.6.3 不规则项检查（二）

具有下列两项或同时具有下表和表 2.6.2-1 某项不规则的高层建筑工程   表 2.6.3-1

序号	不规则类型	简要涵义	超限判断
1	扭转偏大	裙房以上的较多楼层考虑偶然偏心的扭转位移比大于 1.4	无
2	抗扭刚度弱	扭转周期比大于 0.9，超过 A 级高度的结构扭转周期比大于 0.85	无
3	层刚度偏小	本层侧向刚度小于相邻上层的 50%	无
4	塔楼偏置	单塔或多塔与大底盘的质心偏距大于底盘相应边长 20%	无

具有下列某一项不规则的高层建筑工程　表 2.6.3-2

序号	不规则类型	简要涵义	超限判断
1	高位转换	框支墙体的转换构件位置：7 度超过 5 层，8 度超过 3 层	无
2	厚板转换	7～9 度设防的厚板转换结构	无
3	复杂连接	各部分层数、刚度、布置不同的错层，连体两端塔楼高度、体型或者沿大底盘某个主轴方向的振动周期显著不同的结构	无
4	多重复杂	结构同时具有转换层、加强层、错层、连体和多塔等复杂类型的 3 种	无

2.6.4　结论

综上分析，根据《超限高层建筑工程抗震设防专项审查技术要点》（2015 年版）的规定，本栋建筑高度超限，具有平面扭转不规则、局部楼板不连续、尺寸突变、构件间断、承载力突变及穿层柱共 6 项不规则，为高度超限且规则性超限的高层建筑工程。

2.7　抗震性能设计

本节根据《精武路项目五期 T5 塔楼超限高层建筑工程抗震设计可行性论证报告》[21]的有关章节编写，主要内容如下。

2.7.1　抗震设防要求及抗震性能目标

结构抗震性能目标是针对某一级地震设防水准而期望建筑物能够达到的性能水准或等级，是抗震设防水准与结构性能水准的综合反映。根据工程的场地条件、社会效益、结构的功能和构件重要性，并考虑经济因素，结合概念设计中的强柱弱梁、强剪弱弯、强节点弱构件和框架柱二道防线的基本理念，制定抗震性能目标。针对本工程结构形式和超限情况，采用结构抗震性能设计方法进行补充分析和论证，根据结构可能需要加强的关键部位，依据《高规》针对性地选择 C 级性能目标及相应的抗震性能水准。即小震达到第 1 性能水准，中震达到第 3 性能水准，大震达到第 4 性能水准。

2.7.2　结构抗震性能水准预期的震后性能状况的描述

对于表 2.7.2-1 中允许进入屈服状态的结构构件的屈服程度以及破坏状态，我国规范只给出了定性的描述，没有给出定量规定。因此参考美国土木工程师协会制定的《建筑物抗震评估与改造指南》ASCE-41 和国内外相关资料，结构构件破坏程度分为四级，分别是：Operational Performance（可运行，以下简称 OP），Immediate Occupancy Structural Performance（立即入住，简称 IO），Life Safety Performance（生命安全，简称 LS），Collapse Prevention Performance（临近倒塌，简称 CP）。

抗震性能目标　表 2.7.2-1

地震水准	多遇地震（小震）	设防地震（中震）	罕遇地震（大震）
层间位移角限值	1/500	1/250	1/125
性能水准定性描述	完好、无损坏	轻度损坏	中度损坏

关键构件	底部加强区核心筒 加强层核心筒外墙	弹性	轻微损坏； 正截面承载力不屈服， 受剪承载力弹性	轻度损坏； 部分正截面屈服（损伤程度＜IO），受剪承载力不屈服
	外框架角柱	弹性		
	加强层上下各一层外框架柱	弹性	轻微损坏； 正截面承载力不屈服， 受剪承载力弹性	轻度损坏； 部分正截面屈服（损伤程度＜IO），受剪承载力不屈服
	伸臂桁架、环带桁架	弹性		
	转换梁、转换柱	弹性		
普通竖向构件	除关键构件外的核心筒墙体	弹性	轻微损坏； 正截面承载力不屈服， 受剪承载力弹性	部分构件进入屈服阶段，中度损坏，部分正截面屈服（损伤程度＜LS），受剪截面满足控制条件
	外框架边柱	弹性		
耗能构件	框架梁	弹性	部分构件进入屈服阶段，轻度损坏，部分中度损坏，部分正截面屈服（损伤程度＜LS），受剪承载力不屈服	大部分构件进入屈服阶段，中度损坏，部分比较严重损坏，大部分正截面屈服（损伤程度＜CP），受剪截面满足控制条件
	连梁	弹性		
楼板		弹性	轻微损坏； 抗震承载力不屈服	中度损坏； 构件剪力小于$0.7f_{tk}bh_0$
节点		弹性	不先于构件破坏	不先于构件破坏

2.7.3 多遇地震下振型分解反应谱法弹性计算结果及分析

结构计算分析采用的计算软件详见表2.7.3-1，计算模型详见图2.7.3-1、图2.7.3-2。

工程设计采用的计算软件　　　　　　　　　　　表2.7.3-1

计算内容	计算软件	编制单位
小震弹性分析	YJK（17.1.0版）主要分析软件	北京盈建科软件股份有限公司
	MIDAS building（2014版）校核	北京迈达斯技术有限公司
小震弹性时程分析	YJK（17.1.0版）	北京盈建科软件股份有限公司
中震不屈服、中震弹性分析 大震不屈服	YJK（17.1.0版）	北京盈建科软件股份有限公司
动力弹塑性时程分析	Perform 3D（5.0版）	Computers and Structures, Inc.
	ABAQUS（6.12版）	达索（dassault）公司

1. 结构计算参数

计算参数详见表2.7.3-2。

计算参数　　　　　　　　　　　表2.7.3-2

主要参数	小震弹性
地震影响系数最大值	0.080
场地特征周期T_g/s	0.45
周期折减系数	0.85
连梁刚度折减系数	0.7
阻尼比	0.04
荷载分项系数	按规范取值

主要参数	小震弹性
材料强度	设计值
承载力抗震调整系数	按规范取值
内力调整系数	按规范取值
上部结构嵌固部位	地下室顶板

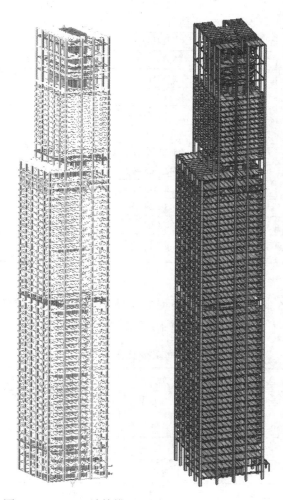

图 2.7.3-1　YJK 计算模型　图 2.7.3-2　MIDAS 计算模型

2. 多遇地震作用下的性能分析

表 2.7.3-3 显示，2 种软件（YJK、MIDAS buillding）的计算结果基本规律一致，只是由于软件对某些特殊情况的处理方法在概念上不尽相同，使计算结果在数值上有一些差异，但这些差异均在工程上可以接受的范围以内。

结构分析主要结果　　　　　　　　　　　　表 2.7.3-3

计算程序	YJK	MIDAS	误差
地震质量/t	261221.031	266729.063	−2.11%

续表

结构自振周期/s		$T_1 = 7.5670$ $T_2 = 6.3801$ $T_3 = 4.5392$	$T_1 = 7.6119$ $T_2 = 6.4637$ $T_3 = 4.7115$	1.33% 1.21% 3.77%
底层地震力剪力/kN	X向	32919.3	32952.9	−0.10%
	Y向	32905.4	32965.6	−0.18%
地震作用倾覆力矩/（kN·m）	X向	6062488.5	5596838.24	7.68%
	Y向	6221537.5	5373127.98	13.64%
底层风剪力/kN	X向	17734.3	17830.6	−0.54%
	Y向	22414.0	22305.7	0.48%
风荷载倾覆力矩/（kN·m）	X向	3373151.0	3388361.5	−0.45%
	Y向	4494563.5	4472891.8	0.48%
剪重比	X向	1.26%	1.26%	0.00%
	Y向	1.26%	1.26%	0.00%
第一扭转周期同第一平动周期之比		0.60	0.645	−7.5%
最大层间位移角（计算层数）	X向风	1/1132（49层）	1/1236（55层）	—
	X向地震	1/742（66层）	1/738（53层）	
	Y向风	1/622（49层）	1/690（55层）	
	Y向地震	1/543（64层）	1/610（55层）	
偶然偏心 最大位移比 （计算层数）	X向地震	1.30（1层）	1.391（1层）	
	Y向地震	1.38（3层）	1.334（1层）	

1）周期和振型

共计算结构的前 15 阶周期振型，振型参与质量达到规范要求的 90%，表 2.7.3-4、表 2.7.3-5 分别给出两个不同软件的结构前 10 个振型的周期值和振型描述。

YJK 周期振型统计   表 2.7.3-4

振型号	周期/s	转角/°	平动系数（X+Y）	扭转系数
1	7.5670	84.94	0.99（0.01＋0.99）	0.01
2	6.3801	174.41	0.98（0.97＋0.01）	0.02
3	4.5392	9.09	0.04（0.04＋0.01）	0.96
4	2.6430	88.94	1.00（0.00＋1.00）	0.00
5	2.2360	1.54	0.43（0.42＋0.00）	0.57
6	2.0419	177.25	0.57（0.56＋0.01）	0.43
7	1.3955	94.20	0.66（0.01＋0.65）	0.34
8	1.2615	75.94	0.36（0.02＋0.34）	0.64
9	1.1710	176.77	0.97（0.96＋0.01）	0.03
10	1.0072	150.06	0.08（0.08＋0.03）	0.92

地震作用最大的方向为 85.792°，X向的有效质量系数为 92.51%，Y向的有效质量系数为 92.39%，第一扭转周期T_t与第一平动周期T_1的比值T_t/T_1为 0.60，满足《高规》第 3.4.5 条的要求。

MIDAS 周期振型统计　　　　　　　　　　　　　　　　表 2.7.3-5

振型号	周期/s	X向平动因子	Y向平动因子	Z向扭转因子
1	7.6119	0.46	86.69	1.03
2	6.4637	83.94	0.70	3.57
3	4.9115	3.52	0.33	95.74
4	2.7137	0.01	98.50	0.04
5	2.3837	38.31	0.13	60.98
6	2.1298	72.33	0.05	25.96
7	1.4440	1.64	55.19	28.72
8	1.3058	3.83	45.64	42.34
9	1.1908	88.08	0.25	2.42
10	1.0505	5.82	0.19	80.45

X向的有效质量系数为 91.13%，Y向的有效质量系数为 91.59%，第一扭转周期T_t与第一平动周期T_1的比值T_t/T_1为 0.645，满足《高规》第 3.4.5 条的要求。

2）结构的质量

（1）质量比

根据《高规》第 3.5.6 条，楼层质量不宜大于相邻下一层楼层质量的 1.5 倍。由计算结果可知，除 50 层与 49 层楼层质量之比大于 1.5，其他楼层的质量比均满足规范要求。其中 49 层为大面积开洞的夹层。

（2）结构质量及单位面积质量（表 2.7.3-6）

各楼层结构质量　　　　　　　　　　　　　　　　表 2.7.3-6

层数	面积/m²	层恒荷载质量/t	单位面积恒荷载质量/（t/m²）	层活荷载质量/t（折减）	单位面积层质量/（t/m²）
68	1732.5	2912.2	1.68	333.5	1.87
67	1732.5	2380.4	1.37	109.7	1.44
66	1732.5	2689.5	1.55	246.6	1.69
65	1732.5	1852.5	1.07	450.5	1.33
64	1732.5	2018.3	1.16	502.7	1.46
63	1732.5	2185.2	1.26	371.5	1.48
62	1732.5	3024.4	1.75	239.3	1.88
61	1732.5	2470.6	1.43	592.2	1.77
60	1732.5	2382.4	1.38	222.8	1.50
59	1732.5	2382.4	1.38	222.8	1.50
58	1732.5	2382.4	1.38	222.8	1.50
57	1732.5	2382.4	1.38	222.8	1.50
56	1732.5	2382.4	1.38	222.8	1.50
55	1732.5	2382.4	1.38	222.8	1.50
54	1732.5	2370.8	1.37	222.8	1.50
53	1732.5	2370.8	1.37	222.8	1.50

层数	面积/m²	层恒荷载质量/t	单位面积恒荷载质量/（t/m²）	层活荷载质量/t（折减）	单位面积层质量/（t/m²）
52	1732.5	2370.8	1.37	222.8	1.50
51	1732.5	2497.4	1.44	188.5	1.55
50	1732.5	2979.9	1.72	588.8	2.06
49	1732.5	1950.9	1.13	119.4	1.19
48	2362.5	4256.1	1.80	357.3	1.95
47	2362.5	4611.9	1.95	446.9	2.14
46	2362.5	4815	2.04	984.5	2.45
45	2362.5	4203.8	1.78	811.3	2.12
44	2362.5	3398.9	1.44	377.5	1.60
43	2362.5	3398.9	1.44	377.5	1.60
42	2362.5	3398.9	1.44	377.5	1.60
41	2362.5	3398.9	1.44	377.5	1.60
40	2362.5	3398.9	1.44	377.5	1.60
39	2362.5	3398.9	1.44	377.5	1.60
38	2362.5	3398.9	1.44	377.5	1.60
37	2362.5	3398.9	1.44	377.5	1.60
36	2362.5	3874.7	1.64	376.8	1.80
35	2362.5	3704.8	1.57	773.2	1.90
34	2362.5	3518.2	1.49	375.7	1.65
33	2362.5	3518.2	1.49	375.7	1.65
32	2362.5	3518.2	1.49	375.7	1.65
31	2362.5	3518.2	1.49	375.7	1.65
30	2362.5	3508.4	1.49	383.8	1.65
29	2362.5	3508.4	1.49	383.8	1.65
28	2362.5	3795.5	1.61	369.4	1.76
27	2362.5	2950.7	1.25	172.9	1.32
26	2362.5	4481.2	1.90	540.9	2.13
25	2362.5	4030.1	1.71	753.1	2.02
24	2362.5	3840.6	1.63	376.1	1.78
23	2362.5	3840.6	1.63	376.1	1.78
22	2362.5	3840.6	1.63	376.1	1.78
21	2362.5	3840.6	1.63	376.1	1.78
20	2362.5	3840.6	1.63	376.1	1.78
19	2362.5	3840.6	1.63	376.1	1.78
18	2362.5	3840.6	1.63	376.1	1.78
17	2362.5	3840.6	1.63	376.1	1.78

层数	面积/m²	层恒荷载质量/t	单位面积恒荷载质量/（t/m²）	层活荷载质量/t（折减）	单位面积层质量/（t/m²）
16	2362.5	4638.9	1.96	378.7	2.12
15	2362.5	4181.6	1.77	748.9	2.09
14	2362.5	3988.5	1.69	368.9	1.84
13	2362.5	3988.5	1.69	368.9	1.84
12	2362.5	3988.5	1.69	368.9	1.84
11	2362.5	3988.5	1.69	368.9	1.84
10	2362.5	3988.5	1.69	368.9	1.84
9	2362.5	3988.5	1.69	368.9	1.84
8	2362.5	3988.5	1.69	368.9	1.84
7	2362.5	3988.5	1.69	368.9	1.84
6	2362.5	4611	1.95	368.9	2.11
5	2362.5	4736.7	2.00	748.6	2.32
4	2362.5	4583.5	1.94	345.5	2.09
3	2362.5	4926.5	2.09	395.8	2.25
2	2362.5	3666.7	1.55	193.4	1.63
1	2362.5	3933.5	1.66	173.1	1.74
平均值	—	—	1.55	—	1.75

3）楼层剪力和倾覆力矩

图 2.7.3-3、图 2.7.3-4 为楼层剪力和倾覆力矩的比较曲线。

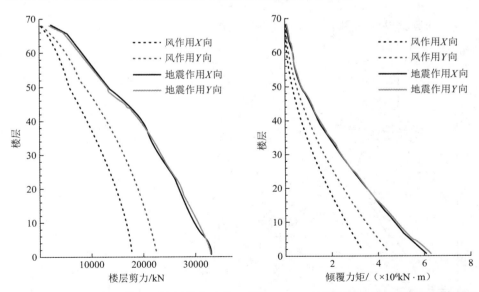

图 2.7.3-3　地震与风作用下楼层剪力比较　　图 2.7.3-4　地震与风作用下楼层倾覆力矩比较

可以看出，楼层剪力和倾覆力矩在地震作用下均为较大值，所以本工程主要由地震作用控制。

4）剪重比

根据《高规》第 4.3.12 条的要求，在水平地震作用下楼层剪力应该满足最小剪重比的要求。《抗规》第 5.2.5 条要求，周期大于 5.0s 时，最小地震剪力系数应为 $0.15\alpha_{\max} = 0.012$，Ⅲ类场地适当增大，故最小剪重比取为 $1.05 \times 0.012 = 0.0126$。本工程位于 6 度设防区且基本周期大于 5s，按底部剪力系数 0.8% 换算的层间位移角小于 1/500，故采用剪力放大系数的方法进行调整，调整后最小剪重比满足规范要求。调整前后的曲线如图 2.7.3-5、图 2.7.3-6 所示。

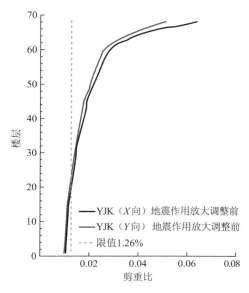

图 2.7.3-5 剪力调整前剪重比曲线

5）结构位移

结构位移计算结果详见图 2.7.3-7～图 2.7.3-10。

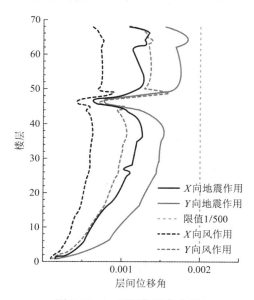

图 2.7.3-7 层间位移角曲线

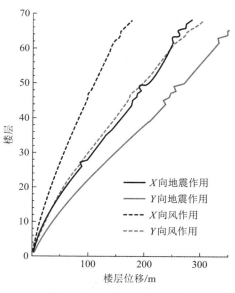

图 2.7.3-8 楼层位移曲线

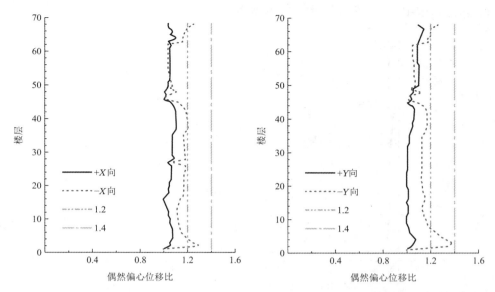

图 2.7.3-9　X 向地震偶然偏心位移比曲线　　图 2.7.3-10　Y 向地震偶然偏心位移比曲线

由以上结果可知，X、Y 向地震作用下，楼层竖向构件最大层间位移与平均层间位移之比均满足规范中最大层间位移与平均层间位移之比不宜大于 1.4 的要求。两个方向地震作用下最大层间位移角小于规范限值 1/500。

6）楼层刚度比

抗震设计时，高层建筑相邻楼层的侧向刚度变化应该符合《高规》第 3.5.2 条要求。

图 2.7.3-11 为侧向刚度比曲线，刚度比一般为 X、Y 方向本层塔侧移刚度与上层相应塔侧移刚度 90% 的比值。当本层层高大于相邻上层层高 1.5 倍时，刚度比则为 X、Y 方向本层塔侧移刚度与上层相应塔侧移刚度 110% 的比值。当为嵌固层时，刚度比则为 X、Y 方向本层塔侧移刚度与上层相应塔侧移刚度 150% 的比值。由以上结果可知该工程除结构加强层外，无刚度突变现象。

7）抗剪承载力

根据《抗规》第 3.4.3 条以及《高规》第 3.5.3 条，X、Y 向本层层间受剪承载力小于相邻上一楼层的 80% 时为竖向不规则，且不应小于 75%。本层与上一层的受剪承载力之比如图 2.7.3-12 所示。

由图 2.7.3-12 可知，所有楼层层间受剪承载力比均大于 0.75，绝大部分楼层受剪承载力比大于 0.8。其中 3 层（受剪承载力比 0.75）以及 28 层（受剪承载力比 0.78）等个别楼层受剪承载力比小于 0.8。

8）墙柱轴压比

本工程为框架-核心筒混合结构，框架抗震等级为一级，剪力墙的抗震等级为一级。框架柱的轴压比限值为 0.65，剪力墙底部加强部位的轴压比限值为 0.50。经验算，各楼层墙柱轴压比均满足规范要求。

9）框架柱承担剪力及倾覆力矩

根据《高规》第 9.1.11 条，抗震设计时，筒体结构框架部分按侧向刚度分配的楼层地震剪力应符合下列规定：当框架部分楼层地震剪力最大值小于结构底部总地震剪力的 10% 时，各层框架部分承担的地震剪力应增大到结构底部总地震剪力的 15%，其各层核心筒墙体的地震剪力应乘以1.1，但可不大于基底剪力。

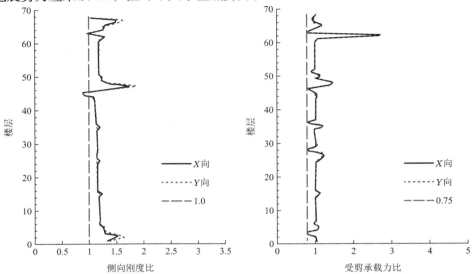

图 2.7.3-11　侧向刚度比曲线　　　图 2.7.3-12　受剪承载力比曲线

由图 2.7.3-13、图 2.7.3-14 可知，在大部分楼层，框架多数楼层在两个方向承担的地震剪力不低于基底剪力的 8%，且最大值大于 10%，仅个别楼层小于 5%（底部 1～4 层），框架地震力将按照 $0.2Q_0$ 和 $1.5V_{fmax}$ 进行调整。

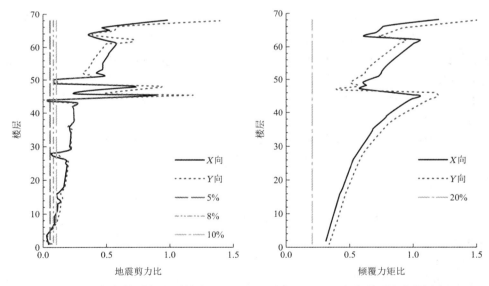

图 2.7.3-13　框架柱承担地震剪力比　　　图 2.7.3-14　框架柱承担倾覆力矩比

2.7.4　多遇地震下的弹性时程分析结果

1. 地震波选取

（1）频谱特性、有效峰值及有效持续时间的分析

地震的发生是概率事件，为了能够对结构抗震能力进行合理的估计，在进行结构分析

时，应选择合适的地震波输入，按照《抗规》要求，时程分析所选用的地震波需满足以下频谱特性规定：特征周期与场地特征周期接近；有效峰值加速度符合规范要求；有效持续时间为结构基本周期的 5～10 倍；多组时程波的平均地震影响系数曲线与振型分解反应谱法所用的地震影响系数曲线相比，在对应于结构主要振型的周期点上相差不大于 20%。按照《抗规》要求，本工程采用了三向地震波输入，其中主次方向以及竖向三个分量峰值加速度的比值符合 $X：Y：Z = 1.0：0.85：0.65$ 的要求。地震波有效持续时间均大于 5 倍结构基本周期。由于本工程主塔楼平面较规则，最不利的地震作用方向为 90°方向，因此选取 0°、90°以及竖向三个方向同时输入主次地震波，每一组地震波交换一次主次方向，7 组地震波共计输入 14 次三向计算。采用 YJK 进行计算，软件自动将地震波主次方向对换一次计算，取最不利情况为统计结果进行包络。根据《高层建筑混凝土结构技术规程》JGJ 3—2010 第 4.3.4 条第 3 款规定，本建筑为超限高层结构，需要进行弹性时程分析。建立分层模型，将各楼层的质量集中于楼层处，形成弹性多质点体系，然后输入地震波（数字化地震地面运动加速度）进行时程分析，可得结构各点的位移、速度和加速度反应，由位移反应计算结构内力。按《抗规》的规定，时程分析所采用的加速度时程曲线，其平均地震影响系数曲线应与振型分解反应谱法所采用的地震影响系数曲线在统计意义上相符，根据此原则，选择了 5 组天然地震波和安评报告中提供的 2 组人工波进行分析。

（2）《抗规》规定：弹性时程分析时，每条时程曲线计算所得结构底部剪力不应小于振型分解反应谱法计算结果的 65%，多条时程曲线所得结构底部剪力的平均值不应小于振型分解反应谱法计算结果的 80%，表 2.7.4-1 给出了反应谱分析和弹性时程分析的计算结果。

反应谱分析和弹性时程分析法基底剪力计算结果　　　　表 2.7.4-1

项目		X 向基底剪力/kN	X 向与反应谱比例	Y 向基底剪力/kN	Y 向与反应谱比例
振型分解反应谱法		26435.015	—	24755.944	—
弹性时程分析	天然波 1	27271.300	103%	18975.776	76%
	天然波 2	28555.509	108%	24487.386	98%
	天然波 3	28491.467	107%	24668.636	99%
	天然波 4	26425.701	99%	26959.547	108%
	天然波 5	26353.753	99%	22299.985	90%
	人工波 1	29301.511	110%	30862.533	124%
	人工波 2	32324.355	122%	22396.846	90%
	平均值	28389.090	107%	24378.673	98%

根据计算结果分析可知，地震波的选取满足规范要求。

2. 结构弹性时程分析主要计算结果

从表 2.7.4-2 可以看到，计算结果均满足规范要求。

反应谱分析和弹性时程分析法位移计算结果（YJK）　　　　表 2.7.4-2

项目		X 向位移角	X 向位移/mm	Y 向位移角	Y 向位移/mm
振型分解反应谱法		1/742	282.29	1/543	377.4
弹性时程分析	天然波 1	1/663	324.085	1/637	276.563
	天然波 2	1/600	284.471	1/570	261.334

项目		X向位移角	X向位移/mm	Y向位移角	Y向位移/mm
弹性时程分析	天然波3	1/696	243.165	1/544	283.883
	天然波4	1/709	236.231	1/506	274.916
	天然波5	1/782	154.440	1/736	254.121
	人工波1	1/888	161.100	1/519	397.869
	人工波2	1/891	117.044	1/706	407.937
	平均值	1/733	217.219	1/591	303.089

3．工程结论

（1）由时程分析与反应谱分析底部剪力结果比较可见，在X和Y方向上每条时程曲线计算所得结构底部剪力大于振型分解反应谱法计算结果的65%，多条时程曲线计算所得结构底部剪力的平均值大于振型分解反应谱法计算结果的80%，满足《抗规》规定。

（2）时程分析结果表明结构的反应特征、变化规律与前述振型分解反应谱法分析结果基本一致。

（3）时程分析结果表明，结构未出现明显的刚度竖向分布突变层。

（4）时程分析结果表明，部分楼层反应谱计算的结构层间剪力小于多条时程曲线计算所得结构层间剪力的平均值，取包络值进行施工图设计。

2.7.5　设防地震、罕遇地震下的等效弹性计算结果及分析

1．结构计算参数

本节对竖向构件及水平构件进行中震第3性能水准及大震第4性能水准的验算。其中竖向构件有框架柱和剪力墙，水平构件主要有连梁和框架梁等。根据《超限高层建筑工程抗震设防专项审查技术要点》（2015年版），利用YJK对结构构件进行抗震性能设计，中震和大震采用《抗规》7度（0.1g）参数，构件性能验算时的各参数见表2.7.5-1。

不同地震水准下主要计算参数　　　　　　　　　　表2.7.5-1

主要参数	中震等效弹性		大震等效弹性
	不屈服	弹性	
地震影响系数最大值	0.23		0.50
场地特征周期T_g/s	0.45		0.50
周期折减系数	0.95		1.0
连梁刚度折减系数	0.5		0.3
阻尼比	0.05		0.07
荷载分项系数	1.0	按规范取值	1.0
材料强度	标准值	设计值	标准值
承载力抗震调整系数	—	按规范取值	
内力调整系数	—	—	—

2．设防烈度地震作用下等效弹性验算结果

（1）关键构件、普通竖向构件正截面承载力不屈服、受剪承载力弹性的验算结果

以下仅以典型构件举例说明。图 2.7.5-1 验算结果显示关键构件、普通竖向构件满足相应性能水准的要求。

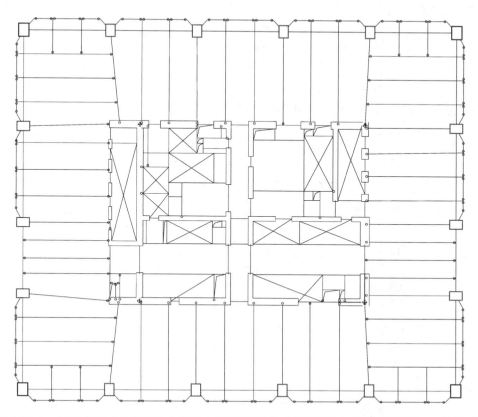

图 2.7.5-1　26 层角柱（关键构件）及剪力墙/外框架柱（普通竖向构件）截面承载力验算结果

（2）耗能构件受剪承载力不屈服的验算结果

在设防烈度地震作用下，对耗能构件的验算是受剪承载力验算。根据《混凝土结构设计规范》GB 50010—2010（2015 年版）的公式验算梁截面抗剪能力。详见表 2.7.5-2。

设防地震作用下典型连梁部分楼层受剪承载力验算举例　　　　　　表 2.7.5-2

连梁编号	楼层	截面尺寸/mm	混凝土强度等级	验算控制截面	R_k/kN	最大内力/kN	验算结果
LL1	1	1200×800	C60	剪力最大截面	2794.1	2692	满足要求
	10	1100×700	C60	剪力最大截面	7346.6	4575	满足要求
	20	900×700	C60	剪力最大截面	5635.2	4278	满足要求
	30	800×700	C60	剪力最大截面	4077.8	3204	满足要求
	40	700×700	C60	剪力最大截面	2189.8	2108	满足要求
	50	500×800	C55	剪力最大截面	1592.5	1522	满足要求
	60	500×800	C55	剪力最大截面	1136.5	1080	满足要求
	61	500×800	C55	剪力最大截面	1075.7	1041	满足要求
	62	500×800	C55	剪力最大截面	954.1	904	满足要求
	63	500×800	C50	剪力最大截面	1302.9	1267	满足要求

连梁编号	楼层	截面尺寸/mm	混凝土强度等级	验算控制截面	R_k/kN	最大内力/kN	验算结果
	64	500×800	C50	剪力最大截面	1272.5	1225	满足要求
LL1	65	500×800	C50	剪力最大截面	4584.5	1161	满足要求
	66	500×800	C50	剪力最大截面	4584.5	1089	满足要求
	67	500×800	C50	剪力最大截面	4584.5	1681	满足要求

（3）墙肢全截面采用轴向力产生的平均名义拉应力检查

计算结果详见表 2.7.5-3。

典型构件部分楼层平均名义拉应力计算举例　　　　　　表 2.7.5-3

墙编号	楼层	截面尺寸/mm	混凝土强度等级	验算控制截面	最大内力/kN	应力比σ/f_{tk}	验算结果
Q1	1	1200×4200 $T_s=50$	C60	最大压力截面	−122405.6	—	受压
				最大拉力截面	−498.1	—	受压
	2	1200×4200 $T_s=50$	C60	最大压力截面	−120469.7	—	受压
				最大拉力截面	−2760.8	—	受压
	3	1200×4200 $T_s=50$	C60	最大压力截面	−13678.1	—	受压
				最大拉力截面	10060.4	−0.409	受拉
	4	1200×4200 $T_s=50$	C60	最大压力截面	−133128.9	—	受压
				最大拉力截面	−5703.1	—	受压
	5	1200×4200 $T_s=50$	C60	最大压力截面	−112370.9	—	受压
				最大拉力截面	−5601.0	—	受压
	6	1200×4200 $T_s=50$	C60	最大压力截面	−108271.3	—	受压
				最大拉力截面	−6431.5	—	受压
	10	1200×4200 $T_s=50$	C60	最大压力截面	−97597.4	—	受压
				最大拉力截面	−12240.4	—	受压
	30	900×4200	C60	最大压力截面	−51766.6	—	受压
				最大拉力截面	−22159.2	—	受压
	50	700×4200	C55	最大压力截面	−8943.7	—	受压
				最大拉力截面	−22645.3	—	受压
	60	600×4200	C55	最大压力截面	−12596.3	—	受压
				最大拉力截面	−6256.2	—	受压
	66	500×4200	C50	最大压力截面	−6088.3	—	受压
				最大拉力截面	−2119.9	—	受压
	67	500×4200	C50	最大压力截面	−4411.9	—	受压
				最大拉力截面	−1371.5	—	受压
	68	500×4200	C50	最大压力截面	−2801.7	—	受压
				最大拉力截面	382.4	0.069	受拉

注：T_s 表示剪力墙内钢板厚度，单位 mm。

依据《超限高层建筑工程抗震设防专项审查技术要点》（2015 年版），中震时出现小偏心受拉的混凝土构件应依据该规定采用《高规》中特一级构造。计算结果显示，少量墙肢出现受拉情况，但均小于混凝土抗拉强度标准值。为提高剪力墙的延性，在部分受拉墙肢中设置型钢和局部钢板。

（4）工程结论

通过在设防地震作用下对结构构件进行的截面验算可以看出，抗震性能满足性能水准 3 的要求。

3. 预估的罕遇地震作用下的等效弹性验算结果

根据《高规》的结构抗震性能设计，第 4 性能水准的结构，在预估的罕遇地震作用下，关键构件的抗震承载力应不屈服（在 2.7.6 节中验算），部分竖向构件以及大部分耗能构件进入屈服阶段，但钢筋混凝土竖向构件以及钢-混凝土组合剪力墙的受剪截面应满足截面控制条件的要求。验算举例如表 2.7.5-4、表 2.7.5-5 所示。

罕遇地震作用下的关键构件部分楼层受剪截面验算举例　　　表 2.7.5-4

墙编号	楼层	截面尺寸/mm	混凝土强度等级	验算方向	剪力/kN	剪压比	验算结果
Q2	1	1200 × 3600	C60	X	2116.2	−0.12256	满足
				Y	9743.4	−0.0767	满足
	10	1200 × 3600	C60	X	1791.3	−0.12451	满足
				Y	10593.6	−0.07159	满足
	20	1200 × 3600	C60	X	1687.5	0.010146	满足
				Y	10498.3	0.063121	满足
	30	900 × 3600	C60	X	1217.1	0.009757	满足
				Y	7443.7	0.059674	满足
				Y	5578.9	0.050315	满足
	40	800 × 3600	C60	X	762.7	0.006879	满足
				Y	65064.3	0.586799	满足
	50	700 × 3600	C55	X	242.8	0.002714	满足
				Y	7913.6	0.08846	满足
	60	500 × 3600	C55	X	278	0.003625	满足
				Y	2163	0.028208	满足
	61	500 × 3600	C55	X	292.6	0.004579	满足
				Y	1691.1	0.026465	满足
	62	500 × 3600	C55	X	3834.1	0.060002	满足
				Y	1984.4	0.031055	满足
	63	500 × 3600	C50	X	1531	0.026252	满足
				Y	2091.8	0.035868	满足
	64	500 × 3600	C50	X	232.4	0.003985	满足
				Y	1822.2	0.031245	满足
	65	500 × 3600	C50	X	243	0.004167	满足
				Y	1170.9	0.020077	满足

墙编号	楼层	截面尺寸/mm	混凝土强度等级	验算方向	剪力/kN	剪压比	验算结果
Q2	66	500 × 3600	C50	X	207.7	0.003561	满足
				Y	1147.8	0.019681	满足
	67	500 × 3600	C50	X	154.4	0.002647	满足
				Y	970.8	0.016646	满足
	68	500 × 3600	C50	X	108	0.001852	满足
				Y	1600.8	0.027449	满足

罕遇地震作用下的普通竖向构件部分楼层受剪截面验算举例　　　　表 2.7.5-5

框架柱编号	楼层	截面尺寸/mm	混凝土强度等级	方向	剪力/kN	剪压比	验算结果
边柱BZ1	1	1600 × 1200	C60	X	726.4	−0.11982	满足
				Y	602.5	−0.18521	满足
	10	1600 × 1200	C60	X	2130.1	−0.09701	满足
				Y	167.5	−0.19228	满足
	20	1600 × 1200	C60	X	2800.3	−0.1495	满足
				Y	181	−0.19206	满足
	30	1400 × 1100	C60	X	2855.9	−0.15828	满足
				Y	206.7	−0.21314	满足
	40	1400 × 1100	C60	X	2313.4	−0.16951	满足
				Y	230.5	−0.21264	满足
	50	1000 × 1200	C55	X	767.9	−0.19155	满足
				Y	243.9	−0.21927	满足
	60	1200 × 1000	C55	X	2963.4	−0.12908	满足
				Y	124.6	−0.22266	满足
	61	1200 × 1000	C55	X	2902.6	−0.13081	满足
				Y	637.3	−0.20807	满足
	62	1200 × 1000	C55	X	2602.1	−0.13936	满足
				Y	2730	−0.14853	满足
	63	1200 × 1000	C50	X	499.1	−0.21826	满足
				Y	325.7	−0.23769	满足
	64	1200 × 1000	C50	X	457.6	−0.21955	满足
				Y	274.1	−0.2393	满足
	65	1200 × 1000	C50	X	262.8	−0.22563	满足
				Y	158.7	−0.2429	满足
	66	1200 × 1000	C50	X	233.8	−0.22653	满足
				Y	127.5	−0.24387	满足
	67	1200 × 1000	C50	X	332	−0.22347	满足
				Y	615.3	−0.22867	满足
	68	1200 × 1000	C50	X	248.1	−0.22608	满足
				Y	541	−0.23098	满足

工程结论：通过在预估的罕遇地震作用下对结构进行的等效弹性计算方法的截面验算可以看出，本工程抗震性能满足性能水准 4 的要求。

2.7.6　罕遇地震动力弹塑性时程分析

1. 结构动力弹塑性分析的目的

本节对该塔楼结构进行大震作用下的弹塑性时程分析及主要抗侧力构件的抗震性能化评价，拟达到下述目的：

（1）计算结构总体响应情况，通过基底或层间剪力及剪重比等参数，研究结构总体地震力响应以及结构总体的塑性开展程度；

（2）计算结构总体变形情况，评判结构是否存在显著的侧向变形和重力二阶效应；

（3）计算结构层间变形情况，评判结构是否存在严重的薄弱层或柔弱层；

（4）评判框架柱等竖向抗侧力构件在倾覆力矩下是否存在受拉状态，以及对桩基础工程的抗震设计要求；

（5）研究结构构件的受力情况、塑性开展程度以及最终破坏情况，并评判是否满足预期的抗震性能设计目标；

（6）评价结构总体抗震性能，并针对分析结果中揭示的设计问题提出适当的改进或加强建议。

2. 分析软件

本项目采用大型动力分析程序 Perform 3D 进行结构在罕遇地震作用下的弹塑性时程计算。美国加州大学 Berkeley 分校开发的 Perform 3D 有限元软件具有很高的计算可靠度，它采用纤维单元模型或者塑性铰模型模拟框架柱、框架梁、连梁等结构构件；对于普通钢筋混凝土剪力墙或内插钢板的钢筋混凝土剪力墙，采用分层纤维单元模拟；对于中心钢支撑，采用恢复力模型模拟。钢管混凝土可考虑或不考虑混凝土的约束效应。采用 Perform 3D 计算结构前 50 阶动力特性，并将前 6 阶结果与 YJK 模型计算结果进行对比，详见表 2.7.6-1，两者的动力特性比较吻合。

结构周期和振型　　　　　　　　　　　表 2.7.6-1

阶数	YJK		Perform 3D		误差
	周期/s	振动方向	周期/s	振动方向	
1	7.56	Y	7.48	Y	1.05%
2	6.38	X	6.34	X	0.63%
3	4.54	θ_Z	3.52	θ_Z	22.46%
4	2.64	X	2.63	X	0.37%
5	2.23	Y	2.26	Y	−1.35%
6	2.04	θ_Z	2.05	θ_Z	−0.49%
总质量/t	261221		264680		−1.33%

注：X、Y 方向振动分别为 X、Y 方向平动；θ_Z 为绕 Z 方向扭转。

3. 输入罕遇地震动

塔楼时程分析时选用 7 组地震波（5 组天然波和 2 组人工波），每组波包含 X、Y、

Z三个不同方向的分量。地震波的频谱特性、有效峰值和有效持续时间满足规范要求，在结构主要周期点附近，地震波的反应谱和规范大震反应谱吻合较好。按照要求，本报告进行了三向时程分析，各分析工况均采用三向输入，主、次和竖方向地震波强度比按1：0.85：0.65确定，罕遇地震峰值加速度取220gal。

从结构动力响应的角度分析选用地震动，在大震弹性时程分析时，每条时程曲线计算所得结构底部剪力均超过振型分解反应谱法计算结果的65%，多条时程曲线计算所得结构底部剪力的平均值均大于振型分解反应谱法计算结果的80%。表2.7.6-2说明选取的地震波符合要求。

<table>
<tr><td colspan="6" align="center">反应谱与时程基底剪力的比较　　　　　　　　　　　　　表 2.7.6-2</td></tr>
<tr><td colspan="2" align="center">工况</td><td align="center">基底剪力/kN</td><td align="center">时程基底剪力/反应谱基底剪力</td></tr>
<tr><td rowspan="2">反应谱</td><td>X向</td><td>164431</td><td>—</td></tr>
<tr><td>Y向</td><td>153457</td><td>—</td></tr>
<tr><td rowspan="2">天然波 1</td><td>X向</td><td>173139</td><td>1.05</td></tr>
<tr><td>Y向</td><td>153849</td><td>1.00</td></tr>
<tr><td rowspan="2">天然波 2</td><td>X向</td><td>133189</td><td>0.81</td></tr>
<tr><td>Y向</td><td>121231</td><td>0.79</td></tr>
<tr><td rowspan="2">天然波 3</td><td>X向</td><td>166964</td><td>1.02</td></tr>
<tr><td>Y向</td><td>131636</td><td>0.86</td></tr>
<tr><td rowspan="2">天然波 4</td><td>X向</td><td>144699</td><td>0.88</td></tr>
<tr><td>Y向</td><td>128904</td><td>0.84</td></tr>
<tr><td rowspan="2">天然波 5</td><td>X向</td><td>149632</td><td>0.91</td></tr>
<tr><td>Y向</td><td>122766</td><td>0.80</td></tr>
<tr><td rowspan="2">人工波 1</td><td>X向</td><td>155887</td><td>0.95</td></tr>
<tr><td>Y向</td><td>131777</td><td>0.86</td></tr>
<tr><td rowspan="2">人工波 2</td><td>X向</td><td>154781</td><td>0.94</td></tr>
<tr><td>Y向</td><td>127588</td><td>0.83</td></tr>
<tr><td rowspan="2">平均值</td><td>X向</td><td>154042</td><td>0.94</td></tr>
<tr><td>Y向</td><td>131107</td><td>0.85</td></tr>
</table>

本工程以基底剪力相对较大的2组天然波和1组人工波进行弹塑性时程计算，并进行抗侧力构件的抗震性能评价。根据基底剪力比较，采用天然波1、天然波3和人工波1进行计算。

4. 弹塑性时程分析结果

1）基底剪力与剪重比

本工程主体塔楼在天然波1、天然波3和人工波1地震工况下的最大基底剪力如表2.7.6-3所示。其中，主输入方向的上部结构最大基底剪力分别为123580kN（天然波1，X向）和119760kN（天然波1，Y向）、102349kN（天然波3，X向）和97904kN（天然波3，Y向）、107350kN（人工波1，X向）和103270kN（人工波1，Y向）。

基底剪力

表 2.7.6-3

地震工况	弹性基底剪力/kN		弹塑性基底剪力/kN	
	X 向	Y 向	X 向	Y 向
天然波 1	173139	153849	123580	119760
天然波 3	166964	131636	102349	97904
人工波 1	155887	131777	107350	103270

2）顶点位移和楼层位移

由于弹塑性计算模型采用弹性楼板，楼层各节点的位移不同于刚性楼板假定，且扭转变形性可能出现更大的变形特征，因此以塔楼四个角柱进行顶点位移统计，并取其最大值。在 3 组地震波输入下，结构顶层 X 向位移最大值依次为 1.08m（天然波 1）、1.12m（天然波 3）、1.07m（人工波 1），Y 向位移最大值依次为 1.47m（天然波 1）、1.03m（天然波 3）、1.30m（人工波 1）。详见图 2.7.6-1。

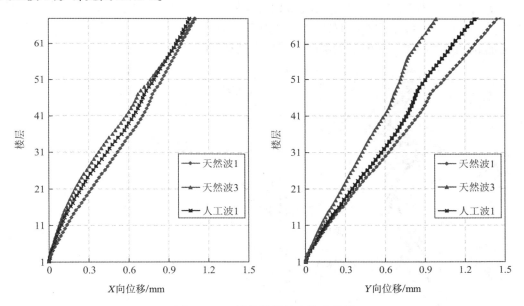

图 2.7.6-1　结构楼层最大位移曲线

为了比较结构的弹塑性变形，计算出动力弹塑性工况的大震弹性位移时程响应，与弹塑性模型在同样的地震作用下进行结构顶点位移响应时程对比。各组地震波分别以 X 向和 Y 向为主输入方向时，两个模型各主方向上的结构顶点位移时程曲线对比如图 2.7.6-2 所示。以天然波 1、Y 向为例，从图中可见，在 Y 主向地震作用下的前 15s 左右，弹塑性分析的顶点位移时程曲线形状与弹性模型基本一致，表明结构处于弹性状态；地震作用 15s 以后，弹塑性分析顶点位移曲线与弹性分析曲线分离，表明结构开始发生弹塑性损伤，进入非线性阶段。随着时间的增加，天然波 1 作用下两者的差距逐渐增大，弹性模型的顶点位移为 1.31m（X 向）、1.65m（Y 向），弹塑性模型的顶点位移为 1.08m（X 向）、1.47（Y 向）。

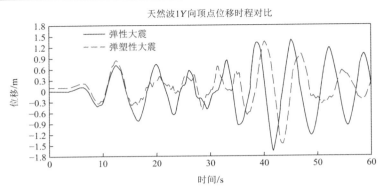

图 2.7.6-2　顶点位移

3）层间位移角

图 2.7.6-3 给出了分别以 X 向、Y 向为主输入方向时结构在各主方向的最大楼层位移角曲线。以 X 方向为主向输入地震波，结构最大层间位移角分别为 1/201（天然波 1）、1/179（天然波 3）、1/209（人工波 1），小于限值 1/125；以 Y 向为主向输入地震波，结构最大层间位移角分别为 1/158（天然波 1）、1/171（天然波 3）、1/171（人工波 1），小于限值 1/125，满足前述性能目标的要求。X 向最大层间位移角出现在 54 层，Y 向出现在 55 层。

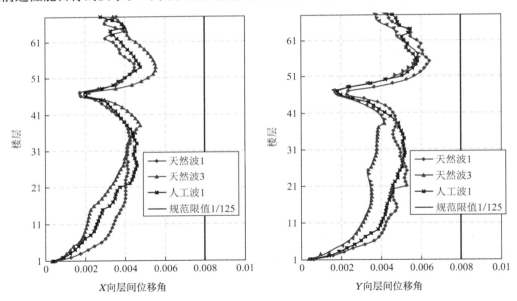

图 2.7.6-3　层间位移角

4）能量平衡分析

结构对地震的反应取决于结构能够消耗的地震能量，在结构弹性分析中通常假定地震能量是由结构黏滞阻尼所消耗的，而结构进入弹塑性状态以后，发生塑性屈服的结构构件消耗一部分地震能量。Perform 3D 自动计算结构能量耗散情况。图 2.7.6-4、图 2.7.6-5 给出了天然波 1 地震输入下结构总能量与结构各部分耗能（动能、阻尼能和弹塑性变形能）随时间的变化情况。以天然波 1（$X + 0.85Y + 0.65Z$）工况为例，结构的能量耗散时程同样也证明结构在第 15s 逐渐进入弹塑性。图 2.7.6-6 给出了天然波 1 工况构件塑性耗能比例图。

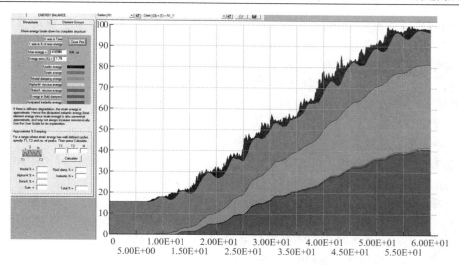

图 2.7.6-4　天然波 1（$X + 0.85Y + 0.65Z$）工况能量平衡时程图

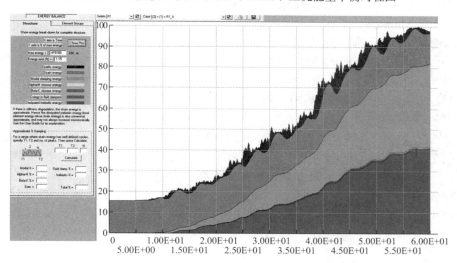

图 2.7.6-5　天然波 1（$0.85X + Y + 0.65Z$）工况能量平衡时程图

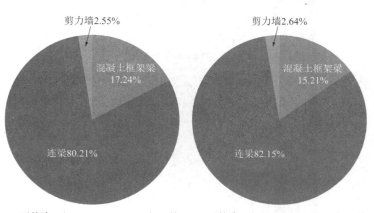

(a) 天然波 1（$X + 0.85Y + 0.65Z$）工况　　(b) 天然波 1（$0.85X + Y + 0.65Z$）工况

图 2.7.6-6　天然波 1 工况构件塑性耗能比例图

5）结构构件的损伤分析

（1）罕遇地震作用下结构塑性开展顺序

结构的破坏形态可描述为：结构中下部连梁最先出现塑性铰，然后中上部连梁也进入塑性状态，连梁损伤迅速发展且随时程输入连梁损伤逐步累积；部分混凝土框架梁进入塑性出现屈服，个别楼层剪力墙出现屈服，其余剪力墙基本处于弹性状态；框架柱、框架钢梁和伸臂桁架基于处于弹性状态。

（2）外框架柱的抗震性能

将柱纤维应力、应变在整个截面积分，Perform 3D 可以自动计算出柱截面相应宏观变形，计算结果显示，柱的转角 OP 状态的利用率都在 0.7 以下。框架柱钢筋、钢管拉压应变 OP 状态下利用率大多在 0.8 以下。混凝土纤维不考虑抗拉强度，混凝土受压的利用率大部分都在 0.8 以下，均未超过 OP 性能水准。可以充分说明在罕遇地震作用下柱拉压性能基本保持弹性工作状态。由柱基底轴力时程可知，所有柱基底都没有出现拉力。柱剪切采用强度控制，OP 水准取承载力标准值的 1 倍，计算结果显示，所有柱剪切强度的 OP 性能水准利用率都在 1 倍以下，可以认为柱在大震下能满足抗剪不屈服的要求。

（3）剪力墙的抗震性能

在 Perform 3D 中不能直接在墙单元中计算出转动能力，故本工程采用 Rotation Gage（转角监测单元）计算出墙截面的相应宏观变形。计算结果显示，顶部剪力墙的转角利用率超过 OP 性能水准，但都没有超过 IO 性能水准。根据罕遇地震输入时程结束时剪力墙钢筋、钢板受拉应变利用率云图，底部剪力墙和加强层部分剪力墙的钢筋受压应变 OP 利用率超过 1，但没有超过 IO 的性能水准。顶部个别剪力墙的钢筋受拉应变 OP 利用率超过 1，但没有超过 IO 的性能水准，与转动能力的判断一致。剪力墙受剪采用强度控制，加强区剪力墙受剪的 OP 水准取为承载力标准值的 1 倍。其他墙体的受剪的 OP 水准取最小剪切截面承载力标准值的 1 倍，根据《高规》第 3.11.3 条 4 款计算。由图 2.7.6-7 可知，加强层的个别剪力墙剪切强度的 OP 性能水准利用率超过 1，在施工图设计时，对该部分墙体采取适当加强措施。其余墙体 OP 性能水准利用率均小于 1。可以认为剪力墙在大震下基本满足抗剪不屈服的要求。

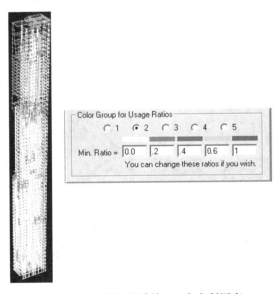

图 2.7.6-7　剪力墙受剪 OP 水准利用率

（4）外框架梁的抗震性能

外框架钢梁弯曲性能：罕遇地震作用下框架钢梁和型钢混凝土梁的 OP 性能水准利用率如图 2.7.6-8 所示，所有外框架钢梁的 OP 性能水准利用率都在 1 以下，外框架钢梁基于处于弹性状态。

外框架钢梁的剪切性能：根据外框架钢梁的剪切破坏限制状态云图，所有外框架钢梁剪切强度的 OP 性能水准利用率都在 1 以下，可以认为外框架钢梁在大震下不屈服。

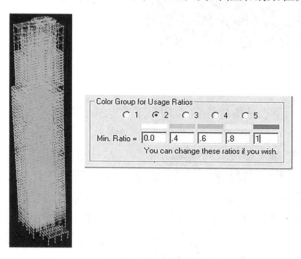

图 2.7.6-8　外框架梁受弯 OP 水准利用率

（5）连梁的变形与损伤分析

连梁弯曲性能：结构概念设计要求在罕遇地震作用下，连梁两端屈服形成弯曲塑性铰消耗地震能量，保护主体结构，同时要求连梁具有较强的受剪承载力，以保证充分发挥连梁的弯曲耗能能力。罕遇地震输入时程结束时，连梁弯曲破坏对应于各性能水准的限制状态，可以看出大部分结构连梁在罕遇地震作用下屈服出现塑性铰。进一步可看出连梁弯曲损伤均未超出 CP 性能水准。

连梁的剪切性能：连梁剪切采用强度控制，即构件剪力小于 $0.15 f_{ck} b h_0$。根据连梁的剪切破坏限制状态云图，所有连梁的剪切强度的 OP 性能水准利用率都在 1 以下。

（6）加强层钢桁架

图 2.7.6-9、图 2.7.6-10 给出了罕遇地震下钢桁架钢纤维拉压应力对应于 OP 状态的利用率。从图中看出钢桁架钢纤维拉压应力对应于 OP 状态的利用率在 1 以下。说明在罕遇地震作用下结构伸臂桁架保持弹性工作状态。

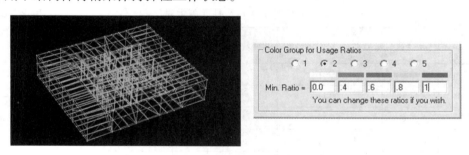

图 2.7.6-9　钢桁架钢纤维受压 OP 性能水平

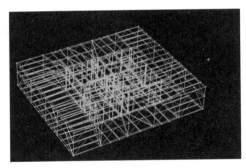

图 2.7.6-10　钢桁架钢纤维受拉 OP 性能水平

5. 抗震性能评价

（1）罕遇地震作用下，结构楼层位移角小于《建筑抗震设计规范》GB 50011—2010 限值 1/125。

（2）输入各工况罕遇地震波进行时程分析后，结构竖立不倒，主要抗侧力构件没有发生严重破坏，大部分连梁屈服耗能，部分混凝土框架梁和少量剪力墙参与塑性耗能。

（3）罕遇地震波输入过程中结构破坏形态和构件塑性损伤发展过程可描述为：结构中下部连梁最先出现塑性铰，然后中上部连梁也进入塑性状态，连梁损伤迅速发展且随时程输入连梁损伤逐步累积；部分混凝土框架梁进入塑性出现屈服，个别楼层剪力墙出现屈服，其余剪力墙基本在弹性状态；框架柱、框架钢梁和伸臂桁架基于处于弹性状态。

（4）部分剪力墙的转角利用率超过 OP 性能水准，但没有超过 IO 性能水准。

（5）加强层的个别剪力墙剪切强度的 OP 性能水准利用率超过 1。在下一步设计时将调整这部分截面或设置钢板。

整体来看，结构在罕遇地震下的弹塑性反应及破坏机制符合结构抗震工程的概念设计要求，抗震性能达到设定的性能目标 C。

6. Perform 3D 与 ABAQUS 动力弹塑性分析对比

《高规》第 3.11.4 条规定：高度超过 300m 的结构，应通过两个独立的动力弹塑性时程分析进行校核。中信建筑设计研究总院有限公司信息中心采用 Perform 3D、ABAQUS 对本工程进行动力弹塑性时程分析，以下为两种软件独立分析的结果对比，并对其部分结果差异给出了解释。详见表 2.7.6-4、表 2.7.6-5。

最大层间位移角及基底剪力对比　　　　　　　　　　　　表 2.7.6-4

弹塑性分析软件	地震波	X向最大层间位移角	Y向最大层间位移角	X向基底剪力/kN	Y向基底剪力/kN
Perform 3D	天然波 1	1/201	1/158	123580	119760
	天然波 3	1/179	1/171	102349	97904
	人工波 1	1/209	1/171	107350	103270
ABAQUS	天然波 1	1/128	1/131	120800	116880
	天然波 3	1/129	1/150	100760	106500

弹塑性 分析软件	地震波	X 向最大层间位移角	Y 向最大层间位移角	X 向基底剪力/kN	Y 向基底剪力/kN
ABAQUS	人工波 1	1/132	1/139	118700	107300
差异分析		Perform 3D 最大层间位移角小于 ABAQUS 的计算结果，主要原因：（1）Perform 3D 软件直接采用结构阻尼比进行计算，而 ABAQUS 软件无法直接考虑结构阻尼比，但可以通过瑞雷阻尼考虑结构阻尼。但对于 ABAQUS Explicit 分析，刚度阻尼系数β会严重影响计算效率。因此，在进行弹塑性动力分析时，忽略了刚度阻尼系数，仅考虑相应的质量阻尼系数α。即 ABAQUS 计算的主体结构弹塑性动力响应偏保守。（2）Perform 3D 中钢管混凝土应力-应变关系根据韩林海所著《钢管混凝土结构——理论与实践》（第二版）第 5.2 节确定，考虑混凝土的约束效应。而 ABAQUS 保守估计混凝土构件的承载力和延性，未考虑钢管混凝土柱混凝土的约束效应			

主要构件的损伤对比分析　　　　　　　　　　　　表 2.7.6-5

构件	Perform 3D	ABAQUS	差异分析
剪力墙	底部和加强层区域剪力墙部分轻微损伤，其余处于弹性状态	底部加强部位和加强层部位少数剪力墙处于轻微～轻度损坏，大部分属于完好状态	—
框架柱	弹性状态	少量钢管出现塑性变形	Perform 3D 中钢管混凝土应力-应变关系根据韩林海所著《钢管混凝土结构——理论与实践》（第二版）第 5.2 节确定，考虑混凝土的约束效应。而 ABAQUS 保守估计混凝土构件的承载力和延性，未考虑钢管混凝土柱混凝土的约束效应
外框架钢梁	弹性状态	部分框架钢梁轻度损坏	ABAQUS 软件对于钢梁的模拟采用的是纤维模型，某一根纤维最大的损伤状态代表构件的损伤状态。Perform 3D 采用塑性铰模型，塑性铰模型是一种相对宏观的模型，主要是从构件层面上描述，某一局部的损伤不能代表构件的损伤状态
连梁	部分连梁处于中度损坏～较严重破坏	部分连梁处于中度损坏～较严重破坏	—
钢桁架	弹性状态	弹性状态	

从以上分析可知，Perform 3D 与 ABAQUS 动力弹塑性分析结果均满足规范要求，均说明结构在罕遇地震下抗震性能达到设定的性能目标 C。

2.7.7　主要构件分析

1. 楼板应力分析

本工程在 46 层、47 层设置了加强层，此外有部分楼层楼板开洞较大。楼板大开洞及加强层桁架上下弦所在楼层的楼盖应具有必要的承载力和可靠的连接构造来承担竖向构件传递的剪力，加强层上下弦所在的楼层楼板应力较大，楼板处容易产生较大拉应力。本工程用 YJK 软件分析计算第 2、45、46、47、49、63、64、65、66、67 的楼板应力，计算时将楼板设置为弹性板，考虑楼板的实际刚度及变形。计算结果表明，在多遇地震、设防烈度地震、预估的罕遇地震作用下，加强层及大开洞楼层楼板的大部分位置应力都较小，框架柱附近及洞口边缘位置的应力较集中。若楼板平面内受拉，可以通过楼板钢筋来承担应力。在具体设计中，63 层以上属于机电层或设备水箱层，荷载较大，楼板厚度为150mm，加强层楼板厚度为180mm，并均双层双向配筋，每层每方向配筋率不小于0.3%。其他大开洞楼板板厚120mm，配筋适当加强。

2. 伸臂及环带分析

对46层、47层加强层的伸臂杆件进行内力分析，以其中一侧的伸臂斜腹杆SHJ1以及环带桁架的斜腹杆为例，如图2.7.7-1所示，按最不利工况提取内力，见表2.7.7-1。

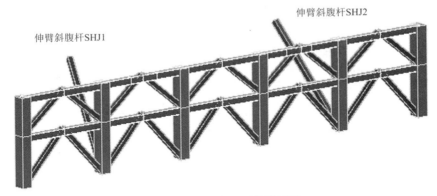

图2.7.7-1　伸臂及环带轴侧图

SHJ1伸臂斜腹杆及环带斜腹杆在各工况下的轴力（单位：kN）　　表2.7.7-1

杆件	工况		
	风荷载	小震	中震
伸臂斜腹杆	7425.4	10255.4	27635.8
环带斜腹杆	1757.5	2539.6	5799.3

由表2.7.7-1可以看出，伸臂斜腹杆及环带斜腹杆在风荷载作用下产生的轴力小于地震作用下的轴力。故在多遇地震作用下，伸臂杆件的轴力主要由地震作用控制；在设防烈度地震作用下，伸臂杆件的应力比为0.86，处于弹性阶段；根据弹塑性计算结果，在罕遇地震下伸臂杆件仍处于弹性阶段，详见2.7.6节。

3. 转换层分析

对49层立面收进的4根柱子在47层进行转换，其中3根柱子为墙托柱转换，1根柱子采用斜柱转换，如图2.7.7-2所示。对斜柱进行内力分析，按最不利工况提取内力，轴力结果见表2.7.7-2。

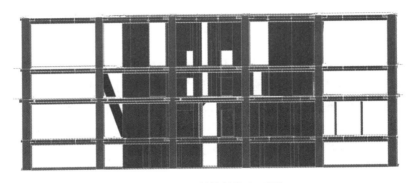

图2.7.7-2　斜柱转换立面图

斜柱在各工况下的轴力（单位：kN）　　　　　　　　　　　表 2.7.7-2

杆件	工况		
	风荷载	小震	中震
斜柱	1498.8	2880.9	6314.1

由表 2.7.7-2 可以看出，斜柱在风荷载作用下产生的轴力小于地震作用下的轴力。故在多遇地震作用下，杆件的轴力主要由地震作用控制；在设防烈度地震作用下，斜柱计算的应力比为 0.42，处于弹性阶段。在罕遇地震下根据弹塑性计算结果，斜柱仍处于弹性阶段，详见 2.7.6 节。斜柱所在楼层的楼板应力分析详见前述"楼板应力分析"，从中可以看出在斜柱周边的混凝土楼板应力均未超出混凝土的抗拉、抗压强度值，满足要求。

2.8　考虑刚度沿高度变化的刚重比修正方法研究

高层建筑在风荷载或地震作用下产生水平位移后，重力荷载将引起结构的 $P-\Delta$ 效应，从而使结构的位移和内力增大[22-23]，甚至导致结构失稳，结构分析时应考虑其不利影响。结构侧向刚度和重力荷载是影响结构整体稳定和 $P-\Delta$ 效应的主要因素，侧向刚度与重力荷载的比值称为刚重比。现行《高规》采用刚重比作为评价高层建筑结构整体稳定性的指标。《高规》计算刚重比时假定[24]：①可以将结构简化为刚度、质量沿高度均匀分布的悬臂杆模型；②水平荷载可等效为倒三角形分布模式。然而对于实际的高层建筑，存在结构刚度、质量沿高度不均匀分布，有连体高层结构，水平荷载分布不适合等效为倒三角形分布的情况。在上述情况下，按照《高规》计算的刚重比不能真实反映出结构的整体稳定性，有必要进行修正。

目前已有关于刚重比修正及结构整体稳定性的研究，例如：陆天天等[25]、杨学林等[26]、彭志桢等[27]、李少成等[28]、袁康等[29]、陈伟伟[30]针对质量沿高度不均匀分布对刚重比的影响开展研究，认为结构体型由下至上逐渐缩进，质量主要集中在下部楼层时，按《高规》计算得到的刚重比偏于保守。安东亚[31]通过对塔式连体高层结构整体稳定性研究，推导了塔式刚性连体高层结构的刚重比限值，并指出采用《高规》方法将偏于保守。武云鹏等[32]基于实际水平荷载分布模式对刚重比影响进行了研究，推导了可用于一般水平荷载的刚重比计算公式，并进行了数值试验。发现对于变形曲线接近纯弯曲的结构，刚重比对于荷载分布形式不敏感，对于剪切变形成分较大的结构，荷载分布对刚重比有一定影响。关于有限元特征值法与刚重比计算对比分析方面[33-36]，一般认为对于结构布置沿高度很不均匀的高层结构，应采用线性屈曲分析补充验算结构整体稳定性。另外，赵昕等[37]、童根树等[38]、朱杰江等[39]分别针对刚重比敏感型、多高层弯剪型支撑结构的稳定性，以及重力二阶效应对高层混凝土结构的影响等方面开展了研究。

但上述关于刚重比修正方法的研究，均没有考虑结构刚度沿高度不均匀分布的影响。当结构刚度在中上部变小较多或结构体型呈阶梯状收分较大时，依据《高规》得到的刚重比并不绝对偏于保守。由于现行国家标准尚未给出采用线性屈曲分析评价高层建筑结构整体稳定性的方法，因此考虑结构刚度沿高度不均匀分布修正刚重比对评价结构整体稳定性非常重要，有必要对此问题进行研究。

本节依据欧拉公式、临界重力荷载参数等[40]，推导高层结构中两种考虑刚度沿高度不均匀分布典型情况的刚重比修正方法，提出刚重比刚度不均匀修正系数的计算公式，并结合实际工程案例说明考虑刚度不均匀分布修正的必要性。进一步地，采用有限元特征值法，通过工程实例，将结构整体屈曲模态的最低阶屈曲因子与刚重比修正系数进行对比，以验证提出的刚重比修正系数的合理性。

2.8.1 规范弯剪型高层建筑结构刚重比

为得到现行标准规范中刚重比的修正系数，给出现行规范刚重比公式的推导过程。

临界荷载可由弯曲型悬臂杆的欧拉公式求得：

$$P_{cr} = \frac{\pi^2 EJ_d}{4H^2} \tag{2.8.1-1}$$

式中，P_{cr}为作用在悬臂杆顶部的竖向临界荷载，EJ_d为结构一个主轴方向的弹性等效侧向刚度，H为房屋高度。

为简化计算，将作用在顶部的临界荷载P_{cr}以沿楼层均匀分布的重力荷载之总和$\left(\sum\limits_{i=1}^{n} G_i\right)_{cr}$取代[24]，即

$$P_{cr} = \frac{1}{3}\left(\sum_{i=1}^{n} G_i\right)_{cr} \tag{2.8.1-2}$$

将式(2.8.1-2)代入式(2.8.1-1)，可得到等效临界重力荷载如式(2.8.1-3)所示[24]：

$$\left(\sum_{i=1}^{n} G_i\right)_{cr} = \frac{3\pi^2 EJ_d}{4H^2} = 7.4\frac{EJ_d}{H^2} \tag{2.8.1-3}$$

考虑重力二阶效应后，弯剪型结构的位移可近似用下式表示[22]：

$$\Delta^* = \frac{1}{1 - \sum\limits_{i=1}^{n} G_i \big/ \left(\sum\limits_{i=1}^{n} G_i\right)_{cr}} \Delta \tag{2.8.1-4}$$

式中，Δ^*、Δ为考虑重力二阶效应和不考虑重力二阶效应的结构位移。

根据《高规》第5.4.3条，框筒结构位移增大系数可按下式计算：

$$F_1 = \frac{1}{1 - 0.14H^2 \sum\limits_{i=1}^{n} G_i \big/ (EJ_d)} \tag{2.8.1-5}$$

由式(2.8.1-5)可知，当刚重比

$$\frac{EJ_d}{H^2 \sum\limits_{i=1}^{n} G_i} \geqslant 1.4$$

则$F_1 \leqslant 1.1$，即考虑重力二阶效应后的结构位移应控制在10%以内，即：

$$\frac{\Delta^*}{\Delta} \leqslant 1.1 \tag{2.8.1-6}$$

将式(2.8.1-4)、式(2.8.1-6)代入式(2.8.1-3)可得：

$$EJ_d \geqslant \frac{44}{3\pi^2} H^2 \sum_{i=1}^{n} G_i \tag{2.8.1-7}$$

得到《高规》关于结构整体稳定性计算的公式如下：

$$EJ_d \geqslant 1.4H^2 \sum_{i=1}^{n} G_i \tag{2.8.1-8}$$

式中，G_i 为第 i 楼层重力荷载设计值。

结构设计中，通常将式(2.8.1-8)转化为式(2.8.1-9)的形式进行验算：

$$\frac{EJ_d}{H^2 \sum_{i=1}^{n} G_i} \geqslant 1.4 \tag{2.8.1-9}$$

式(2.8.1-9)左边即为刚重比。

以上是现行设计标准对弯剪型高层建筑结构刚重比计算公式的推导过程。

2.8.2　考虑结构刚度沿高度不均匀分布的修正系数

当弯剪型高层建筑结构刚度沿高度不均匀分布时，可以等效为变截面悬臂杆，本节针对截面均匀变小、阶梯形变截面两种最常见的形式开展分析。

1. 截面均匀变小的变截面悬臂杆

截面均匀变小的变截面悬臂杆如图 2.8.2-1 所示，根据文献[40]中第 11.2 小节提供的稳定特征方程可知，其临界荷载可表示为：

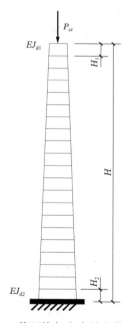

图 2.8.2-1　截面均匀变小的变截面悬臂杆

$$P_{cr} = \frac{m_1 EJ_{d2}}{H^2} \tag{2.8.2-1}$$

式中，m_1 按表 2.8.2-1 取值，其中 $K = \dfrac{EJ_{d1}}{EJ_{d2}}$。

系数 m_1 取值　　　　　　　　　　　　　　　　表 2.8.2-1

K	0	0.1	0.2	0.3	0.4	0.5	0.6	0.7	0.8	0.9	1.0
m_1	0	1.2	1.51	1.71	1.87	2.0	2.12	2.22	2.31	2.39	2.47

根据《高规》条文说明提供的公式，EJ_d可按下式计算：

$$EJ_d = \frac{11qH^4}{120u} \tag{2.8.2-2}$$

则系数K可表示为

$$K = \frac{EJ_{d1}}{EJ_{d2}} = \frac{\dfrac{11q_1H_1{}^4}{120u_1}}{\dfrac{11q_2H_2{}^4}{120u_2}} = \frac{q_1H_1{}^4u_2}{q_2H_2{}^4u_1} \tag{2.8.2-3}$$

式中，u、u_1、u_2分别为在q、q_1、q_2作用下H、H_1、H_2高度的结构顶点质心的弹性水平位移[2]。q、q_1、q_2、H、H_1、H_2为已知数，u、u_1、u_2可通过结构有限元模型求得。

比较式(2.8.2-1)和式(2.8.1-1)，可得考虑高层建筑结构刚度沿高度不均匀分布第一种情况的修正系数μ_1，即刚重比刚度不均匀修正系数，如下式所示：

$$\mu_1 = \frac{(m_1)}{\left(\dfrac{\pi^2}{4}\right)} = \frac{4m_1}{\pi^2} \tag{2.8.2-4}$$

2. 阶梯形变截面悬臂杆

阶梯形变截面悬臂杆如图 2.8.2-2 所示，根据文献[40]中 11.2 节提供的稳定特征方程可知：

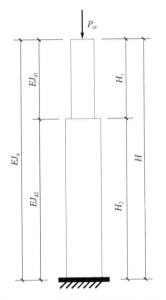

图 2.8.2-2 阶梯形变截面悬臂杆

$$\tan(\alpha_1 H_1) \times \tan(\alpha_2 H_2) = \frac{\alpha_1}{\alpha_2} \tag{2.8.2-5}$$

$$\alpha_1 = \sqrt{\frac{P_{cr}}{EJ_{d1}}} \tag{2.8.2-6}$$

$$\alpha_2 = \sqrt{\frac{P_{cr}}{EJ_{d2}}} \tag{2.8.2-7}$$

已知H_1、H_2以及EJ_{d1}、EJ_{d2}和EJ_d的比值，将其代入式(2.8.2-5)，并令$\alpha = \sqrt{\dfrac{P_{cr}}{EJ_d}}$，求解可得

$$H\alpha = A \tag{2.8.2-8}$$

式中，A为常数。

相应地，可得到临界荷载为

$$P_{cr} = \frac{m_2 EJ_d}{H^2} \tag{2.8.2-9}$$

式中，$m_2 = A^2$。

比较式(2.8.2-9)和式(2.8.1-1)，可得考虑高层建筑结构刚度沿高度不均匀分布第二种情况的修正系数μ_1，即刚重比刚度不均匀修正系数，如下式所示：

$$\mu_1 = \frac{(m_2)}{\left(\frac{\pi^2}{4}\right)} = \frac{4m_2}{\pi^2} \tag{2.8.2-10}$$

3. 考虑刚度不均匀修正系数的刚重比表达式

考虑高层建筑结构刚度沿高度不均匀分布修正后的刚重比表达式如下：

$$\mu_1 \times \frac{\dfrac{EJ_d}{n}}{H^2 \displaystyle\sum_{i=1}^{n} G_i} \geqslant 1.4 \tag{2.8.2-11}$$

式中，μ_1为刚重比刚度不均匀修正系数，可通过式(2.8.2-4)、式(2.8.2-10)求得。

2.8.3　考虑结构质量沿高度不均匀分布的修正系数

1. 等效临界重力荷载

将高层建筑结构等效为同时承受n个轴心荷载的等截面悬臂直杆模型时（图 2.8.3-1），根据文献[40]中 11.2 节提供的临界荷载系数可知：

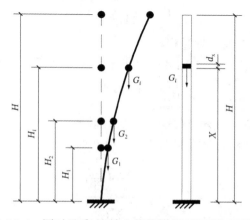

图 2.8.3-1　同时承受n个轴心荷载等截面悬臂直杆模型

$$\lambda_{\mathrm{c}} = \frac{\pi^2 E J_{\mathrm{d}}}{4H^2 \sum\limits_{i=1}^{n} G_i \left(\dfrac{H_i}{H}\right)^2} \tag{2.8.3-1}$$

由式(2.8.1-1)和式(2.8.3-1)可得

$$P_{\mathrm{cr}} = \lambda_{\mathrm{c}} \sum\limits_{i=1}^{n} G_i \left(\frac{H_i}{H}\right)^2 \tag{2.8.3-2}$$

临界荷载系数也可以用下式表达：

$$\lambda_{\mathrm{c}} = \frac{\left(\sum\limits_{i=1}^{n} G_i\right)_{\mathrm{cr}}}{\sum\limits_{i=1}^{n} G_i}$$

故

$$P_{\mathrm{cr}} = \frac{\sum\limits_{i=1}^{n} G_i \left(\dfrac{H_i}{H}\right)^2}{\sum\limits_{i=1}^{n} G_i} \times \left(\sum\limits_{i=1}^{n} G_i\right)_{\mathrm{cr}} \tag{2.8.3-3}$$

规范为简化计算：假定楼层侧向刚度沿高度均匀分布，楼层重力荷载也沿竖向均匀分布。则可简化为求在自重 q（单位长度的重量）作用下的临界荷载，取

$$G_i = q\,\mathrm{d}x$$

$$\left(\frac{H_i}{H}\right)^2 = \left(\frac{x}{H}\right)^2$$

则

$$\sum\limits_{i=1}^{n} G_i \left(\frac{H_i}{H}\right)^2 = \int_0^H q\,\mathrm{d}x \left(\frac{x}{H}\right)^2 = \frac{q}{H^2} \int_0^H x^2\,\mathrm{d}x = \frac{qH}{3}$$

$$\sum\limits_{i=1}^{n} G_i = qH$$

即

$$P_{\mathrm{cr}} = \frac{1}{3} \left(\sum\limits_{i=1}^{n} G_i\right)_{\mathrm{cr}} \tag{2.8.3-4}$$

此部分即为式(2.8.1-2)的推导过程。

然后，将式(2.8.3-4)代入式(2.8.1-1)，可得到等效临界重力荷载如式(2.8.3-5)所示：

$$\left(\sum\limits_{i=1}^{n} G_i\right)_{\mathrm{cr}} = \frac{3\pi^2 E J_{\mathrm{d}}}{4H^2} \tag{2.8.3-5}$$

2. 考虑质量沿高度不均匀分布的修正系数的推导

当弯剪型高层建筑结构质量沿竖向不均匀分布时，令

$$\alpha = \frac{\sum\limits_{i=1}^{n} G_i \left(\dfrac{H_i}{H}\right)^2}{\sum\limits_{i=1}^{n} G_i}$$

由式(2.8.3-3)可得

$$P_{\mathrm{cr}} = \alpha \left(\sum_{i=1}^{n} G_i \right)_{\mathrm{cr}} \tag{2.8.3-6}$$

将式(2.8.3-6)代入式(2.8.1-1)，可得到等效临界重力荷载$\left(\sum\limits_{i=1}^{n} G_i \right)_{\mathrm{cr}}$如式(2.8.3-7)所示：

$$\left(\sum_{i=1}^{n} G_i \right)_{\mathrm{cr}} = \frac{\pi^2 E J_{\mathrm{d}}}{4 \alpha H^2} \tag{2.8.3-7}$$

将式(2.8.3-7)、式(2.8.1-4)代入式(2.8.1-6)可得：

$$E J_{\mathrm{d}} \geqslant \frac{44 \alpha}{\pi^2} H^2 \sum_{i=1}^{n} G_i \tag{2.8.3-8}$$

根据式(2.8.1-7)和式(2.8.3-8)可以分别得到现行设计标准的刚重比表达式（式2.8.3-9）和考虑高层建筑结构质量沿竖向不均匀分布时的刚重比表达式（式2.8.3-10）如下：

$$\frac{E J_{\mathrm{d}}}{H^2 \sum\limits_{i=1}^{n} G_i} \geqslant \frac{44}{3 \pi^2} \tag{2.8.3-9}$$

$$\frac{E J_{\mathrm{d}}}{H^2 \sum\limits_{i=1}^{n} G_i} \geqslant \frac{44 \alpha}{\pi^2} \tag{2.8.3-10}$$

比较式(2.8.3-9)和式(2.8.3-10)，可得高层建筑结构质量沿高度不均匀分布的修正系数μ_2，即μ_2 - 刚重比质量不均匀修正系数，如下所示：

$$\mu_2 = \frac{\left(\dfrac{44}{3 \pi^2} \right)}{\left(\dfrac{44 \alpha}{\pi^2} \right)} = \frac{1}{3 \alpha} \tag{2.8.3-11}$$

其中

$$\alpha = \frac{\sum\limits_{i=1}^{n} G_i \left(\dfrac{H_i}{H} \right)^2}{\sum\limits_{i=1}^{n} G_i}$$

3. 考虑质量不均匀修正系数的刚重比表达式

考虑高层建筑结构质量沿高度不均匀分布修正后的刚重比表达式如下：

$$\mu_2 \times \frac{E J_{\mathrm{d}}}{H^2 \sum\limits_{i=1}^{n} G_i} \geqslant 1.4 \tag{2.8.3-12}$$

式中，μ_2为刚重比质量不均匀修正系数，可通过式(2.8.3-11)求得。

2.8.4　刚重比修正分析

越秀·国际金融汇三期超高层塔楼 T5[21] 剖面如图 2.1.0-2 所示。该塔楼为混合结构，采用框筒结构体系，设置一道加强层，为超 B 级高度高层建筑。地上 66 层，地下 3 层，房屋高度 330m。其立面造型呈阶梯形收进。

该工程可简化为阶梯形变截面悬臂杆，H_1、H_2与H有关，$E J_{\mathrm{d1}}$、$E J_{\mathrm{d2}}$与$E J_{\mathrm{d}}$有关：$H_1 \approx \frac{1}{3} H$，$H_2 \approx \frac{2}{3} H$，$E J_{\mathrm{d1}} \approx 0.75 E J_{\mathrm{d}}$，$E J_{\mathrm{d2}} \approx 0.95 E J_{\mathrm{d}}$，代入式(2.8.2-5)则

$$\tan(0.38H\alpha) \times \tan(0.68H\alpha) = \frac{\alpha_1}{\alpha_2} = 1.12$$

求解可得$H\alpha = A = 1.53$，则$m_2 = A^2 = 2.34$，相应地可得

$$\mu_1 = \frac{4m_2}{\pi^2} = 0.95$$

μ_1值小于1，说明结构呈阶梯状变小对结构整体稳定性是不利的。

当考虑质量不均匀分布的影响时，根据层高和各楼层重力荷载设计值可求得

$$\alpha = \frac{\sum\limits_{i=1}^{n} G_i \left(\frac{H_i}{H}\right)^2}{\sum\limits_{i=1}^{n} G_i} = 0.282$$

根据式(2.8.3-11)得出质量不均匀修正系数

$$\mu_2 = \frac{1}{3\alpha} = 1.18$$

μ_2值大于1，说明该工程质量不均匀分布对结构整体稳定性是有利的。

该工程不考虑修正的刚重比为1.26，小于1.4，不满足规范要求。考虑质量不均匀分布修正系数后的刚重比 = $1.18 \times 1.26 = 1.49$，大于1.4，满足规范要求。此时刚度不均匀分布修正系数0.95略小于1，说明刚度沿高度呈阶梯状分布对整体稳定性有影响但影响不大，考虑工程设计允许存在一定误差，初步判断不需要调整结构来满足结构整体稳定性要求。

为了进一步说明刚重比修正的合理性，将前述推导刚重比修正系数与有限元特征值法所得修正系数进行对比。

将式(2.8.1-4)代入式(2.8.1-6)，则可得：

$$\frac{\left(\sum\limits_{i=1}^{n} G_i\right)_{cr}}{\sum\limits_{i=1}^{n} G_i} = \lambda_c \geqslant 11 \tag{2.8.4-1}$$

采用有限元特征值法对实际工程进行线性屈曲分析，屈曲特征方程为：

$$[K - \lambda G(r)]\psi = 0 \tag{2.8.4-2}$$

式中，K为刚度矩阵；$G(r)$为荷载向量r作用下的几何刚度；λ为特征值对角矩阵，即屈曲因子；ψ为对应的特征值向量矩阵。

由特征值法可求出结构整体屈曲模态的特征值对角矩阵，从而得到最低阶屈曲因子λ_1。由第2.8.1节论述可知，当$\lambda_c = 11$时，则刚重比为1.4。故刚重比修正系数也可通过下式计算：

$$\mu = \frac{1}{11} \times \lambda_1 \tag{2.8.4-3}$$

对越秀T5塔楼进行线性屈曲分析，得到结构的前3阶屈曲因子分别为：12.697、16.287、17.046。前3阶屈曲模态均为结构整体屈曲模态。将第一阶屈曲模态的屈曲因子除以11，即$\mu = 12.697/11 = 1.15$。由本节分析得到刚重比质量不均匀修正系数 1.18，考虑到刚重比刚度不均匀修正系数0.95对修正结果影响不大，可以认为与有限元特征值法计算结果比较接近。

虽两种计算方法结果具有可比性，但不建议直接采用式(2.8.4-3)计算得到的μ进行刚重比修正。这是因为：采用有限元特征值法进行线性屈曲分析，其最低阶屈曲模态和欧拉公式中的临界荷载计算方法的假定屈曲形式一般不一致。且有限元特征值法计算结果综合反映了刚度和质量沿高度不均匀的影响，与现行设计标准规范刚重比的假定也不一致。因此不宜直接用μ进行修正。

2.9　加强层结构设计

通过加强层设置前后的结构整体指标进行对比（表 2.9.0-1）可知，当不设置加强层时，结构自振周期变长，结构侧向刚度、刚重比（修正后）指标不满足《高规》要求。为满足结构侧向刚度、刚重比等需要，依据计算并结合建筑设计，在 44～46 层之间，利用两层层高设置 1 道加强层，加强层采用伸臂桁架 + 周边环带桁架的形式，如图 2.9.0-1、图 2.9.0-2 所示。

伸臂桁架采用单斜撑布置，周边环带桁架采用双层连续人字支撑形式（四个立面均同）。伸臂桁架仅在刚度较弱的 Y 向设置了 2 榀。根据《精武路项目五期 T5 塔楼超限高层建筑工程抗震设计可行性论证报告》[21]提供的计算分析结果，伸臂桁架能有效提高周边框架的抗倾覆力矩，在结构进入弹塑性状态后，伸臂桁架可作为抗震设防的另一道防线，提供较大的结构冗余度。伸臂桁架钢结构弦杆贯穿核心筒墙体。伸臂桁架采用单向斜撑的形式布置，有利于建筑环通走道的布置，减小对建筑功能的影响。

加强层设置前后结构整体指标　　　　　　　　　表 2.9.0-1

整体指标项			设置加强层	无加强层
总质量/t			283353.44	282883.31
结构自振周期/s		T_1	7.1326	7.4654
		T_2	8.2255	8.9590
		T_3	5.0626	5.1465
最小剪重比		X 向	1.26%	1.26%
		Y 向	1.26%	1.26%
基底剪力/kN	地震作用	X 向	35051.2	35478.2
		Y 向	35174.4	35483.0
	风荷载	X 向	17734.3	18165.1
		Y 向	22414.0	22740.0
最大层间位移角	地震作用	X 向	1/616	1/568
		Y 向	1/529	1/430
	风荷载	X 向	1/1132	1/1171
		Y 向	1/622	1/519
修正后刚重比	地震作用	X 向	1.873	1.694
		Y 向	1.422	1.165
	风荷载	X 向	2.072	1.803
		Y 向	1.412	1.134

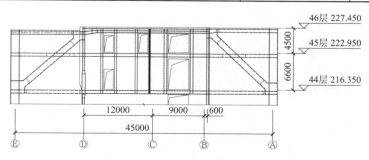

图 2.9.0-1　44～46 层伸臂桁架

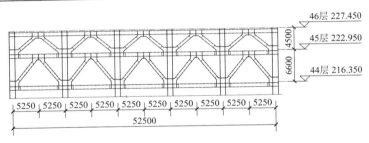

图 2.9.0-2　44～46 层环带桁架立面

由于加强层所在的剪力墙受力非常复杂，故在设计时对加强层及其相邻上下各一层范围内的剪力墙采取了如下加强措施：①对部分受力较大的剪力墙，特别是连接伸臂的角部，在墙中部增设了钢板，成为钢板混凝土剪力墙，解决了局部应力较大且复杂的问题；②同时在伸臂桁架与剪力墙交接处、钢板端部等部位设置了型钢连接两端伸臂，通过型钢和钢板传力，使伸臂能更好可靠地协同工作；③该范围框架柱、剪力墙抗震等级提高为特一级，并在剪力墙交接处、洞口两侧等部位设置约束边缘构件，适当提高相关构件的配筋率；④该范围剪力墙大震下结构抗震性能水准按抗震承载力不屈服确定。

对于加强层采取的其他构造加强措施有：①对加强层及其相邻上下楼层进行楼板应力分析，在计算配筋基础上适当将其配筋率提高 10% 左右；②提高节点的抗震承载力，节点两侧构件满足等强度设计要求。

2.10　非对称斜柱转换设计

高区酒店立面收进后的 4 根外框架柱在 46 层楼面处落在核心筒内部的一道剪力墙轴线上，其中 3 根外框架柱直接落在剪力墙上，为墙托柱转换，另 1 根外框架柱落在核心筒外 3.6m 处，设计采用斜柱转换至下部剪力墙上，斜柱采用矩形钢管混凝凝土柱，如图 2.10.0-1 所示。

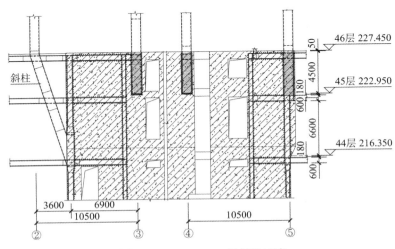

图 2.10.0-1　44～46 层斜柱过渡

对于斜柱转换采取的措施有：①从概念上分析斜柱的传力途径，采取措施确保其水平分力有效、可靠地传递至相关构件。由图 2.10.0-1 可知，斜柱产生的水平分力，分别在 44、45 层及 46 层通过与斜柱相连的水平钢梁（弦杆）传至外框架柱和内筒剪力墙。44～46 层为结构加强层，设有环带桁架，可协调外框架柱抵抗部分水平分力，另一端弦杆直接伸入内筒剪力墙，确保了传力效果。②抗震性能设计时，提高了转换斜柱及其相关构件的抗震性能目标。根据计算分析，斜柱及其相关构件在风荷载作用下产生的轴力小于多遇地震作用下的轴力，且在多遇地震作用下，满足抗震承载力弹性的要求；在设防烈度地震作用下，斜柱计算的应力比为 0.42，满足抗震承载力弹性的要求；在罕遇地震作用下，斜柱满足抗震承载力不屈服的要求。③对转换斜柱相关楼层进行楼板应力分析，对斜柱附近楼板，在计算配筋基础上适当提高其配筋率 20%左右。④节点按其抗震承载力不低于两侧构件的抗震承载力的原则进行设计。

2.11　结语

（1）根据现行设计标准规范计算得到的刚重比并不一定偏于安全，因此通过刚重比判断高层建筑结构整体稳定性时，应首先考虑结构刚度沿高度不均匀分布对刚重比的影响。只有当其影响可以忽略不计时，才可按规范计算得到的刚重比进行结构整体稳定性判断。

（2）当刚度沿高度逐渐变小或结构体型呈阶梯状、在中上部变化幅度较大时，刚度不均匀的不利影响不可忽略。

（3）提出的刚重比刚度不均匀修正系数和现行设计标准的刚重比均基于欧拉公式推导而来，并将修正系数和有限元特征值法得到的修正系数进行对比分析，说明了提出的修正系数可以用于刚重比修正和判断刚度不均匀对结构整体稳定性的影响。当其值小于 1 较多时，刚重比应按刚度不均匀修正系数修正后再进行结构整体稳定性判断。此时不宜考虑质量不均匀分布对结构整体稳定性的有利影响。

（4）通过本工程加强层设计可知，加强层采用伸臂桁架 + 环带桁架的形式可有效增大结构侧向刚度。

（5）采用斜柱转换代替转换梁，可以避免结构转换层的设置，尽可能不影响建筑功能。

《 第 **3** 章 》

天悦星晨

（天悦外滩金融中心）

3.1 项目背景

　　天悦星晨（天悦外滩金融中心，图 3.1.0-1）位于湖北省武汉市江岸区沿江大道与三阳路交汇处，规划用地面积 13050.00m²，地上建筑面积 111101.65m²，地下建筑面积 49654.63m²，总建筑面积约 16 万 m²。

　　因该项目在临长江外滩风貌主轴上，为延续外滩原古典西式建筑风格，项目外立面摒弃了曲面流线的造型风格，采取了规整方正、稳重端庄的整体设计手法，将古典建筑采用的石材、红砖形成的装饰造型风格精简浓缩，以现代的玻璃幕墙和铝塑板构建造型细节，体现大方、典雅的风格。主塔楼 A 栋建筑立意为长江之光，长江之光的概念来自于对天悦星晨项目前景的理解和潜在价值的期望，将"光"作为概念的始发点，融合了具有吉祥寓意的传统灯笼造型和代表了前进方向和领导力的灯塔形象，同时借鉴了代表现代建筑里程碑的 ArtDeco 经典风格，与江滩老建筑风格相呼应，以期打造一个延续武汉历史风貌同时又彰显新时代领军姿态的地标建筑。

　　项目整体是集商业、办公为一体的综合体项目，由 5 层地下室（地下 1 层含 1 层夹层）、4 层商业、1 栋办公塔楼和 1 栋公寓塔楼组成，建筑功能分区详见图 3.1.0-2。其中 A 塔写字楼地上建筑层 42 层（含 3 个避难层），结构层 51 层，标准层层高 4.5m，建筑主要屋面高度为 221.5m，塔尖顶部高度约为 270m；B 塔公寓地上 31 层（含 2 个避难层），标准层层高为 4.0m，建筑主要屋面高度 137.5m；裙房地上 4 层，建筑主要屋面高度为 24m；地下室建筑层数为 5 层（其中地下 1 层含有 1 夹层），开挖深度约 25m，地下为车库及设备用房。

图 3.1.0-1　建筑实景图

图 3.1.0-2　建筑功能分区示意图

3.2　结构体系

A 塔楼采用钢筋混凝土框筒结构，为超 B 级高度高层建筑；B 塔楼采用钢筋混凝土框筒结构，为 A 级高度高层建筑；4 层商业为大跨度（跨度约 22m）框架结构。A 塔楼和 4 层商业连为一整体，未设置结构缝，B 塔楼与裙房设有防震缝，B 塔楼为单独的结构单元。结构的嵌固部位设在地下室顶板。

3.2.1　设计条件

设计工作年限、抗震设防类别以及建筑结构的安全等级等基本情况见表 3.2.1-1。

结构基本情况　　　　　　　　　　　表 3.2.1-1

子项名称	设计基准期/年	设计工作年限/年	耐久性年限/年	建筑结构安全等级	地基基础设计等级	建筑抗震设防分类	建筑物耐火等级	地下室防水等级
A 塔楼	50	50	100	一级（二级）	甲级	乙类	一级	一级
B 塔楼	50	50	100	一级（二级）	甲级	乙类	一级	一级
裙房	50	50	100	一级（二级）	甲级	乙类	一级	一级

注：建筑结构安全等级中，重要构件为一级，一般构件为二级。

3.2.2　结构形式及结构体系

本工程超高层 A 塔写字楼、B 塔公寓均采用框筒结构体系，根据建筑功能要求并结合结构受力的需要在结构标准层利用电梯井、楼梯间等位置设置剪力墙核心筒。无转换层、加强层，结构竖向构件基本连续，A 塔楼局部存在穿层柱和斜柱。为减小框架柱截面尺寸，增大建筑有效使用面积，A 塔楼 24 层以下框架柱采用钢骨混凝土柱。裙房采用大跨度框架结构。

3.2.3 抗震等级

抗震等级详见表 3.2.3-1。

各子项抗震等级 表 3.2.3-1

子项名称	结构类型	框架	核心筒剪力墙
A 塔写字楼	框筒结构	一级	一级
B 塔公寓	框筒结构	二级	二级
商业裙房	框架	二级	二级

3.2.4 主要结构构件尺寸

1. A 塔写字楼主要构件尺寸详见表 3.2.4-1。

A 塔楼主要构件尺寸 表 3.2.4-1

框架	主要尺寸/mm		核心筒	主要尺寸/mm	
	角柱	边柱		横墙	纵墙
43 层以上	700×700	600×600	43 层以上	400	300/500
39～43 层	1000×1000	1400×800			
35 夹层～38 夹层	1200×1200	1400×1000	36～42 层	400	300/600
29～35 层	1400×1200	1400×1200	30 层～35 夹层	400	400/600
25～28 层	1400×1200	1400×1200 含钢骨	24～29 层	500	500/700
15～24 层	1400×1200 含钢骨	1400×1200 含钢骨	15～23 层	600	500/800
6～14 层	1200×1500 含钢骨	1400×1400 含钢骨	5～14 层	700	500/800/600
1～5 层	1200×1600 含钢骨	1400×1600 含钢骨	1～5 层	700	600/800/700

框架梁：350mm～600mm×600mm～900mm

2. B 塔公寓

框架柱：650mm×650mm～1300mm×1300mm

剪力墙：350～500mm

框架梁：(500～600)mm×700mm

3. 裙房

框架柱：(800～1000)mm×(800～1200)mm

框架梁：(300～550)mm×(700～900)mm，(600～700)mm×(1200～1300)mm

3.3 基础设计

3.3.1 地质情况及基础选型

根据勘察报告，场地各地层工程特性指标建议值如表 3.3.1-1 所示。

土层参数

表 3.3.1-1

地层		承载力特征值 f_{ak}/kPa	压缩模量 E_s/MPa	变形模量 E_0/MPa
Q^{ml}	杂填土①	尚未完成自重固结		
Q_4^{al}	粉土②	100	7.0	—
	粉质黏土③₁	90	4.5	—
	黏土③₂	140	6.8	—
	粉质黏土（夹粉土）④	100	5.0	—
	粉砂夹粉质黏土⑤	120	10.0	—
	粉细砂⑥	190	17.0	—
	细砂⑦	250	21.0	—
	黏土⑦ₐ	100	5.0	—
	卵石⑧	400	—	26.0
K-E	砂砾岩强风化⑨₁	350	—	43.0
	砂砾岩中风化⑨₂	1200	—	
	泥质粉砂岩中风化⑨₂ₐ	900		

根据地质报告推荐，结合场地情况，经与建设单位、勘察单位充分讨论及协商，考虑结构受力、经济指标、工期影响、施工难易、现场管理等多个因素，基础形式选择详见表 3.3.1-2。

基础选型

表 3.3.1-2

名称	A 塔楼	B 塔楼	裙房
地基基础设计等级	甲级	甲级	甲级
建筑桩基设计等级	甲级	甲级	甲级
基础类型	桩筏	桩筏	桩-承台
基础埋深	约 22.6m	约 22.6m	约 22.6m
桩型	后注浆钻孔灌注桩	后注浆钻孔灌注桩	后注浆钻孔灌注桩
注浆方式	桩端、桩侧复式注浆	桩端、桩侧复式注浆	桩端、桩侧复式注浆
桩径	1000mm	800mm	800mm
桩身混凝土强度等级	C50	C50	C50
桩端持力层	砂砾岩中风化⑨₂	砂砾岩强风化⑨₁	砂砾岩强风化⑨₁
进入持力层深度	> 1.5m	> 1.0m	> 1.0m

名称	A 塔楼	B 塔楼	裙房
有效桩长	约 36m	约 33m	约 33m
单桩竖向承载力特征值	8500kN	5200kN	5200kN
筏板厚度或承台厚度	2.4m	2.2m	2.0m
地下室层数	5	5	5

3.3.2 地下连续墙二墙合一的一体化施工设计

地下连续墙二墙合一的一体化施工设计，有效地加快了地下室施工进度。本工程地下 5 层，其中地下 1 层含有 1 层夹层，埋深约 25m，开挖深度较大。地下室采用地下连续墙和地下室外墙二墙合一的做法，地下连续墙深度约 50m，底部嵌固在基岩上，底板施工缝处预留注浆管。二墙合一的关键节点设计如图 3.3.2-1 所示。图 3.3.2-2 为底板与地下连续墙的连接节点构造图。图 3.3.2-3 为边梁、环梁与地下连续墙连接节点详图。图 3.3.2-4 为壁柱与地下连续墙连接节点详图。

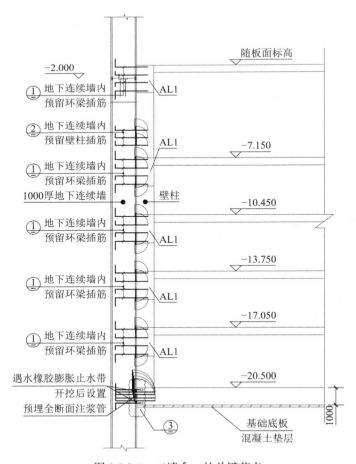

图 3.3.2-1 二墙合一的关键节点

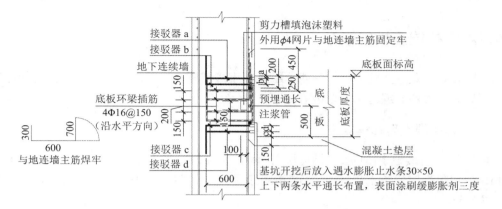

图 3.3.2-2　底板与地下连续墙的连接节点构造图

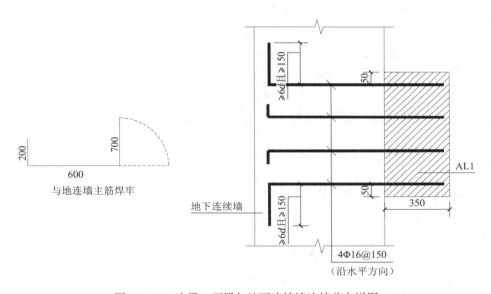

图 3.3.2-3　边梁、环梁与地下连续墙连接节点详图

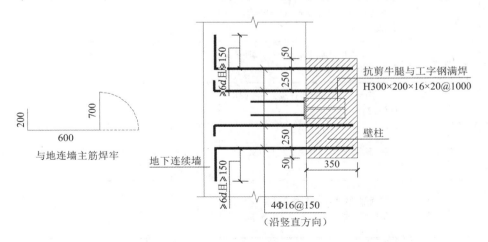

图 3.3.2-4　壁柱与地下连续墙连接节点详图

3.4 A 塔楼抗震性能设计

本节根据《天悦星晨项目（三期）A 座写字楼超限高层建筑工程抗震设计可行性论证报告》[41]的有关章节编写，主要内容如下。

3.4.1 结构超限类型和程度

本工程 A 塔楼地上 51 层（结构层），地下 5 层，框架-核心筒结构，建筑物高度约为 270m，为超限高层建筑工程，须进行超限设计可行性论证，其中结构抗震性能设计是其核心组成部分。

本工程抗震设防烈度为 6 度，建筑物高宽比为：270/41.4 = 6.5，符合《高层建筑混凝土结构技术规程》JGJ 3—2010（简称《高规》）第 3.3.2 条要求，最大长宽比为 41.4/41.4 = 1；埋深比为：221.45/22.6 = 12。根据《超限高层建筑工程抗震设防专项审查技术要点》（2010 年版），本工程结构超限类型及超限程度如下。

1. 一般不规则检查详见表 3.4.1-1。

一般不规则检查 表 3.4.1-1

序号	不规则类型	简要涵义	超限判断	备注
1a	扭转不规则	考虑偶然偏心的扭转位移比大于 1.2	有	考虑偶然偏心的最大位移与层平均位移的比值最大值为 1.26
1b	偏心布置	偏心率大于 0.15 或相邻层质心相差大于相应边长 15%	无	—
2a	凹凸不规则	平面凹凸尺寸大于相应边长 30%等	有	2 层平面凹进尺寸大于相应边长的 30%
2b	组合平面	细腰形或角部重叠形	无	—
3	楼板不连续	有效宽度小于 50%，开洞面积大于 30%，错层大于梁高	有	2 层有效楼板宽度小于 50%
4a	刚度突变	相邻层刚度变化大于 70%或连续三层变化大于 80%	无	—
4b	尺寸突变	竖向构件位置缩进大于 25%，或外挑大于 10%和 4m，多塔	无	—
5	构件间断	上下墙、柱、支撑不连续，含加强层、连体类	无	—
6	承载力突变	相邻层受剪承载力变化大于 80%	有	37 层受剪承载力比 0.78 小于 0.8；但大于 B 级高度的楼层受剪承载力比限值 0.75，满足要求
7	其他不规则	如局部的穿层柱、斜柱、夹层、个别构件错层或转换	有	底层存在穿层柱；结构层 40、41 层（对应建筑层 36、37 层）、48、49 层（对应建筑层 40、41 层）有斜柱

经检查，本工程有五项一般不规则项。

2. 严重不规则检查详见表 3.4.1-2。

严重不规则检查　　　　　　　　　　　　　表 3.4.1-2

序号	不规则类型	简要涵义	超限判断
1	扭转偏大	裙房以上的较多楼层，考虑偶然偏心的扭转位移比大于 1.4	无
2	抗扭刚度弱	扭转周期比大于 0.9，混合结构扭转周期比大于 0.85	无
3	层刚度偏小	本层侧向刚度小于相邻上层的 50%	无
4	高位转换	框支墙体的转换构件位置：7 度超过 5 层，8 度超过 3 层	无
5	厚板转换	7～9 度设防的厚板转换结构	无
6	塔楼偏置	单塔或多塔与大底盘的质心偏心距大于底盘相应边长 20%	无
7	复杂连接	各部分层数、刚度、布置不同的错层 连体两端塔楼高度、体型或者沿大底盘某个主轴方向的振动周期显著不同的结构	无
8	多重复杂	结构同时具有转换层、加强层、错层、连体和多塔等复杂类型的 3 种	无

经检查，本工程无严重不规则项。

3. 结论

本栋建筑高度超限，同时存在扭转不规则、凹凸不规则、楼板不连续、承载力突变和其他不规则共五项不规则，为特别不规则的高层建筑结构，属于高度超限且规则性超限的工程。

3.4.2　抗震设防要求及抗震性能目标

针对本工程结构形式和超限情况，设计采用结构抗震性能设计方法进行补充分析和论证，根据《高规》的有关规定设计，针对性地选择 C 级抗震性能目标及相应的抗震性能水准。详见表 3.4.2-1。

构件在相应性能水准下的状况　　　　　　　　　　表 3.4.2-1

地震水准	多遇地震（小震）	设防地震（中震）	罕遇地震（大震）
层间位移角限值	1/561（插值）	1/280	1/100
性能水准定性描述	完好、无损坏	轻度损坏	中度损坏
关键构件破坏情况 （核心筒承重外墙及所有框架柱）	弹性	抗剪弹性，抗弯不屈服，轻微损坏	抗剪不屈服，正截面抗弯不屈服，轻度损坏
普通竖向构件破坏情况 （核心筒内墙）	弹性	抗剪弹性，抗弯不屈服，轻微损坏	满足剪压比的要求，形成塑性铰，部分中度损坏
耗能构件破坏情况 （框架梁、连梁）	弹性	抗剪不屈服，抗弯进入屈服阶段，形成塑性铰，部分中度损坏	形成塑性铰，部分比较严重损坏

3.4.3　多遇地震弹性计算结果及分析

计算采用中国建筑科学研究院 PKPMCAD 工程部编制的"高层建筑结构空间有限元分析与设计软件" SATWE 和北京迈达斯技术有限公司的"建筑及土木结构通用的结构分析与优化设计软件" MIDAS Building 两个不同力学模型（图 3.4.3-1、图 3.4.3-2）的空间分析程序进行多遇地震计算分析。

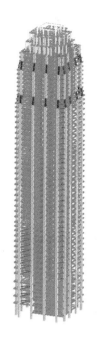 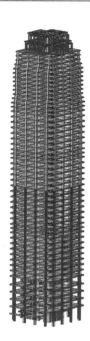

图 3.4.3-1 SATWE 计算模型 图 3.4.3-2 MIDAS Building 计算模型

1. 结构计算参数

结构设计基准期：（可靠度）50 年。

结构设计工作年限：50 年。

耐久性设计年限：100 年。

建筑结构安全等级：二级。

结构抗震等级：框架一级，筒体一级。

结构重要性系数：1.0 或 1.1。

建筑抗震设防分类：重点设防类（乙类）（据武城建〔2012〕179 号文）。

建筑高度类别：超 B 级。

地基基础设计等级：甲级。

抗震设防烈度：6 度。

抗震措施：7 度。

场地类别：Ⅲ类。

设计地震动参数：

结合《超限高层建筑工程抗震设防专项审查技术要点》的相关要求，比较了武汉市地震小区划、现行规范以及安评报告，在小震弹性计算分析时，动参数采用安评报告提供的数据，反应谱采用规范反应谱，6s 后采用安评报告提供的反应谱地震动参数（表 3.4.3-1）。

安评报告提供的设计地震动参数   表 3.4.3-1

超越概率值	T_1/s	T_g/s	$\alpha_{\max}$	β_m	γ	$A_{\max}/\text{gal}$
50 年，63%	0.10	0.40	0.079	2.50	0.90	31.0

超越概率值	T_1/s	T_g/s	α_{max}	β_m	γ	A_{max}/gal
50 年，10%	0.10	0.45	0.216	2.50	0.90	84.9
50 年，2%	0.10	0.55	0.370	2.50	0.90	145.3

根据《超限高层建筑工程抗震设防专项审查技术要点》，中震和大震可仍按规范的设计地震动参数采用的原则，本工程在进行中、大震下的等效弹性法（屈服承载力设计）计算时的地震动参数按规范采用，见表 3.4.3-2。

本工程地震动参数　　　　　　　　　　　　　　表 3.4.3-2

特征周期/s	0.45（设防地震）	0.50（罕遇地震）
水平地震影响系数α_{max}	0.12（设防地震）	0.28（罕遇地震）
A_{max}/gal	50（设防地震）	125（罕遇地震）

但在大震下的弹塑性时程分析时，为给设计留有一定安全余量，仍采用安评报告提供的设计地震动参数。

上部结构嵌固部位：地下室顶板。

2. 多遇地震作用下的性能分析

（1）结构总质量详见表 3.4.3-3。

质量统计表　　　　　　　　　　　　　　表 3.4.3-3

项目	MIDAS 楼层质量/t	SATWE 楼层质量/t
总质量	137238.154	136266.625

（2）周期和振型

共计算结构的前 15 个周期振型，振型参与质量达到规范要求的 90%，表 3.4.3-4、表 3.4.3-5 给出结构的前 10 个振型的周期值和振型描述。

SATWE 周期振型统计表　　　　　　　　　　表 3.4.3-4

振型号	周期/s	转角/°	平动系数（X + Y）	扭转系数
1	6.3989	88.80	1.00（0.00 + 1.00）	0.00
2	4.9627	178.76	1.00（1.00 + 0.00）	0.00
3	2.8720	65.48	0.00（0.00 + 0.00）	1.00
4	1.6134	87.63	0.98（0.00 + 0.98）	0.02
5	1.3092	176.97	0.99（0.99 + 0.00）	0.01
6	1.0974	59.21	0.03（0.01 + 0.02）	0.97
7	0.7644	80.17	0.77（0.02 + 0.75）	0.23
8	0.6701	169.58	0.98（0.93 + 0.05）	0.02

振型号	周期/s	转角/°	平动系数（X+Y）	扭转系数
9	0.6272	59.75	0.24（0.05+0.20）	0.76
10	0.5054	24.29	0.63（0.43+0.20）	0.37

　　地震作用最大的方向为 88.890°，X 向的有效质量系数为 91.76%，Y 向的有效质量系数为 91.48%，第一扭转周期 T_t 与第一平动周期 T_1 的比值 T_t/T_1 周期比为 0.44，满足《高规》第 4.3.5 条的要求。

MIDAS 周期振型统计表　　　　　　　　　　表 3.4.3-5

振型号	周期/s	X向平动因子	Y向平动因子	Z向扭转因子
1	6.1313	0.04	96.16	0.16
2	4.7881	95.81	0.04	0.04
3	2.7812	0.01	0.07	99.92
4	1.5674	0.13	83.40	0.40
5	1.2562	84.07	0.16	0.23
6	1.0486	1.01	1.21	97.38
7	0.7304	0.89	53.03	7.20
8	0.6315	43.94	2.83	1.96
9	0.5984	9.07	12.75	57.70
10	0.4836	1.84	10.51	15.37

　　X 向的有效质量系数为 91.8%，Y 向的有效质量系数为 91.94%，第一扭转周期 T_t 与第一平动周期 T_1 的比值 T_t/T_1 周期比为 0.454，满足《高规》第 3.4.5 条的要求。

　　（3）结构主要指标的计算结果详见表 3.4.3-6。

结构分析主要结果　　　　　　　　　　表 3.4.3-6

计算项目		SATWE	MIDAS
底层地震力剪力/kN	X向	16418.13	16665.61
	Y向	13941.48	14234.69
地震力倾覆力矩/（kN·m）	X向	2122378.75	2479268.91
	Y向	1875604.38	2149789.86
底层风剪力/kN	X向	10666.5	9608.0
	Y向	10572.7	9430.1
风倾覆力矩/（kN·m）	X向	1579114.2	1382167.4
	Y向	1564975.4	1352816.3

续表

计算项目		SATWE	MIDAS
剪重比	X向	0.012	0.0124
	Y向	0.0102	0.0106
结构自振周期/s		$T_1 = 6.3989$ $T_2 = 4.9627$ $T_3 = 2.8720$	$T_1 = 6.1313$ $T_2 = 4.7881$ $T_3 = 2.7812$
第一扭转周期同第一平动周期之比		0.4488	0.4536
最大层间位移角（计算层数）	X向风	1/991（53）	1/1383（53）
	X向地震	1/1086（35）	1/1185（37）
	Y向风	1/1004（31）	1/941（53）
	Y向地震	1/782（32）	1/865（32）
偶然偏心最大位移比（计算层数）	X向地震	1.21（1）	1.241（1）
	Y向地震	1.26（1）	1.219（1）

（4）楼层剪力和倾覆力矩

图 3.4.3-3～图 3.4.3-8 为地震剪力和倾覆力矩的比较曲线。

由图可以看出地震作用下的水平剪力和倾覆力矩均比风荷载作用时要大，说明该工程主要由地震控制。

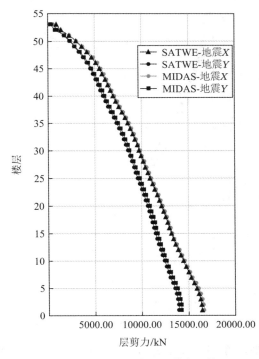

图 3.4.3-3　地震作用下剪力比较

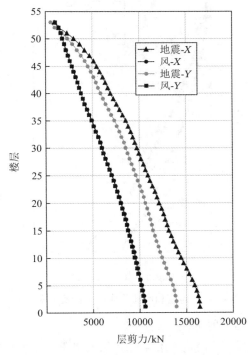

图 3.4.3-4　地震与风荷载作用下剪力比较

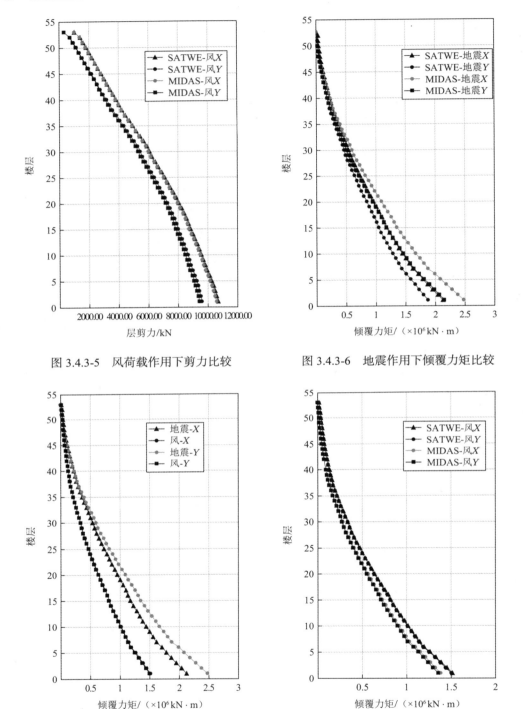

图 3.4.3-5　风荷载作用下剪力比较　　　　图 3.4.3-6　地震作用下倾覆力矩比较

图 3.4.3-7　地震和风荷载作用下倾覆力矩比较　　图 3.4.3-8　风荷载作用下倾覆力矩比较

（5）剪重比

根据《高规》第 4.3.12 条的要求，在水平地震作用下楼层剪力应该满足剪重比的要求。按《抗规》第 5.2.5 条要求，周期大于 5.0s 时，最小地震剪力系数应为 $0.15\alpha_{\max} = 0.012$，剪力系数不足 0.012 时，按规范要求进行剪力调整。详见图 3.4.3-9。

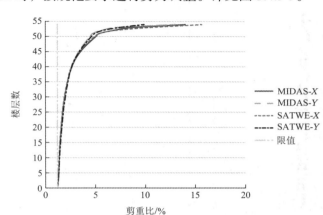

图 3.4.3-9　调整后剪重比曲线

（6）结构位移

结构位移计算结果详见图 3.4.3-10～图 3.4.3-13。

由以上结果可知，X 向地震作用下，楼层竖向构件最大层间位移与平均层间位移之比最大为 1.24，Y 向地震作用下，楼层竖向构件最大层间位移与平均层间位移之比最大为 1.26，均满足规范中最大层间位移与平均层间位移之比不大于 1.4 的要求。两个方向地震作用下最大层间位移角小于规范规定的限值 1/561。

由 SATWE 和 MIDAS 计算的位移结果可以看出，结构的最大层间位移角满足规范要求，最大位移和平均位移之比也满足规范要求。

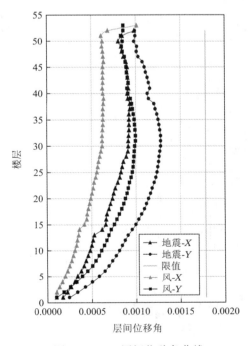

图 3.4.3-10　层间位移角曲线

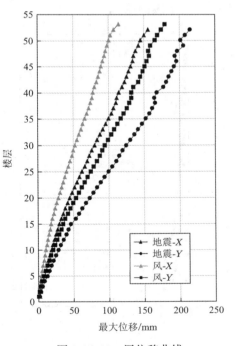

图 3.4.3-11　层位移曲线

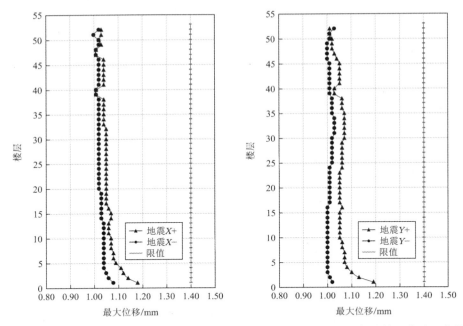

图 3.4.3-12　X向地震偶然偏心位移比曲线　图 3.4.3-13　Y向地震偶然偏心位移比曲线

（7）楼层刚度比

根据《高规》第3.5.2条，抗震设计时，高层建筑相邻楼层的侧向刚度变化应该符合规范要求。

由图 3.4.3-14、图 3.4.3-15 可知，各层X、Y方向本层塔侧移刚度大于上一层相应塔侧移刚度 90%、110%或者 150%，比值 110%适用于本层层高大于相邻上层层高 1.5 倍的情况，150%适用于嵌固层。

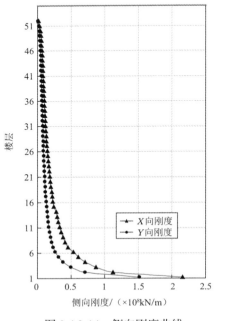

图 3.4.3-14　侧向刚度曲线

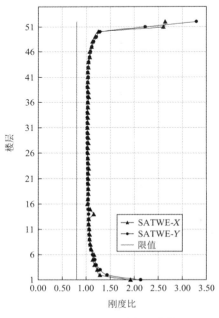

图 3.4.3-15　刚度比曲线

（8）受剪承载力

根据《高规》第 3.5.3 条，B 级高度高层建筑的楼层抗侧力结构的层间受剪承载力不应小于其相邻上一层受剪承载力的 75%。

由图 3.4.3-16、图 3.4.3-17 可知，抗侧力结构的大部分层间受剪承载力不小于其相邻上一层受剪承载力的 80%。第 37 层受剪承载力比为 0.78，小于 0.8；但大于 B 级高度的楼层受剪承载力比限值 0.75；满足要求。

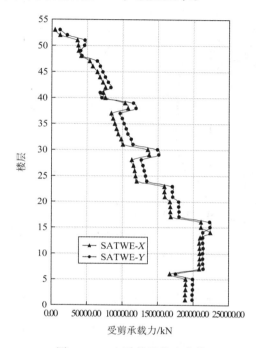

图 3.4.3-16 受剪承载力曲线

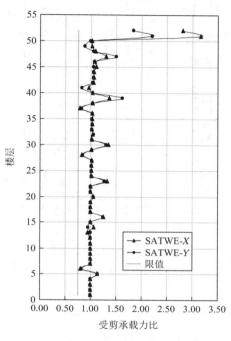

图 3.4.3-17 受剪承载力比曲线

（9）整体稳定与刚重比

X 向刚重比 2.72，Y 向刚重比 1.66。大于 1.4，能够通过《高规》第 5.4.4 条要求的整体稳定验算，但小于 2.7，应该考虑重力二阶效应。

（10）墙柱轴压比

该工程为框架-核心筒结构，框架抗震等级为一级，剪力墙抗震等级为一级。框架柱的轴压比限值为 0.70，剪力墙底部加强部位的轴压比限值为 0.50。经验算，基本满足规范要求。

（11）外框架柱承担剪力及倾覆力矩

根据《高规》第 9.1.11 条，抗震设计时，框筒结构的框架部分按侧向刚度分配的楼层地震剪力应进行调整，当框架部分楼层地震剪力最大值小于结构底部总地震剪力的 10%时，各层框架部分承担的地震剪力应增大到结构底部总地震剪力的 15%，其各层核心筒墙体的地震剪力应乘以 1.1，但可不大于基底剪力。

由图 3.4.3-18～图 3.4.3-23 可知，在大部分楼层，框架在两个方向承担的地震剪力占总剪力比例大于 10%，仅个别楼层不满足 5%的限值要求，框架地震力将按照 $0.2Q_0$ 进行调整。

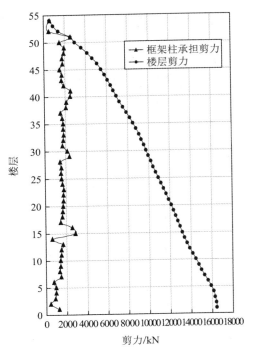

图 3.4.3-18 X向框架柱及楼层剪力

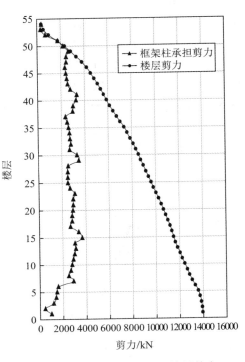

图 3.4.3-19 Y向框架柱及楼层剪力

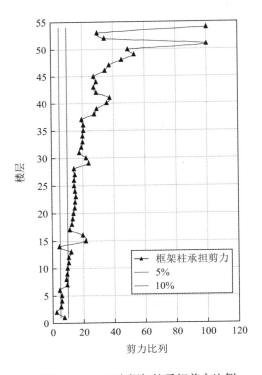

图 3.4.3-20 X向框架柱承担剪力比例

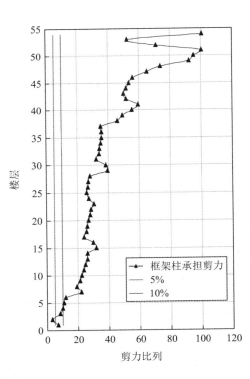

图 3.4.3-21 Y向框架柱承担剪力比例

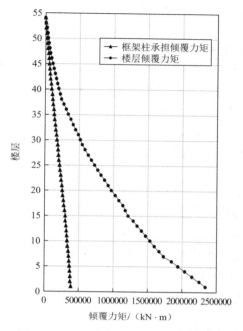

图 3.4.3-22　X向框架柱及楼层倾覆力矩

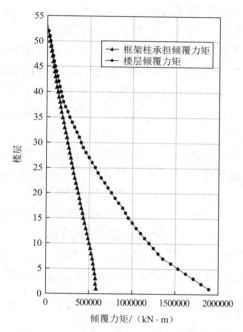

图 3.4.3-23　Y向框架柱及楼层倾覆力矩

（12）结构舒适度分析

根据《高规》第 3.7.6 条，房屋高度 ≥ 150m 的高层混凝土建筑应满足风振舒适度要求。在《荷载规范》规定的 10 年一遇风荷载标准值作用下，结构顶点顺风向和横风向振动最大加速度计算值不应超过 $0.25m/s^2$。结构顶点顺风向和横风向振动最大加速度按有关规定计算。

风振舒适度计算时结构阻尼比取值：混凝土结构取 0.02，混合结构根据房屋高度和结构类型取 0.01～0.02，本工程计算时阻尼比取 0.02，计算结果详见表 3.4.3-7。

结构舒适性验算结果 表 3.4.3-7

	X向顺风向顶点最大加速度/（m/s^2）	X向横风向顶点最大加速度/（m/s^2）	Y向顺风向顶点最大加速度/（m/s^2）	Y向横风向顶点最大加速度/（m/s^2）
按《高层民用建筑钢结构技术规程》JGJ 99—2015 计算	0.032	0.098	0.030	0.121
按《荷载规范》计算	0.045	0.054	0.042	0.066

按 10 年一遇的风荷载（$0.25kN/m^2$）取值计算的顺风向和横风向结构顶点最大加速度均远小于 $0.25m/s^2$，满足规范有关舒适度的要求。

3.4.4　多遇地震下的弹性时程分析结果

1. 地震波选取

地震的发生是概率事件，为了能够对结构抗震能力进行合理的估计，在进行结构分析时，应选择合适的地震波输入，按照《建筑抗震设计规范》GB 50011—2010（简称《抗规》）要求，时程分析所选用的地震波需满足以下频谱特性规定：特征周期与场地特征周期接近；有效峰值加速度符合规范要求；有效持续时间为结构基本周期的 5～10 倍；多组时程波的平均地震影响系数曲线与振型分解反应谱法所用的地震影响系数曲线相比，在对应于结构主要振型的周期点上相差不大于 20%。

按照《抗规》要求，本工程采用了双向地震波输入，其中主次两个分量峰值加速度的比值符合 1.0∶0.85 的要求。地震波持续时间均大于 5 倍结构基本周期。由于本工程平面较规则，最不利的地震作用方向为 90°方向，因此选取 0°、90°两个方向同时输入主次地震波，每一组地震波交换一次主次方向，7 组地震波共计 14 次双向输入计算。

根据《高规》第 4.3.4 条第 3 款规定，本建筑为超限高层结构，需要进行弹性时程分析。采用中国建筑科学研究院编制的结构分析程序 SATWE 进行计算，建立分层模型，将各楼层的质量集中于楼层处，形成弹性多质点体系，然后输入地震波（数字化地震地面运动加速度）进行时程分析，可得结构各点的位移、速度和加速度反应，由位移反应计算结构内力。

按《抗规》的规定，时程分析所采用的加速度时程曲线，其平均地震影响系数曲线应与振型分解反应谱法所采用的地震影响系数曲线在统计意义上相符，根据此原则，选择了 5 组天然地震波和 2 组人工波，加速度时程曲线及分析结果如图 3.4.4-1～图 3.4.4-14 所示。所有地震波加速度均与场地安评报告加速度 31cm/s² 接近。

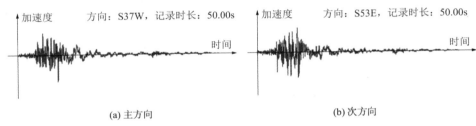

(a) 主方向 　　　　　　　　　(b) 次方向

图 3.4.4-1　天然波 1 主方向与次方向加速度时程曲线（地震波作用时间 50s，步长 0.02s）

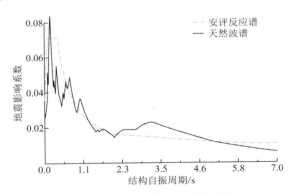

图 3.4.4-2　天然波 1 反应谱与安评反应谱比较

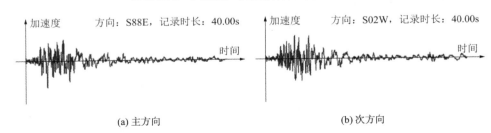

(a) 主方向 　　　　　　　　　(b) 次方向

图 3.4.4-3　天然波 2 主方向与次方向加速度时程曲线（地震波作用时间 40s，步长 0.02s）

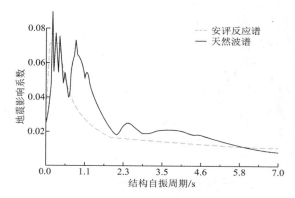

图 3.4.4-4　天然波 2 反应谱与安评反应谱比较

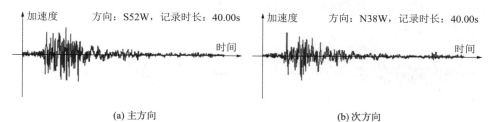

图 3.4.4-5　天然波 3 主方向与次方向加速度时程曲线（地震波作用时间 50s，步长 0.02s）

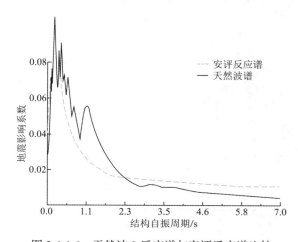

图 3.4.4-6　天然波 3 反应谱与安评反应谱比较

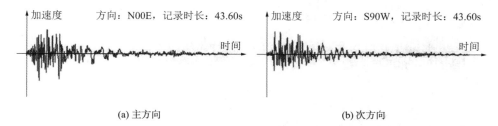

图 3.4.4-7　天然波 4 主方向与次方向加速度时程曲线（地震波作用时间 50s，步长 0.02s）

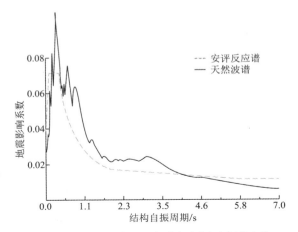

图 3.4.4-8　天然波 4 反应谱与安评反应谱比较

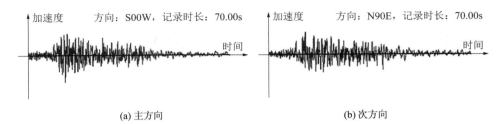

图 3.4.4-9　天然波 5 主方向与次方向加速度时程曲线（地震波作用时间 50s，步长 0.02s）

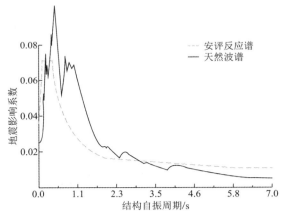

图 3.4.4-10　天然波 5 反应谱与安评反应谱比较

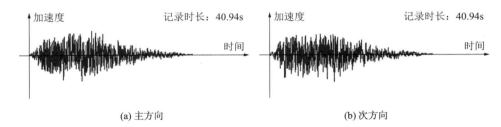

图 3.4.4-11　人工波 1 主方向与次方向加速度时程曲线（地震波作用时间 50s，步长 0.02s）

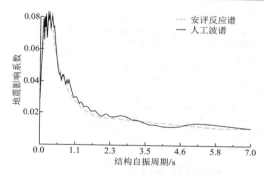

图 3.4.4-12　人工波 1 反应谱与安评反应谱比较

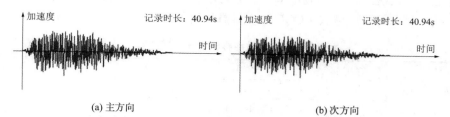

(a) 主方向　　　　　　　　　　　　　　　　(b) 次方向

图 3.4.4-13　人工波 2 主方向与次方向加速度时程曲线（地震波作用时间 50s，步长 0.02s）

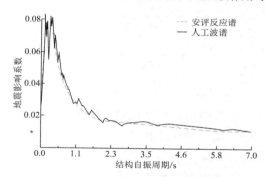

图 3.4.4-14　人工波 2 反应谱与安评反应谱比较

从上述对比中可以看到，该 5 组天然地震波与安评反应谱基本吻合，2 组人工地震波与安评反应谱吻合较好，均可以采用。

2. 结构弹性时程反应分析主要计算结果

《抗规》规定，弹性时程分析时，每组时程曲线计算所得结构底部剪力不应小于振型分解反应谱法计算结果的 65%，多组时程曲线所得结构底部剪力的平均值不应小于振型分解反应谱法计算结果的 80%，表 3.4.4-1、表 3.4.4-2 给出了反应谱分析和时程分析的计算结果。

反应谱分析和弹性时程分析法基底剪力计算结果　　　　　　　　　表 3.4.4-1

项目		X向基底剪力/kN	X向时程分析与反应谱比例	Y向基底剪力/kN	Y向时程分析与反应谱比例
振型分解反应谱法		16418.13	—	13941.48	—
弹性时程分析	天然波 1	15185.4	92.5%	9842.9	70.6%
	天然波 2	19476.1	118.6%	9244.7	66.3%
	天然波 3	17985.3	109.6%	10263.8	73.6%

续表

项目		X向基底剪力/kN	X向时程分析与反应谱比例	Y向基底剪力/kN	Y向时程分析与反应谱比例
弹性时程分析	天然波 4	15493.5	94.4%	9238.2	66.3%
	天然波 5	14759.1	94.4%	12152.7	87.2%
	人工波 1	15705.5	95.7%	15600.4	111.9%
	人工波 2	15455.3	94.14%	14439.2	103.6%
	平均值	16294.3	99.9%	11540.3	82.8%

　　根据计算结果分析可知：每组时程曲线计算所得的结构底部总剪力均不小于按振型分解反应谱法（CQC 法）计算所得的 65%，7 组时程曲线计算所得的结构底部总剪力的平均值不小于按振型分解反应谱法（CQC 法）计算所得的 80%。地震波的选取满足规范要求。

反应谱分析和弹性时程分析法位移计算结果　　　　　　表 3.4.4-2

项目		X向位移角	X向位移/mm	Y向位移角	Y向位移/mm
振型分解反应谱法		1/1027	157.66	1/783	221.66
弹性时程分析	天然波 1	1/828	189.24	1/1039	144.81
	天然波 2	1/812	194.76	1/1328	121.40
	天然波 3	1/816	84.19	1/1292	94.68
	天然波 4	1/929	115.00	1/1218	120.56
	天然波 5	1/771	77.45	1/1265	104.84
	人工波 1	1/844	150.63	1/836	201.39
	人工波 2	1/872	151.14	1/826	198.03

　　从上述对比可以看到，计算结果满足《抗规》的要求。

　　由图 3.4.4-15 可知：弹性动力时程计算的结果均小于振型分解反应谱法的计算结果，各项指标验算也满足规范有关要求。振型分解反应谱法的计算结果曲线在结构高度方向的大部分范围内均大于 7 组地震波对应的平均计算结果，但在顶部二者接近，说明在采用振型分解反应谱法进行结构设计时，宜考虑高阶振型对结构顶部带来的不利影响。在进行施工图设计时，拟对顶部结构作适当加强。

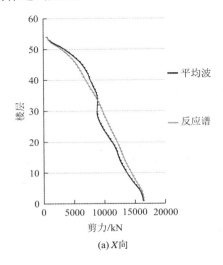

(a) X向

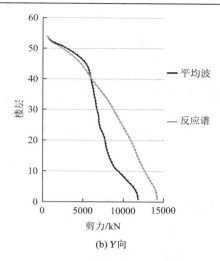

(b) Y向

图 3.4.4-15　弹性时程分析地震剪力曲线

3. 工程结论

此项超限结构在多遇地震作用下，采用了弹性反应谱和弹性时程分析法进行了弹性内力分析；计算结果表明，核心筒底部加强区及相应部位的框架角柱无损坏，核心筒非底部加强区及相应部位的框架柱无损坏，框架梁、连梁无损坏，结构整体完好无损坏，满足预定的性能水准 1。

3.4.5　等效弹性计算结果及分析

1. 结构计算参数

本章对竖向构件及水平构件进行中震第 3 性能水准及大震第 4 性能水准的验算。其中竖向构件有框架柱和剪力墙，水平构件主要有连梁和框架梁等。根据《超限高层建筑工程抗震设防专项审查技术要点》，采用 SATWE 对结构构件进行抗震性能设计，中震和大震可仍按规范的设计参数采用，构件性能验算时的参数见表 3.4.5-1。

构件性能化验算参数表　　　　　　　　　　　　　表 3.4.5-1

参数	多遇地震	设防烈度地震	罕遇地震
α_{max}	0.079	0.12	0.28
场地特征周期/s	0.40	0.45	0.50
周期折减系数	0.85	0.95	1.0
连梁刚度折减系数	0.70	0.60	0.50
阻尼比	5%	6%	7%
荷载分项系数	按规范	1.0（按规范）	1.0
材料强度	设计值	标准值（设计值）	标准值
承载力抗震调整系数	按规范	1.0（按规范）	1.0
内力调整系数	按规范	1.0	1.0

注：（）内数字用于中震弹性的性能水准验算。

2. 剪力墙抗震性能分析

在设防烈度地震作用下，对剪力墙的验算主要是正截面压弯（拉弯）承载力验算。典型墙肢 Q1 的分析结果见表 3.4.5-2。

设防地震作用下剪力墙 Q1 正截面承载力验算　　　　表 3.4.5-2

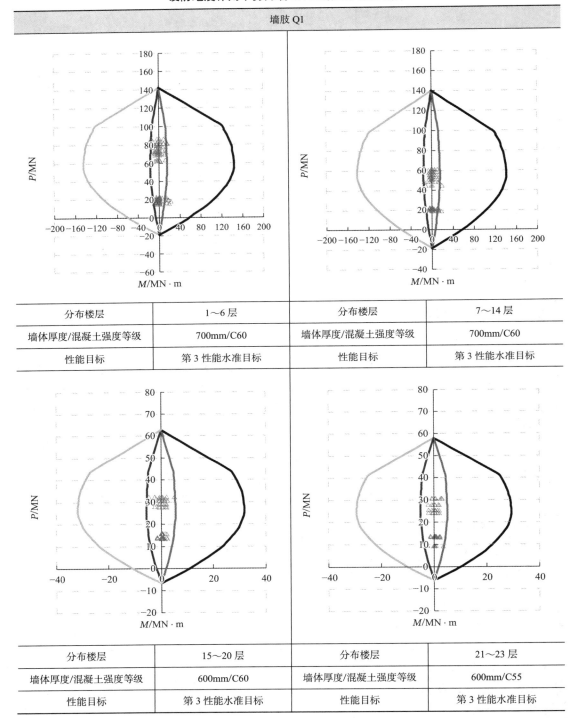

墙肢 Q1			
分布楼层	1～6 层	分布楼层	7～14 层
墙体厚度/混凝土强度等级	700mm/C60	墙体厚度/混凝土强度等级	700mm/C60
性能目标	第 3 性能水准目标	性能目标	第 3 性能水准目标
分布楼层	15～20 层	分布楼层	21～23 层
墙体厚度/混凝土强度等级	600mm/C60	墙体厚度/混凝土强度等级	600mm/C55
性能目标	第 3 性能水准目标	性能目标	第 3 性能水准目标

续表

墙肢 Q1		

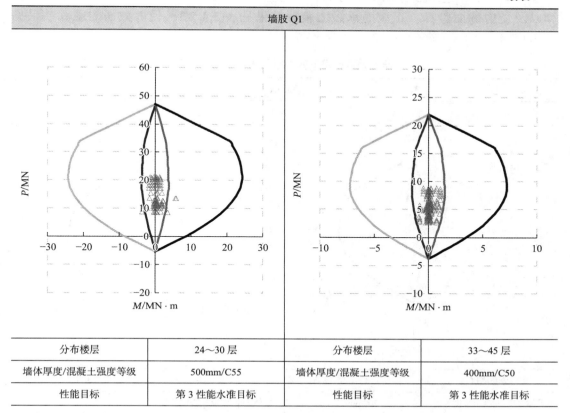

分布楼层	24～30 层	分布楼层	33～45 层
墙体厚度/混凝土强度等级	500mm/C55	墙体厚度/混凝土强度等级	400mm/C50
性能目标	第 3 性能水准目标	性能目标	第 3 性能水准目标

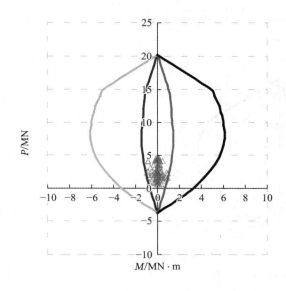

分布楼层	36～51 层
墙体厚度/混凝土强度等级	400mm/C50
性能目标	第 3 性能水准目标

在预估的罕遇地震作用下，对剪力墙的验算主要是正截面压弯（拉弯）承载力验算以及受剪截面验算。正截面承载力验算结果见表 3.4.5-3，受剪截面的验算结果见表 3.4.5-4。

罕遇地震作用下剪力墙正截面承载力验算　　　　　　　表 3.4.5-3

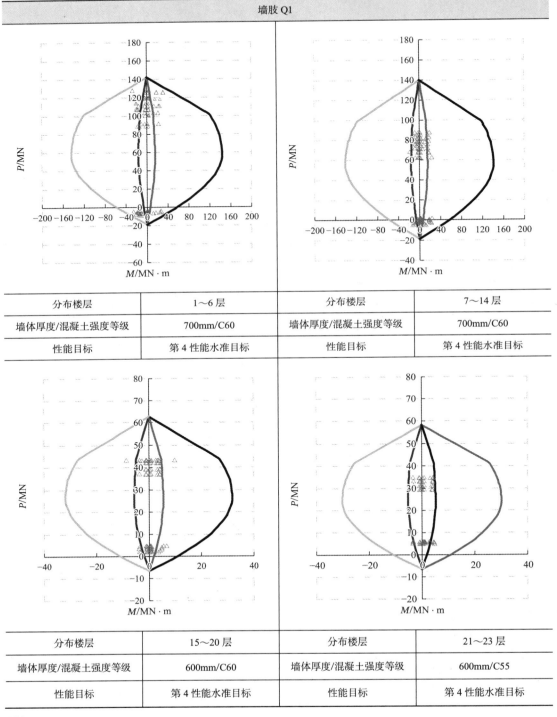

分布楼层	1~6 层	分布楼层	7~14 层
墙体厚度/混凝土强度等级	700mm/C60	墙体厚度/混凝土强度等级	700mm/C60
性能目标	第4性能水准目标	性能目标	第4性能水准目标
分布楼层	15~20 层	分布楼层	21~23 层
墙体厚度/混凝土强度等级	600mm/C60	墙体厚度/混凝土强度等级	600mm/C55
性能目标	第4性能水准目标	性能目标	第4性能水准目标

墙肢 Q1	

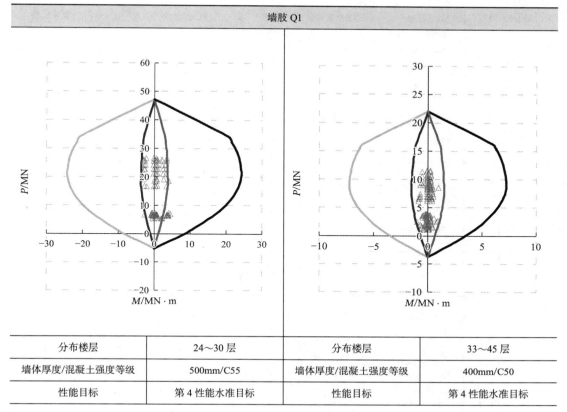

分布楼层	24～30 层	分布楼层	33～45 层
墙体厚度/混凝土强度等级	500mm/C55	墙体厚度/混凝土强度等级	400mm/C50
性能目标	第 4 性能水准目标	性能目标	第 4 性能水准目标

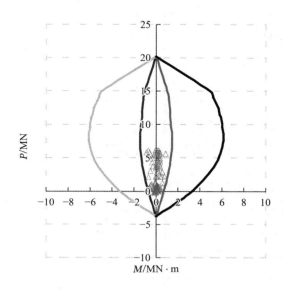

分布楼层	46～51 层
墙体厚度/混凝土强度等级	400mm/C50
性能目标	第 4 性能水准目标

罕遇地震作用下剪力墙受剪截面验算   表 3.4.5-4

剪力墙编号	楼层	截面/mm	混凝土强度等级	方向	剪力/kN	剪压比	验算结果
Q1	1	700×6950	C60	X	−10841.15	−0.0609	满足
				Y	3671.8	0.0206	满足
	2	700×6950	C60	X	−11464.55	−0.0645	满足
				Y	3306.35	0.0186	满足
	3	700×6950	C60	X	−10708.95	−0.0602	满足
				Y	3361.5	0.0189	满足
	4	700×6950	C60	X	−10562.95	−0.0594	满足
				Y	3076.8	0.0173	满足
	5	700×6950	C60	X	−10784.75	−0.0606	满足
				Y	2971.35	0.0167	满足
	6	700×6950	C60	X	−12019.95	−0.0676	满足
				Y	2705.05	0.0152	满足
	7	700×6850	C60	X	−8753.9	−0.0500	满足
				Y	2871.8	0.0164	满足
	8	700×6850	C60	X	−8507.1	−0.0486	满足
				Y	2444.1	0.0140	满足
	9	700×6850	C60	X	−8451.4	−0.0482	满足
				Y	2401.65	0.0137	满足
	10	700×6850	C60	X	−8340.45	−0.0476	满足
				Y	2312.2	0.0132	满足
	11	700×6850	C60	X	−8860.2	−0.0506	满足
				Y	2248.6	0.0128	满足
	12	700×6850	C60	X	−9606.5	−0.0548	满足
				Y	2157.15	0.0123	满足
	13	700×6850	C60	X	−11593.45	−0.0662	满足
				Y	2146.75	0.0123	满足
	14	700×6850	C60	X	−18933.45	−0.1081	满足
				Y	2259.4	0.0129	满足
	15	600×3650	C60	X	−4293.5	−0.0563	满足
				Y	1113.55	0.0146	满足
	16	600×3650	C60	X	3590.4	0.0464	满足
				Y	887.7	0.0115	满足
	17	600×3650	C60	X	−5073.6	−0.0656	满足
				Y	960.75	0.0124	满足

续表

剪力墙编号	楼层	截面/mm	混凝土强度等级	方向	剪力/kN	剪压比	验算结果
Q1	18	600×3650	C60	X	−4762.55	−0.0615	满足
				Y	994.3	0.0128	满足
	19	600×3650	C60	X	−4810.2	−0.0622	满足
				Y	965.15	0.0125	满足
	20	600×3650	C60	X	−4540.6	−0.0587	满足
				Y	907.75	0.0117	满足
	21	600×3650	C55	X	−4511.65	−0.0632	满足
				Y	902.2	0.0126	满足
	22	600×3650	C55	X	−4229.1	−0.0593	满足
				Y	845.05	0.0118	满足
	23	600×3650	C55	X	−4233.3	−0.0593	满足
				Y	848.45	0.0119	满足
	24	500×3550	C55	X	−3836.75	−0.0655	满足
				Y	689	0.0118	满足
	25	500×3550	C55	X	−3820.65	−0.0652	满足
				Y	648.6	0.0111	满足
	26	500×3550	C55	X	−3788.55	−0.0647	满足
				Y	590.65	0.0101	满足
	27	500×3550	C55	X	3697.6	0.0631	满足
				Y	594.5	0.0101	满足
	28	500×3550	C55	X	3666.25	0.0626	满足
				Y	554.8	0.0095	满足
	29	500×3550	C55	X	3131.4	0.0535	满足
				Y	565.55	0.0097	满足
	30	500×3550	C55	X	3899.6	0.0666	满足
				Y	553.6	0.0095	满足
	31	400×2150	C55	X	2284.4	0.0825	满足
				Y	307.6	0.0111	满足
	32	400×2150	C55	X	2197.9	0.0794	满足
				Y	303	0.0109	满足
	33	400×2150	C50	X	2171.2	0.0859	满足
				Y	281.6	0.0111	满足
	34	400×2150	C50	X	2221.7	0.0879	满足
				Y	267.75	0.0106	满足

剪力墙编号	楼层	截面/mm	混凝土强度等级	方向	剪力/kN	剪压比	验算结果
Q1	35	400×2150	C50	X	2277.95	0.0901	满足
				Y	256.4	0.0101	满足
	36	400×2150	C50	X	2237.7	0.0885	满足
				Y	240.6	0.0095	满足
	37	400×2150	C50	X	2400.5	0.0950	满足
				Y	225.7	0.0089	满足
	38	400×2150	C50	X	1718.75	0.0680	满足
				Y	197.75	0.0078	满足
	39	400×2150	C50	X	1454.45	0.0576	满足
				Y	183	0.0072	满足
	40	400×2150	C50	X	1485.15	0.0588	满足
				Y	173.9	0.0069	满足
	41	400×2150	C50	X	1471.85	0.0582	满足
				Y	159.7	0.0063	满足
	42	400×2150	C50	X	1458	0.0577	满足
				Y	174.95	0.0069	满足
	43	400×2150	C50	X	1514.4	0.0599	满足
				Y	143.4	0.0057	满足
	44	400×2150	C50	X	1590.8	0.0629	满足
				Y	130.95	0.0052	满足
	45	400×2150	C50	X	1700	0.0673	满足
				Y	119.65	0.0047	满足
	46	400×1950	C50	X	−484.15	−0.0213	满足
				Y	151.9	0.0067	满足
	47	400×1950	C50	X	−575.35	−0.0254	满足
				Y	183	0.0081	满足
	48	400×1950	C50	X	−440.75	−0.0194	满足
				Y	166.55	0.0073	满足
	49	400×1950	C50	X	−381.85	−0.0168	满足
				Y	149.95	0.0066	满足
	50	400×1950	C50	X	−620.5	−0.0274	满足
				Y	192.95	0.0085	满足
	51	400×1950	C50	X	991.9	0.0437	满足
				Y	115.8	0.0051	满足

3. 框架柱抗震性能分析

在设防烈度地震作用下，框架柱主要验算其正截面压弯（拉弯）承载力。选取了边柱 Z1 及角柱 Z2 举例验算，结果见表 3.4.5-5。

设防地震作用下框架柱 Z1 正截面承载力验算　　　　　　　表 3.4.5-5

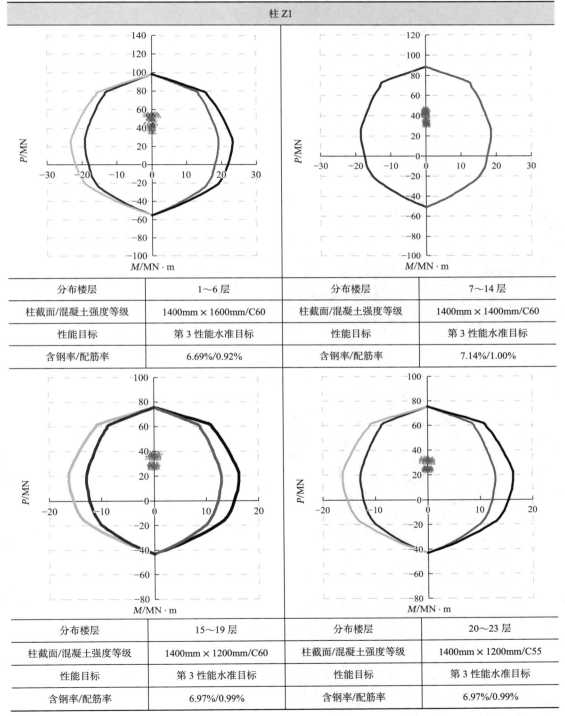

柱 Z1			
分布楼层	1～6 层	分布楼层	7～14 层
柱截面/混凝土强度等级	1400mm×1600mm/C60	柱截面/混凝土强度等级	1400mm×1400mm/C60
性能目标	第 3 性能水准目标	性能目标	第 3 性能水准目标
含钢率/配筋率	6.69%/0.92%	含钢率/配筋率	7.14%/1.00%
分布楼层	15～19 层	分布楼层	20～23 层
柱截面/混凝土强度等级	1400mm×1200mm/C60	柱截面/混凝土强度等级	1400mm×1200mm/C55
性能目标	第 3 性能水准目标	性能目标	第 3 性能水准目标
含钢率/配筋率	6.97%/0.99%	含钢率/配筋率	6.97%/0.99%

柱 Z1			

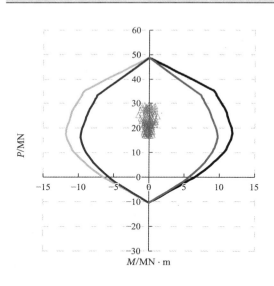

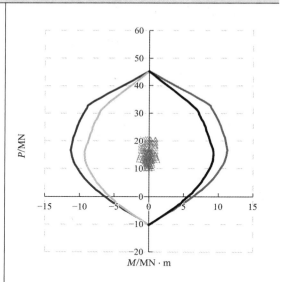

分布楼层	24～31 层	分布楼层	32～39 层
柱截面/混凝土强度等级	1400mm × 1200mm/C55	柱截面/混凝土强度等级	1400mm × 1200mm/C50
性能目标	第 3 性能水准目标	性能目标	第 3 性能水准目标
含钢率/配筋率	0.00%/1.16%	含钢率/配筋率	0.00%/1.16%

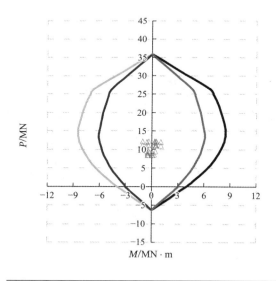

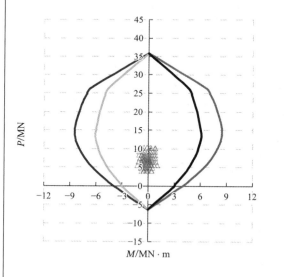

分布楼层	40～41 层	分布楼层	42～47 层
柱截面/混凝土强度等级	1400mm × 1000mm/C50	柱截面/混凝土强度等级	1400mm × 1000mm/C50
性能目标	第 3 性能水准目标	性能目标	第 3 性能水准目标
含钢率/配筋率	0.00%/1.12%	含钢率/配筋率	0.00%/1.05%

续表

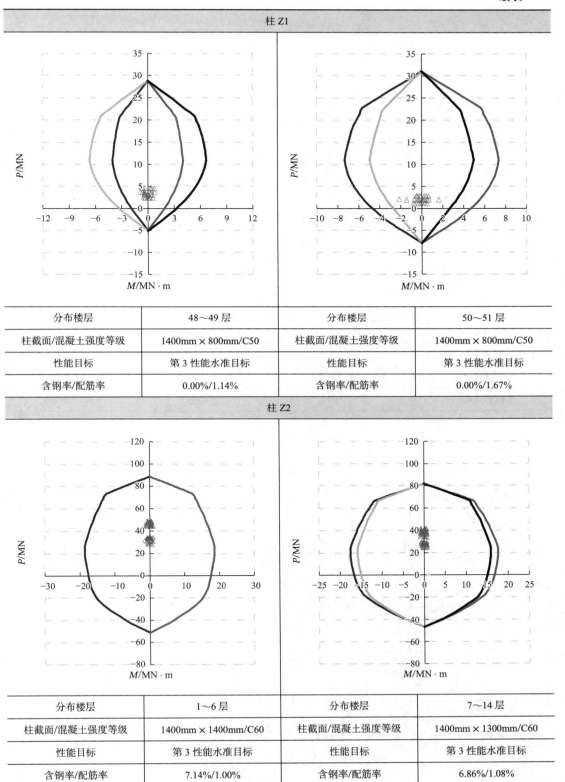

分布楼层	48～49 层	分布楼层	50～51 层
柱截面/混凝土强度等级	1400mm × 800mm/C50	柱截面/混凝土强度等级	1400mm × 800mm/C50
性能目标	第 3 性能水准目标	性能目标	第 3 性能水准目标
含钢率/配筋率	0.00%/1.14%	含钢率/配筋率	0.00%/1.67%

柱 Z2

分布楼层	1～6 层	分布楼层	7～14 层
柱截面/混凝土强度等级	1400mm × 1400mm/C60	柱截面/混凝土强度等级	1400mm × 1300mm/C60
性能目标	第 3 性能水准目标	性能目标	第 3 性能水准目标
含钢率/配筋率	7.14%/1.00%	含钢率/配筋率	6.86%/1.08%

续表

柱 Z2			

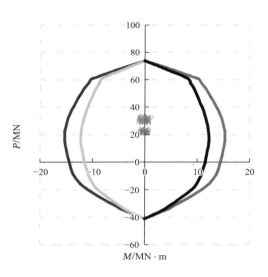 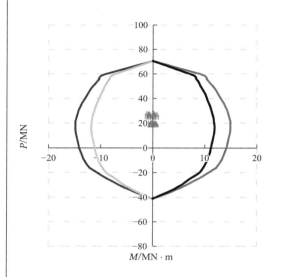

分布楼层	15~19 层	分布楼层	20~23 层
柱截面/混凝土强度等级	1400mm × 1200mm/C60	柱截面/混凝土强度等级	1400mm × 1200mm/C55
性能目标	第 3 性能水准目标	性能目标	第 3 性能水准目标
含钢率/配筋率	6.97%/0.99%	含钢率/配筋率	6.97%/0.99%

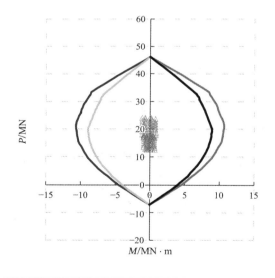 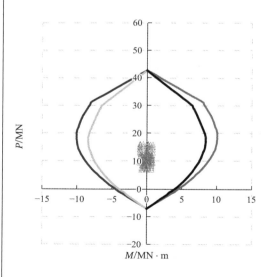

分布楼层	24~31 层	分布楼层	32~39 层
柱截面/混凝土强度等级	1400mm × 1200mm/C55	柱截面/混凝土强度等级	1400mm × 1200mm/C50
性能目标	第 3 性能水准目标	性能目标	第 3 性能水准目标
含钢率/配筋率	0.00%/1.23%	含钢率/配筋率	0.00%/1.23%

柱 Z2

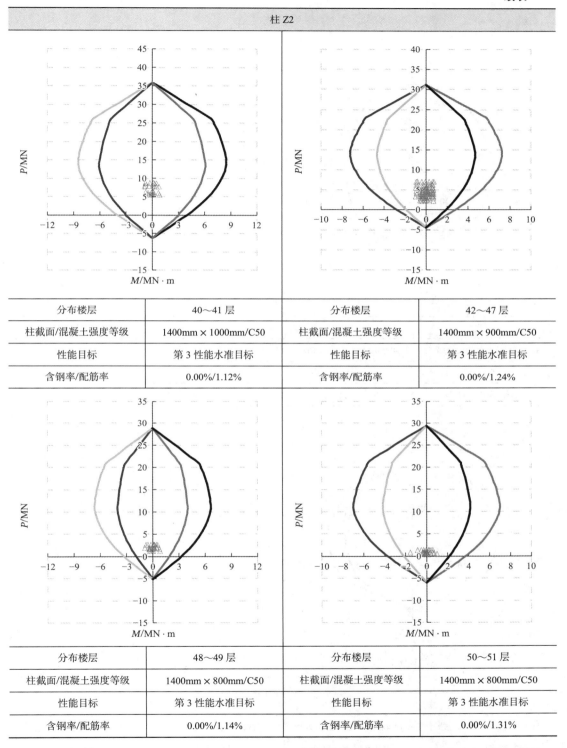

分布楼层	40～41 层	分布楼层	42～47 层
柱截面/混凝土强度等级	1400mm × 1000mm/C50	柱截面/混凝土强度等级	1400mm × 900mm/C50
性能目标	第 3 性能水准目标	性能目标	第 3 性能水准目标
含钢率/配筋率	0.00%/1.12%	含钢率/配筋率	0.00%/1.24%
分布楼层	48～49 层	分布楼层	50～51 层
柱截面/混凝土强度等级	1400mm × 800mm/C50	柱截面/混凝土强度等级	1400mm × 800mm/C50
性能目标	第 3 性能水准目标	性能目标	第 3 性能水准目标
含钢率/配筋率	0.00%/1.14%	含钢率/配筋率	0.00%/1.31%

在预估的罕遇地震作用下，对框架柱的验算主要是正截面压弯（拉弯）承载力验算以及受剪截面验算。正截面承载力验算结果见表 3.4.5-6，受剪截面的验算结果见表 3.4.5-7。

罕遇地震作用下框架柱正截面承载力验算 表 3.4.5-6

柱 Z1			
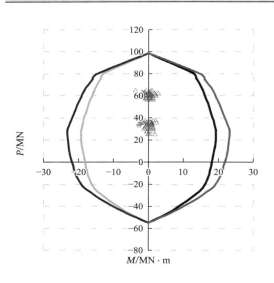		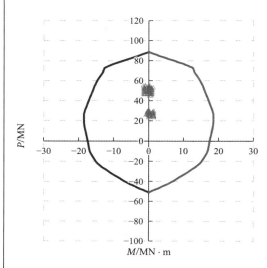	
分布楼层	1～6 层	分布楼层	7～14 层
柱截面/混凝土强度等级	1400mm × 1600mm/C60	柱截面/混凝土强度等级	1400mm × 1400mm/C60
性能目标	第 4 性能水准目标	性能目标	第 4 性能水准目标
含钢率/配筋率	6.69%/0.92%	含钢率/配筋率	7.14%/1.00%
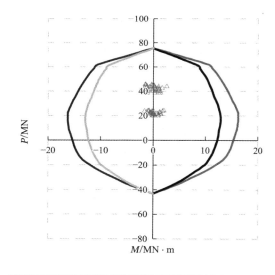		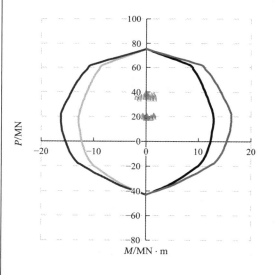	
分布楼层	15～19 层	分布楼层	20～23 层
柱截面/混凝土强度等级	1400mm × 1200mm/C60	柱截面/混凝土强度等级	1400mm × 1200mm/C55
性能目标	第 4 性能水准目标	性能目标	第 4 性能水准目标
含钢率/配筋率	6.97%/0.99%	含钢率/配筋率	6.97%/0.99%

柱 Z1			

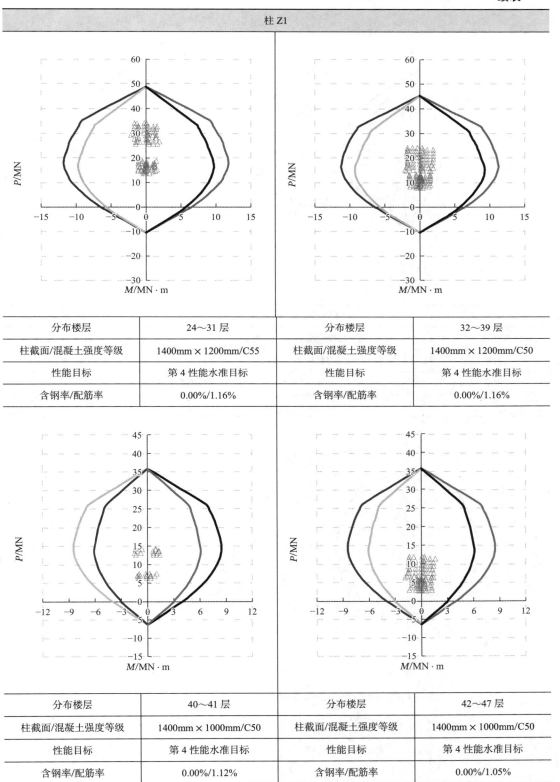

分布楼层	24～31 层	分布楼层	32～39 层
柱截面/混凝土强度等级	1400mm×1200mm/C55	柱截面/混凝土强度等级	1400mm×1200mm/C50
性能目标	第 4 性能水准目标	性能目标	第 4 性能水准目标
含钢率/配筋率	0.00%/1.16%	含钢率/配筋率	0.00%/1.16%

分布楼层	40～41 层	分布楼层	42～47 层
柱截面/混凝土强度等级	1400mm×1000mm/C50	柱截面/混凝土强度等级	1400mm×1000mm/C50
性能目标	第 4 性能水准目标	性能目标	第 4 性能水准目标
含钢率/配筋率	0.00%/1.12%	含钢率/配筋率	0.00%/1.05%

续表

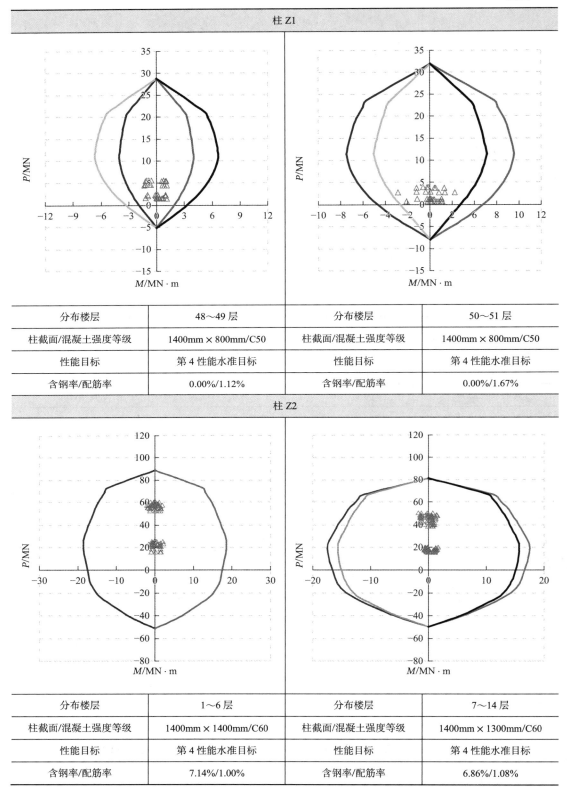

分布楼层	48~49 层	分布楼层	50~51 层
柱截面/混凝土强度等级	1400mm × 800mm/C50	柱截面/混凝土强度等级	1400mm × 800mm/C50
性能目标	第 4 性能水准目标	性能目标	第 4 性能水准目标
含钢率/配筋率	0.00%/1.12%	含钢率/配筋率	0.00%/1.67%

分布楼层	1~6 层	分布楼层	7~14 层
柱截面/混凝土强度等级	1400mm × 1400mm/C60	柱截面/混凝土强度等级	1400mm × 1300mm/C60
性能目标	第 4 性能水准目标	性能目标	第 4 性能水准目标
含钢率/配筋率	7.14%/1.00%	含钢率/配筋率	6.86%/1.08%

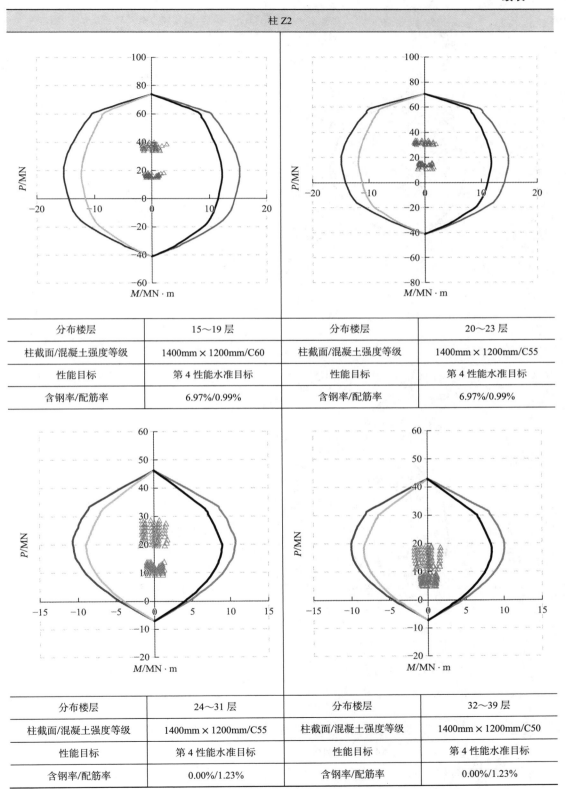

分布楼层	15～19 层	分布楼层	20～23 层
柱截面/混凝土强度等级	1400mm × 1200mm/C60	柱截面/混凝土强度等级	1400mm × 1200mm/C55
性能目标	第 4 性能水准目标	性能目标	第 4 性能水准目标
含钢率/配筋率	6.97%/0.99%	含钢率/配筋率	6.97%/0.99%

分布楼层	24～31 层	分布楼层	32～39 层
柱截面/混凝土强度等级	1400mm × 1200mm/C55	柱截面/混凝土强度等级	1400mm × 1200mm/C50
性能目标	第 4 性能水准目标	性能目标	第 4 性能水准目标
含钢率/配筋率	0.00%/1.23%	含钢率/配筋率	0.00%/1.23%

续表

柱 Z2

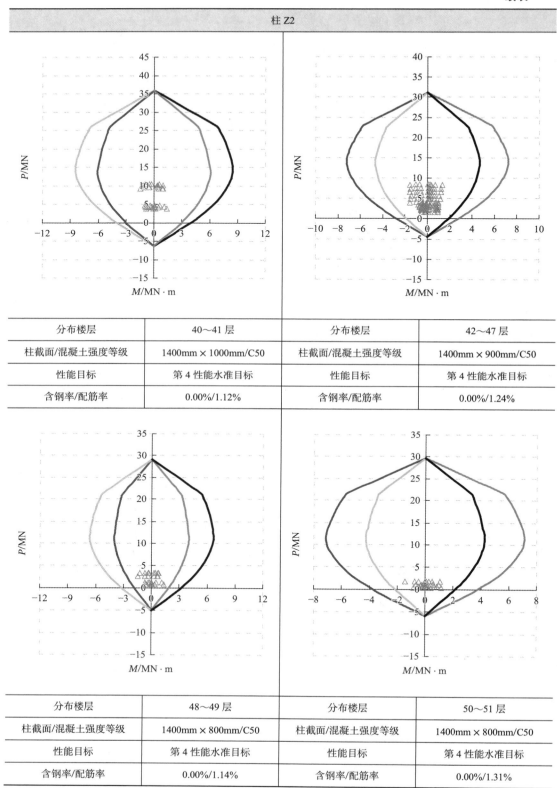

分布楼层	40~41 层	分布楼层	42~47 层
柱截面/混凝土强度等级	1400mm × 1000mm/C50	柱截面/混凝土强度等级	1400mm × 900mm/C50
性能目标	第 4 性能水准目标	性能目标	第 4 性能水准目标
含钢率/配筋率	0.00%/1.12%	含钢率/配筋率	0.00%/1.24%
分布楼层	48~49 层	分布楼层	50~51 层
柱截面/混凝土强度等级	1400mm × 800mm/C50	柱截面/混凝土强度等级	1400mm × 800mm/C50
性能目标	第 4 性能水准目标	性能目标	第 4 性能水准目标
含钢率/配筋率	0.00%/1.14%	含钢率/配筋率	0.00%/1.31%

罕遇地震作用下框架柱受剪截面验算 表 3.4.5-7

框架柱编号	楼层	截面/mm	混凝土强度等级	方向	剪力/kN	剪压比	验算结果
角柱 Z2	1	1400×1400	C60	X	300.7	0.0042	满足
				Y	−299.7	−0.0042	满足
	2	1400×1400	C60	X	−215.35	−0.0030	满足
				Y	248.75	0.0035	满足
	3	1400×1400	C60	X	−461.1	−0.0064	满足
				Y	429.65	0.0060	满足
	4	1400×1400	C60	X	−472	−0.0066	满足
				Y	469.55	0.0066	满足
	5	1400×1400	C60	X	−499.45	−0.0070	满足
				Y	605.15	0.0084	满足
	6	1400×1400	C60	X	−331.85	−0.0046	满足
				Y	423.8	0.0059	满足
	7	1400×1300	C60	X	−594.75	−0.0090	满足
				Y	678.8	0.0102	满足
	8	1400×1300	C60	X	−521.2	−0.0079	满足
				Y	608.1	0.0092	满足
	9	1400×1300	C60	X	−540.3	−0.0081	满足
				Y	623.4	0.0094	满足
	10	1400×1300	C60	X	−533.05	−0.0080	满足
				Y	629.3	0.0095	满足
	11	1400×1300	C60	X	−537.2	−0.0081	满足
				Y	636.8	0.0096	满足
	12	1400×1300	C60	X	−524.9	−0.0079	满足
				Y	637.5	0.0096	满足
	13	1400×1300	C60	X	−567.6	−0.0086	满足
				Y	662.3	0.0100	满足
	14	1400×1300	C60	X	377.45	0.0057	满足
				Y	604.15	0.0091	满足
	15	1400×1200	C60	X	−1063.1	−0.0175	满足
				Y	858.15	0.0141	满足
	16	1400×1200	C60	X	−966.1	−0.0159	满足
				Y	838	0.0138	满足
	17	1400×1200	C60	X	−565.7	−0.0093	满足
				Y	659.25	0.0108	满足

框架柱编号	楼层	截面/mm	混凝土强度等级	方向	剪力/kN	剪压比	验算结果
角柱 Z2	18	1400×1200	C60	X	−595.6	−0.0098	满足
				Y	669.8	0.0110	满足
	19	1400×1200	C60	X	−617.25	−0.0101	满足
				Y	665.25	0.0109	满足
	20	1400×1200	C60	X	−630.1	−0.0103	满足
				Y	665.7	0.0109	满足
	21	1400×1200	C55	X	−649.6	−0.0116	满足
				Y	666.6	0.0119	满足
	22	1400×1200	C55	X	−654.7	−0.0117	满足
				Y	664.6	0.0118	满足
	23	1400×1200	C55	X	−676.9	−0.0121	满足
				Y	658.85	0.0117	满足
	24	1400×1200	C55	X	−618.8	−0.0110	满足
				Y	643.2	0.0115	满足
	25	1400×1200	C55	X	−610.45	−0.0109	满足
				Y	622.7	0.0111	满足
	26	1400×1200	C55	X	−601.9	−0.0107	满足
				Y	613.4	0.0109	满足
	27	1400×1200	C55	X	−615.35	−0.0110	满足
				Y	610.7	0.0109	满足
	28	1400×1200	C55	X	−564.7	−0.0101	满足
				Y	594.8	0.0106	满足
	29	1400×1200	C55	X	−893.35	−0.0159	满足
				Y	752.75	0.0134	满足
	30	1400×1200	C55	X	−947.95	−0.0169	满足
				Y	731	0.0130	满足
	31	1400×1200	C55	X	−699.4	−0.0125	满足
				Y	533.25	0.0095	满足
	32	1400×1200	C55	X	−737.15	−0.0131	满足
				Y	497.3	0.0089	满足
	33	1400×1200	C50	X	−743.2	−0.0145	满足
				Y	495.5	0.0097	满足
	34	1400×1200	C50	X	−734.35	−0.0143	满足
				Y	479.3	0.0094	满足

框架柱编号	楼层	截面/mm	混凝土强度等级	方向	剪力/kN	剪压比	验算结果
角柱 Z2	35	1400×1200	C50	X	−731.6	−0.0143	满足
				Y	465.55	0.0091	满足
	36	1400×1200	C50	X	−705	−0.0138	满足
				Y	443.8	0.0087	满足
	37	1400×1200	C50	X	−666	−0.0130	满足
				Y	421.55	0.0082	满足
	38	1400×1200	C50	X	−852.45	−0.0166	满足
				Y	572.4	0.0112	满足
	39	1400×1200	C50	X	−834.8	−0.0163	满足
				Y	618.15	0.0121	满足
	40	1400×1000	C50	X	−607.4	−0.0144	满足
				Y	399.35	0.0095	满足
	41	1400×1000	C50	X	−656.35	−0.0156	满足
				Y	443.25	0.0105	满足
	42	1400×1000	C50	X	−815.35	−0.0193	满足
				Y	503.8	0.0119	满足
	43	1400×1000	C50	X	−769.85	−0.0182	满足
				Y	469.3	0.0111	满足
	44	1400×1000	C50	X	−778.1	−0.0184	满足
				Y	453.55	0.0108	满足
	45	1400×1000	C50	X	−707.7	−0.0168	满足
				Y	433.7	0.0103	满足
	46	1400×1000	C50	X	−758.5	−0.0180	满足
				Y	417.3	0.0099	满足
	47	1400×1000	C50	X	−722.15	−0.0171	满足
				Y	410.9	0.0097	满足
	48	1400×80	C50	X	−555.9	−0.0168	满足
				Y	277.95	0.0084	满足
	49	1400×80	C50	X	−586.6	−0.0177	满足
				Y	273.2	0.0083	满足
	50	1400×800	C50	X	−688.3	−0.0208	满足
				Y	332.6	0.0100	满足
	51	1400×800	C50	X	−989.9	−0.0299	满足
				Y	257.8	0.0078	满足

框架柱编号	楼层	截面/mm	混凝土强度等级	方向	剪力/kN	剪压比	验算结果
边柱 Z1	1	1400 × 1600	C60	X	−638.6	−0.0077	满足
				Y	784.3	0.0095	满足
	2	1400 × 1600	C60	X	−265.1	−0.0032	满足
				Y	503.2	0.0061	满足
	3	1400 × 1600	C60	X	−428.3	−0.0052	满足
				Y	632	0.0077	满足
	4	1400 × 1600	C60	X	−391	−0.0047	满足
				Y	369.65	0.0045	满足
	5	1400 × 1600	C60	X	370.2	0.0045	满足
				Y	434.35	0.0053	满足
	6	1400 × 1600	C60	X	−230.45	−0.0028	满足
				Y	377.3	0.0046	满足
	7	1400 × 1400	C60	X	−429.6	−0.0060	满足
				Y	546	0.0076	满足
	8	1400 × 1400	C60	X	−385.55	−0.0054	满足
				Y	511.65	0.0071	满足
	9	1400 × 1400	C60	X	−406.9	−0.0057	满足
				Y	525.85	0.0073	满足
	10	1400 × 1400	C60	X	−410.05	−0.0057	满足
				Y	538.85	0.0075	满足
	11	1400 × 1400	C60	X	−429.05	−0.0060	满足
				Y	551.8	0.0077	满足
	12	1400 × 1400	C60	X	−427.15	−0.0060	满足
				Y	556.95	0.0078	满足
	13	1400 × 1400	C60	X	−497.85	−0.0069	满足
				Y	578.1	0.0081	满足
	14	1400 × 1400	C60	X	301.2	0.0042	满足
				Y	553.85	0.0077	满足
	15	1400 × 1200	C60	X	−965.35	−0.0158	满足
				Y	812.25	0.0133	满足
	16	1400 × 1200	C60	X	1030.35	0.0169	满足
				Y	748.8	0.0123	满足
	17	1400 × 1200	C60	X	584.55	0.0096	满足
				Y	612.5	0.0101	满足

框架柱编号	楼层	截面/mm	混凝土强度等级	方向	剪力/kN	剪压比	验算结果
边柱 Z1	18	1400×1200	C60	X	610.7	0.0100	满足
				Y	656.6	0.0108	满足
	19	1400×1200	C60	X	625.7	0.0103	满足
				Y	653.2	0.0107	满足
	20	1400×1200	C60	X	630.85	0.0104	满足
				Y	663.1	0.0109	满足
	21	1400×1200	C55	X	641.65	0.0114	满足
				Y	670.7	0.0119	满足
	22	1400×1200	C55	X	−645.2	−0.0115	满足
				Y	676	0.0120	满足
	23	1400×1200	C55	X	−676.4	−0.0120	满足
				Y	687.35	0.0122	满足
	24	1400×1200	C55	X	−617.2	−0.0110	满足
				Y	639.25	0.0114	满足
	25	1400×1200	C55	X	−602.8	−0.0107	满足
				Y	617.1	0.0110	满足
	26	1400×1200	C55	X	−603.35	−0.0107	满足
				Y	625.85	0.0111	满足
	27	1400×1200	C55	X	−622.45	−0.0111	满足
				Y	589.65	0.0105	满足
	28	1400×1200	C55	X	−580.6	−0.0103	满足
				Y	752.45	0.0134	满足
	29	1400×1200	C55	X	−944.5	−0.0168	满足
				Y	825.8	0.0147	满足
	30	1400×1200	C55	X	−947.15	−0.0169	满足
				Y	661.05	0.0118	满足
	31	1400×1200	C55	X	−736.45	−0.0131	满足
				Y	588.25	0.0105	满足
	32	1400×1200	C55	X	−839.75	−0.0150	满足
				Y	617.95	0.0110	满足
	33	1400×1200	C50	X	−845.05	−0.0165	满足
				Y	610.75	0.0119	满足
	34	1400×1200	C50	X	−847.3	−0.0165	满足
				Y	609.4	0.0119	满足

框架柱编号	楼层	截面/mm	混凝土强度等级	方向	剪力/kN	剪压比	验算结果
	35	1400×1200	C50	X	−854.1	−0.0167	满足
				Y	607.8	0.0119	满足
	36	1400×1200	C50	X	−831.5	−0.0162	满足
				Y	595.45	0.0116	满足
	37	1400×1200	C50	X	−782	−0.0153	满足
				Y	584.6	0.0114	满足
	38	1400×1200	C50	X	−1032.15	−0.0201	满足
				Y	778.55	0.0152	满足
	39	1400×1200	C50	X	−1022.65	−0.0200	满足
				Y	843.75	0.0165	满足
	40	1400×1000	C50	X	−702.55	−0.0167	满足
				Y	570.8	0.0135	满足
	41	1400×1000	C50	X	−684.75	−0.0162	满足
				Y	615.7	0.0146	满足
	42	1400×1000	C50	X	−887.4	−0.0210	满足
				Y	658.25	0.0156	满足
边柱 Z1	43	1400×1000	C50	X	−816.8	−0.0194	满足
				Y	592.1	0.0140	满足
	44	1400×1000	C50	X	−846.2	−0.0201	满足
				Y	601.95	0.0143	满足
	45	1400×1000	C50	X	−771.45	−0.0183	满足
				Y	588.3	0.0139	满足
	46	1400×1000	C50	X	−885.7	−0.0210	满足
				Y	622.2	0.0147	满足
	47	1400×1000	C50	X	−949.4	−0.0225	满足
				Y	713	0.0169	满足
	48	1400×80	C50	X	−632.6	−0.0191	满足
				Y	443.95	0.0134	满足
	49	1400×800	C50	X	−611.15	−0.0185	满足
				Y	500.4	0.0151	满足
	50	1400×800	C50	X	−703.1	−0.0212	满足
				Y	357.75	0.0108	满足
	51	1400×800	C50	X	−1192	−0.0360	满足
				Y	1332.1	0.0402	满足

4. 框架梁抗震性能分析

在设防烈度地震作用下，对框架梁的验算是受剪承载力验算，详见表 3.4.5-8。

设防地震作用下各楼层框架梁受剪承载力验算　　　　　　　表 3.4.5-8

框架梁编号	楼层	截面/mm	混凝土强度等级	R_k/kN	X向水平地震作用/kN	Y向水平地震作用/kN	验算结果
KL1	1	400×800	C40	585.11	349.7	352.3	满足
				585.11	−349	−351.9	满足
	2	500×800	C40	775.19	387.95	393.35	满足
				775.19	−404	−410.1	满足
	3	500×800	C40	833.59	448.3	455.4	满足
				833.59	−466.3	−474.1	满足
	4	500×800	C40	745.99	433.6	442.3	满足
				745.99	−487.05	−495.75	满足
	5	400×800	C40	733.11	532	542	满足
				733.11	−469.1	−475.8	满足
	6	400×800	C40	497.51	280.35	293.05	满足
				497.51	−347.75	−360.45	满足
	7	500×700	C40	517.80	278.85	289.75	满足
				517.80	−340.1	−351	满足
	8	500×700	C40	517.80	279.405	291.005	满足
				517.80	−348.65	−360.25	满足
	9	500×700	C40	517.80	279.75	292.05	满足
				517.80	−355.95	−368.25	满足
	10	500×700	C40	517.80	279.8	292.6	满足
				517.80	−363.75	−376.55	满足
	11	500×700	C40	517.80	279.75	292.95	满足
				517.80	−370.2	−383.4	满足
	12	500×700	C40	517.80	279.45	293.15	满足
				517.80	−377.25	−390.95	满足
	13	500×700	C40	517.80	279.9	294	满足
				517.80	−382.6	−396.7	满足
	14	500×700	C40	543.00	276.65	290.95	满足
				543.00	−389.1	−403.4	满足
	15	600×600	C40	531.21	374.25	384.05	满足
				531.21	−452.75	−461.55	满足

框架梁编号	楼层	截面/mm	混凝土强度等级	R_k/kN	X向水平地震作用/kN	Y向水平地震作用/kN	验算结果
KL1	16	600×600	C40	997.61	375.65	385.65	满足
				997.61	−456.25	−465.45	满足
	17	500×700	C40	971.40	387.45	400.55	满足
				971.40	−480.15	−492.25	满足
	18	500×700	C35	971.46	388	400.9	满足
				971.46	−480.2	−492.3	满足
	19	500×700	C35	971.46	389.65	402.65	满足
				971.46	−481.1	−493.3	满足
	20	500×700	C35	971.46	390.8	403.9	满足
				971.46	−483.9	−496.3	满足
	21	500×700	C35	971.46	392.25	405.45	满足
				971.46	−484	−496.4	满足
	22	500×700	C35	971.46	393.35	406.65	满足
				971.46	−486.1	−498.6	满足
	23	500×700	C35	971.46	393.95	407.35	满足
				971.46	−486	−498.4	满足
	24	500×700	C35	971.46	407.85	421.65	满足
				971.46	−487.75	−499.85	满足
	25	500×700	C35	971.46	408	421.8	满足
				971.46	−487.9	−500	满足
	26	500×700	C35	971.46	407.6	421.4	满足
				971.46	−489.7	−501.8	满足
	27	500×700	C35	971.46	407.9	421.6	满足
				971.46	−488.7	−500.5	满足
	28	500×700	C35	895.86	424.35	436.45	满足
				895.86	−504.35	−514.05	满足
	29	600×600	C35	972.23	404.95	394.65	满足
				972.23	−451.55	−460.05	满足
	30	600×600	C35	972.23	394.95	405.35	满足
				972.23	−451.75	−460.15	满足
	31	600×700	C35	1054.87	338.9	349.3	满足
				1054.87	−518.5	−528.1	满足

续表

框架梁编号	楼层	截面/mm	混凝土强度等级	R_k/kN	X向水平地震作用/kN	Y向水平地震作用/kN	验算结果
KL1	32	600 × 700	C35	1054.87	−339.35	−349.65	满足
				1054.87	−517.4	−526.8	满足
	33	600 × 700	C35	1029.67	341.4	351.5	满足
				1029.67	−511.8	−520.8	满足
	34	600 × 700	C35	1029.67	−340.2	−350.2	满足
				1029.67	−512.4	−521.2	满足
	35	600 × 700	C35	1004.47	−342.15	−351.95	满足
				1004.47	−506.2	−514.7	满足
	36	600 × 700	C30	1024.71	−339.15	−348.35	满足
				1024.71	−501.9	−509.8	满足
	37	600 × 700	C30	1100.31	341.35	350.35	满足
				1100.31	−494.35	−501.95	满足
	38	800 × 600	C30	930.34	430.1	440.3	满足
				930.34	−474.6	−481.8	满足
	39	800 × 600	C30	1015.14	430.75	440.65	满足
				1015.14	−471.15	−478.05	满足
	40	800 × 600	C30	972.74	409.7	419.3	满足
				972.74	−462.15	−468.65	满足
	41	800 × 600	C30	972.74	416.7	427.9	满足
				972.74	−440.25	−447.65	满足
	42	800 × 600	C30	909.14	381.7	391	满足
				909.14	−397.4	−403.9	满足
	43	600 × 600	C30	819.66	382.2	391.2	满足
				819.66	−394.55	−400.75	满足
	44	600 × 600	C30	819.66	382.9	391.8	满足
				819.66	−391.95	−397.95	满足
	45	600 × 600	C30	819.66	383.3	391.9	满足
				819.66	−389.55	−395.35	满足
	46	600 × 600	C30	798.46	385.3	393.8	满足
				798.46	−384.75	−390.15	满足
	47	600 × 600	C30	798.46	385.6	393.8	满足
				798.46	−381.75	−386.95	满足

续表

框架梁编号	楼层	截面/mm	混凝土强度等级	R_k/kN	X向水平地震作用/kN	Y向水平地震作用/kN	验算结果
KL1	48	600×600	C30	756.06	360.3	368.6	满足
				756.06	−368.75	−374.05	满足
	49	600×600	C30	756.06	362.1	372.1	满足
				756.06	−342.45	−348.65	满足
	50	600×600	C30	756.06	363.65	373.95	满足
				756.06	−356.6	−363	满足
	51	600×700	C30	898.71	680.45	711.45	满足
				898.71	−292.4	−301.9	满足
KL2（部分楼层）	40	350×800	C30	616.51	221.05	206.05	满足
				616.51	−229.60	−287.10	满足
	41	350×800	C30	616.51	226.90	207.50	满足
				616.51	−329.05	−312.95	满足
	48	350×800	C30	624.67	216.90	203.60	满足
				624.67	−260.10	−249.80	满足
	49	350×800	C30	624.67	225.40	208.50	满足
				624.67	−279.80	−266.60	满足
KL3（部分楼层）	40	800×600	C30	1248.59	411.15	420.65	满足
				1248.59	−460.15	−466.15	满足
	41	800×600	C30	1248.59	419.30	430.40	满足
				1248.59	−437.60	−444.40	满足
	48	600×600	C30	858.73	362.15	370.25	满足
				858.73	−367.50	−372.20	满足
	49	600×600	C30	858.73	364.15	373.85	满足
				858.73	−341.25	−346.65	满足

5. 连梁抗震性能分析

在设防烈度地震作用下，对连梁的验算是受剪承载力验算，详见表 3.4.5-9。

设防地震作用下各楼层连梁受剪承载力验算 表 3.4.5-9

连梁编号	楼层	截面/mm	混凝土强度等级	R_k/kN	X向水平地震作用/kN	Y向水平地震作用/kN	验算结果
LL1	1	800×3000	C60	5344.12	2901	3586.4	满足
				5344.12	2830.2	3515.6	满足
	2	800×3000	C60	6019.30	3426.7	4236.9	满足
				6019.30	3355.95	4166.15	满足

续表

连梁编号	楼层	截面/mm	混凝土强度等级	R_k/kN	X向水平地震作用/kN	Y向水平地震作用/kN	验算结果
LL1	3	800×3000	C60	5557.60	3150.5	3891.3	满足
				5557.60	3073.2	3814	满足
	4	800×3000	C60	5344.12	3016.65	3712.05	满足
				5344.12	2939.3	3634.7	满足
	5	800×3000	C60	5023.90	2859	3505.9	满足
				5023.90	2781.75	3428.65	满足
	6	800×4000	C60	7146.52	3463.55	4195.95	满足
				7146.52	3365.5	4097.9	满足
	7	800×2400	C60	3581.56	−1994.85	−2419.55	满足
				3581.56	−2063.7	−2488.4	满足
	8	800×2400	C60	3751.84	−2063.95	−2504.65	满足
				3751.84	−2132.8	−2573.5	满足
	9	800×2400	C60	3666.70	−2043.05	−2468.15	满足
				3666.70	−2112	−2537.1	满足
	10	800×2400	C60	3666.70	−2071.2	−2474	满足
				3666.70	−2138.1	−2541	满足
	11	800×2400	C60	3751.84	−2192.95	−2566.25	满足
				3751.84	−2261.8	−2635.1	满足
	12	800×2400	C60	4092.40	−2513.55	−2839.75	满足
				4092.40	−2582.3	−2908.5	满足
	13	800×2400	C60	4688.38	−3193.65	−3402.65	满足
				4688.38	−3262.5	−3471.6	满足
	14	800×2400	C60	8860.24	−6902.2	−6928	满足
				8860.24	−6970.75	−6996.55	满足
	15	800×1400	C60	2804.26	−1657.7	−1949.7	满足
				2804.26	−1705.25	−1997.25	满足
	16	800×1400	C60	2509.42	−1283.1	−1636.6	满足
				2509.42	−1333.95	−1687.45	满足
	17	800×2400	C60	3836.98	2021.8	2590.8	满足
				3836.98	−1998.5	−2567.5	满足
	18	800×2400	C60	3496.42	1780.1	2296.1	满足
				3496.42	−1848.05	−2364.05	满足
	19	800×2400	C60	3326.14	−1693.75	−2182.05	满足
				3326.14	−1769.65	−2257.95	满足
	20	800×2400	C60	3241.00	−1626.6	−2093.1	满足
				3241.00	−1702.5	−2169.1	满足
	21	800×2400	C55	3076.77	−1541.95	−1986.85	满足
				3076.77	−1617.75	−2062.65	满足

连梁编号	楼层	截面/mm	混凝土强度等级	R_k/kN	X向水平地震作用/kN	Y向水平地震作用/kN	验算结果
LL1	22	800×2400	C55	3076.77	−1474.4	−1902.7	满足
				3076.77	−1550.4	−1978.6	满足
	23	800×2400	C55	3076.77	−1419.35	−1840.85	满足
				3076.77	−1495.25	−1916.75	满足
	24	700×2400	C55	2745.39	−1330.05	−1710.85	满足
				2745.39	−1397.8	−1778.5	满足
	25	700×2400	C55	2745.39	−1388.4	−1798.9	满足
				2745.39	−1456.8	−1867.3	满足
	26	700×2400	C55	2745.39	−1353.65	−1746.15	满足
				2745.39	−1422.15	−1814.55	满足
	27	700×2400	C55	2745.39	−1303	−1678	满足
				2745.39	−1371.4	−1746.4	满足
	28	700×2400	C55	2745.39	1383.55	1753.95	满足
				2745.39	1309.1	1679.6	满足
	29	700×1400	C55	1633.69	903.45	1138.75	满足
				1633.69	845.55	1080.85	满足
	30	700×1400	C55	2862.19	1931.3	2171.9	满足
				2862.19	−1018.85	−1176.45	满足
	31	600×2400	C55	2414.00	1349.35	1674.05	满足
				2414.00	1273.55	1598.35	满足
	32	600×2400	C55	2328.86	1197.45	1514.75	满足
				2328.86	1121.4	1438.6	满足
	33	600×2400	C50	2274.94	1086.15	1383.35	满足
				2274.94	−1084.25	−1381.45	满足
	34	600×2400	C50	2274.94	990.7	1266.5	满足
				2274.94	−1063.75	−1339.55	满足
	35	600×2400	C50	2274.94	950.35	1210.15	满足
				2274.94	−1016.4	−1276.2	满足
	36	600×2400	C50	2274.94	−915.25	−1159.65	满足
				2274.94	−991.95	−1236.25	满足
	37	600×2400	C50	2274.94	−912.65	−1148.15	满足
				2274.94	−989.25	−1224.75	满足
	38	600×1400	C50	2274.94	−522.8	−657.2	满足
				1313.02	−580.65	−715.05	满足
	39	600×1400	C50	1313.02	−515.35	−645.85	满足
				1313.02	−573.3	−703.8	满足
	40	600×1400	C50	1313.02	−488.45	−611.75	满足
				1313.02	−546.35	−669.65	满足

连梁编号	楼层	截面/mm	混凝土强度等级	R_k/kN	X向水平地震作用/kN	Y向水平地震作用/kN	验算结果
LL1	41	600×1400	C50	1313.02	−475.65	−593.85	满足
				1313.02	−533.55	−651.75	满足
	42	600×1400	C50	1313.02	−543.3	−664.8	满足
				1313.02	−594.05	−715.65	满足
	43	600×1400	C50	1313.02	−547.8	−665.1	满足
				1313.02	−598.6	−715.9	满足
	44	600×1400	C50	1313.02	−489.45	−598.65	满足
				1313.02	−547.3	−656.5	满足
	45	600×1400	C50	1313.02	−432.3	−532.7	满足
				1313.02	−490.2	−590.6	满足
	46	600×1400	C50	1313.02	406.7	494.6	满足
				1313.02	−427.35	−515.25	满足
	47	600×1400	C50	1313.02	345.8	418	满足
				1313.02	−381.3	−453.5	满足
	48	600×1400	C50	1313.02	309.65	368.15	满足
				1313.02	−341	−399.5	满足
	49	600×1400	C50	1313.02	309.75	365.65	满足
				1313.02	−351.5	−407.3	满足
	50	600×1400	C50	1313.02	−370.3	−436.6	满足
				1313.02	−430.15	−496.35	满足
	51	600×1400	C50	1313.02	−487.5	−580.1	满足
				1313.02	−540.45	−633.05	满足

6. 工程结论

通过在设防地震作用下对结构进行的截面验算可以看出，抗震性能满足性能水准 3 的要求。通过在预估的罕遇地震作用下对结构进行的截面验算可以看出，本工程抗震性能满足性能水准 4 的要求。

3.4.6　弹塑性时程分析结果

1. 地震波的选择

地震的发生是概率事件，为了能够对结构抗震能力进行合理的估计，在进行结构动力分析时，应选择合适的地震波输入，按照《抗规》要求，罕遇地震弹塑性时程分析所选用的地震波需满足以下频谱特性规定：特征周期与场地特征周期接近；有效峰值加速度符合安评报告要求（6 度为 145gal）；有效持续时间为结构基本周期的 5～10 倍；多组时程波的平均地震影响系数曲线与振型分解反应谱法所用的地震影响系数曲线相比，在对应于结构主要振型的周期点上相差不大于 20%。

通过比较筛选出三组（第一组、第二组为人工波，第三组为天然波，详见表 3.4.6-1）对结构影响最大的地震波，计算结构在地震作用下的非线性响应，阻尼比取 0.07，目标谱采用安评反应谱。

地震设计参数

表 3.4.6-1

地震波组	地震波方向	地震波分量与峰值比例	水平主向加速度峰值/gal	阻尼比	有效持时/s
第一组	X向∶Y向	1.00∶0.85	145	0.07	41
第二组	X向∶Y向	1.00∶0.85	145	0.07	41
第三组	X向∶Y向	1.00∶0.85	145	0.07	35

2. 主要计算结果和结构抗震性能评价

（1）最大基底剪力（详见表 3.4.6-2）。

最大基底剪力汇总

表 3.4.6-2

地震记录	X向基底剪力/MN	Y向基底剪力/MN
第一组人工波	59	41
第二组人工波	55	47
第三组天然波	46	25

（2）最大层间位移角

图 3.4.6-1 为结构在X主向（$X:Y=1:0.85$）三组地震波作用下的层间位移角曲线。输入X向为主（$X:Y=1:0.85$）的地震波，三组波作用下结构弹塑性层间位移角，最大值为 1/368，小于规范位移角限值 1/100。

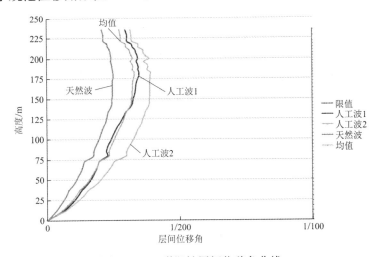

图 3.4.6-1 弹塑性层间位移角曲线

（3）框架构件

计算结果如图 3.4.6-2、图 3.4.6-3 所示。

框架角柱、边柱在第一组人工波和第二组人工波的作用下产生部分轻微损坏和轻度损坏；在第三组天然波的作用下，产生部分轻微损坏；且均集中在结构顶部，无比较严重损坏产生，可以达到预估性能水准 4 的要求。框架边柱在第一组人工波和第二组人工波的作用下产生部分轻微损坏和部分中度损坏，在第三组天然波的作用下，部分产生轻微损坏，没有中度损坏和比较严重损坏的情况，满足预定的性能水准 4 的要求。对于出现塑性铰的框架柱，在设计过程中应予以加强。

　　框架梁在第一组人工波和第二组人工波的作用下，产生了轻度损坏和中度损坏；在第三组天然波的作用下，产生了轻度损坏和少量中度损坏，但并没有发生比较严重损坏，可以满足性能水准 4 的要求。

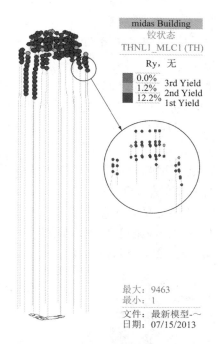

图 3.4.6-2　在最大位移角时的外框架柱塑性铰开展情况（第一组人工波-20.14s）

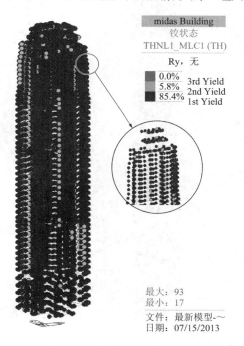

图 3.4.6-3　在最大位移角时的框架梁塑性铰开展情况（第一组人工波-20.14s）

（4）内筒构件

计算结果表明：在第一组人工波、第二组人工波、第三组天然波的作用下，核心筒底部加强区均全部完好，无损坏。

核心筒非底部加强区在第一组人工波和第二组人工波作用下，剪力墙基本处于应变水平 1，出现少量轻微损坏、个别中度损坏，位置在核心筒收进处，但未出现比较严重的损坏。在第三组天然波作用下时，剪力墙基本处于应变水平 1，出现个别轻微损坏，此结果可以达到预估性能水准 4 的要求。

核心筒剪力墙在第一组人工波的作用下，竖向钢筋保持弹性，最大拉应变为 0.00061；在第二组人工波的作用下，竖向钢筋保持弹性，最大拉应变为 0.00143；在第三组天然波的作用下，竖向钢筋保持弹性，最大拉应变为 0.00069，均小于钢筋的屈服应变。

核心筒剪力墙在第一组人工波的作用下，混凝土最大压应变为 0.00069；在第二组人工波的作用下，混凝土最大压应变为 0.00076；在第三组天然波的作用下，混凝土最大压应变为 0.00055，且都没有超过混凝土的峰值压应变。

在动力弹塑性时程分析过程中未出现受拉墙肢。

图 3.4.6-4～图 3.4.6-6 为计算结果示例。

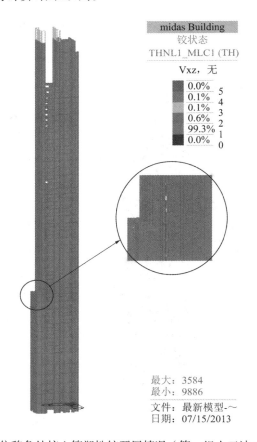

图 3.4.6-4　最大位移角处核心筒塑性铰开展情况（第一组人工波-20.14s）

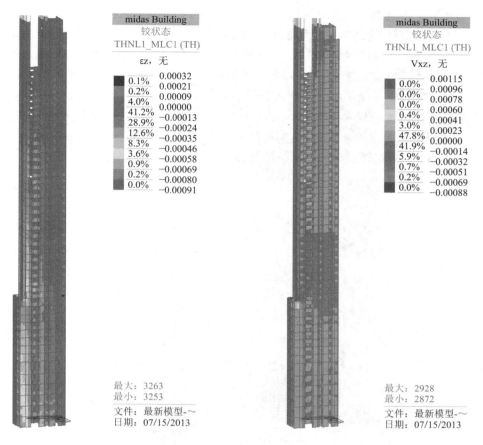

图 3.4.6-5 最大位移角处核心筒纵向钢筋应变
情况（第一组人工波-20.14s）

图 3.4.6-6 最大位移角处核心筒混凝土压应变
情况（第一组人工波-20.14s）

3. 工程结论

由分析结果可知，结构在预估的罕遇地震作用下，主要外框架构件性能目标均能满足
规范要求。框架体系在大震下基本完好，仍然能起到抵抗侧向力和传递竖向力的作用。剪
力墙混凝土压应变及分布钢筋的拉应变水平都较低，剪力墙破坏程度较小。核心筒在大震
下仍然能起到承担竖向力和抵抗侧向力的作用。在动力弹塑性时程分析过程中未产生明显
薄弱部位。

综上所述，预估的罕遇地震作用下，结构整体及绝大部分构件的抗震性能满足该工程
的抗震性能目标，结构能满足"大震不倒"的要求。宏观判断，结构整体处于中度损坏状
态，满足性能水准 4 的要求。

3.5 设计创新点-内筒偏置设计及相应措施

本工程是国内最早设计建成的内筒偏置的超 B 级高度框筒结构。两栋塔楼全高范围内
筒偏向一侧布置，卫生间、管井及设备用房布置在西侧内筒与外框架之间的较小区域内，使
办公区域所有房间可以眺江，最大限度地满足了建筑设计的需要。图 3.5.0-1～图 3.5.0-7 分

别为两栋塔楼剖面图以及低区、中区、高区结构平面图。结构采取了如下措施：

内筒偏置框-筒结构，尤其是超 B 级高度时，控制结构扭转反应是该类结构设计的重点、难点之一，设计对 A 塔楼、B 塔楼周期比和扭转位移比严格控制，通过提高外侧框架刚度，适当减小偏置侧内筒墙体厚度，使刚心和质心接近，以 A 塔楼为例，由表 3.5.0-1 可知，低、中、高区楼层的刚心和质心的偏心距与相应边长之比均在 15%以内。同时，为改善结构抗震性能，减少扭转的不利影响，本工程在考虑偶然偏心单向地震作用下，两栋塔楼最大扭转位移比均 < 1.4，结构扭转为主第一自振周期T_t与平动为主第一自振周期T_1之比 < 0.85，且T_1扭转成分 < 30%。满足规范对内筒偏置的有关要求。

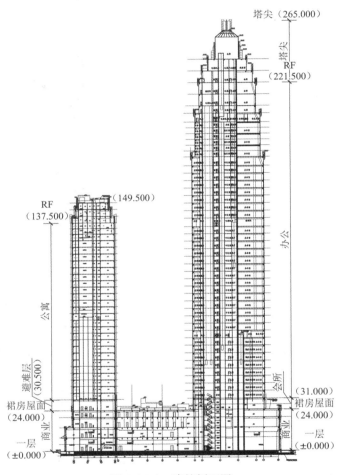

图 3.5.0-1　建筑剖面图

A 塔楼低中高区楼层的刚心和质心及偏心距与相应边长之比　　　　表 3.5.0-1

位置	刚心坐标		质心坐标		偏心距与相应边长之比	
A 塔楼层	X向	Y向	X向	Y向	X向	Y向
低区	17.68	20.62	19.20	20.26	3.8%	0.9%
中区	17.10	21.08	18.93	20.33	4.5%	1.9%
高区	16.30	20.78	19.30	20.21	7.5%	1.4%

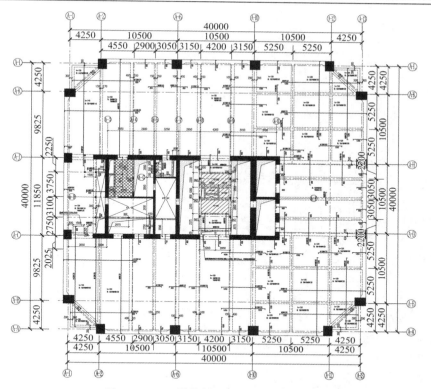

图 3.5.0-2 A 塔楼低区标准层结构平面图

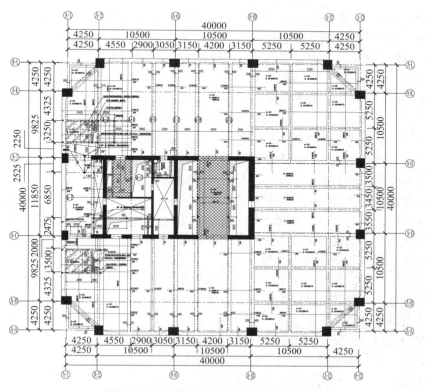

图 3.5.0-3 A 塔楼中区标准层结构平面图

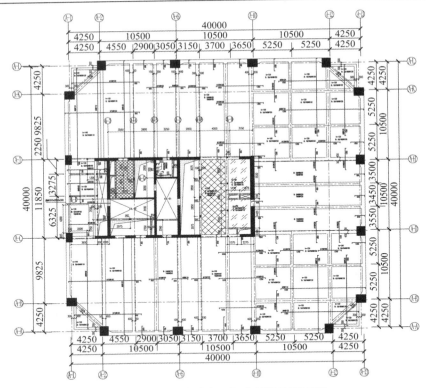

图 3.5.0-4　A 塔楼高区标准层结构平面图

现浇钢筋混凝土框筒结构体系的竖向结构内筒和外框架相对位移差对超高层结构设计有重要影响，对于内筒偏置的框筒结构体系影响更为明显。原因是其内筒偏置后带来内筒和外框架在不同水平的应力作用下以及混凝土收缩徐变作用下的变形差会不对称分布，因此设计时需要考虑不对称相对位移差对结构产生的不利影响。设计阶段为了考虑补偿施工阶段和将来使用阶段的轴向压缩影响，采用 MIDAS Gen 软件，依据《公路钢筋混凝土及预应力混凝土桥涵设计规范》JTG 3362—2018 关于混凝土弹性模量、徐变系数、收缩系数的时间效应的规定，考虑施工顺序加载、混凝土徐变收缩等因素，分析计算出在主体结构装修完成时刻、主体结构投入使用两年后的内筒和外框架柱的轴向压缩变形量、变形差值以及连接内筒和外框架柱的楼层梁的内力值。通过计算可知：①装修完成时，框架柱和内筒的最大竖向变形差值为 12mm，使用 2 年后，框架柱和内筒的最大竖向变形差值为 14mm，且最大位置发生在 1/3～2/3 楼层处。底部楼层框架柱和内筒的竖向变形差较小，且随着时间推移变化较小，中部楼层的变形差变大，且随着时间发展变化较大，顶部楼层由于斜柱层影响（第 38 层和 46 层）变形差值有突变。②投入使用 2 年后，对于底部 1/3 范围的楼层，与墙相连的梁端内力整体呈增大趋势，内力最大可增加约 20%，与柱相连的梁端内力整体呈减小趋势，内力最大可减小约 10%，对于中间 1/3～2/3 范围的楼层，与墙相连的梁端内力整体呈减小趋势，减小幅度很小，与柱相连的梁端内力整体呈增大趋势，内力最大可增大约 9%；而对于顶部 1/3 范围的楼层，与墙相连的梁端内力整体趋势为减小趋势，与柱相连的梁端内力整体呈增大趋势，且由于顶部第 38、45、48 层均为斜柱，故减小或增大趋势在斜柱点有突变。说明内筒偏置的框筒结构体系在考虑徐变收缩影响后的内筒和框架柱之间的不对称变形差，造成混凝土筒体"卸荷"转移至外框架柱"增荷"。

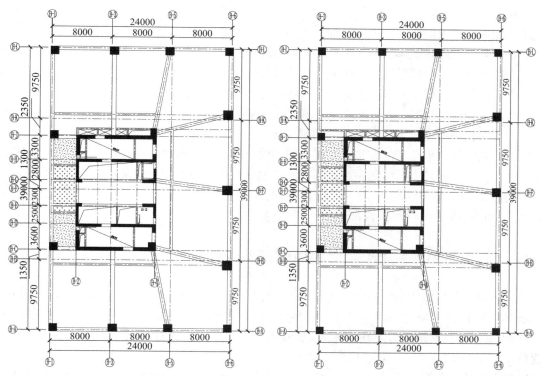

图 3.5.0-5　B 塔楼低区标准层结构平面图　　　　图 3.5.0-6　B 塔楼中区标准层结构平面图

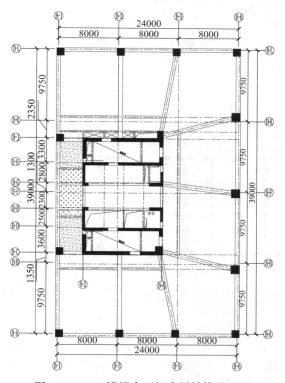

图 3.5.0-7　B 塔楼高区标准层结构平面图

除以上计算分析外，设计和施工采取了以下对策减小竖向构件内筒和外框架的竖向变形差及因变形差造成的楼层梁内力增加的不利影响：①在内筒底部加强区范围内设置适量构造型钢，适当增加内筒墙体配筋，控制混凝土内筒的压应力水平；②适当提高底部楼层与墙相连端的楼层梁配筋，同时适当提高中上部楼层与柱相连的梁端配筋。抵抗其初始额外内力的不利影响；③从混凝土制作工艺上严格控制容易引起混凝土徐变的不利因素，通过试验确定混凝土的配合比，并据此相对准确地计算在施工期间及使用期间的收缩徐变量；④针对不可避免的不对称混凝土收缩变形引起的问题，采取在建筑施工期间结构不同高度处的层高预留不同的后期收缩变形余量的方法，保证电梯等设备的后期正常使用，同时，在施工和使用期间，建立一套完善的变形监测系统，并在施工期间根据监测数据随时调整后期的预留量。

通过以上计算分析、设计及施工措施，本工程 A 塔楼、B 塔楼均达到了结构设计预期效果，基本消除了因内筒偏置带来的不利影响。

3.6　混凝土收缩徐变作用对内筒偏置的影响研究

为研究框筒结构体系的竖向结构相对位移差对内筒偏置的框筒结构体系超高层结构设计的影响，采用 MIDAS Gen 软件，依据国际预应力混凝土协会 CEB-FIP（2010）及中国规范《公路钢筋混凝土及预应力混凝土桥涵设计规范》JTG 3362—2018 关于混凝土弹性模量、徐变系数、收缩系数的时间效应的规定，考虑施工顺序加载、混凝土徐变收缩等因素，分析计算出在主体结构装修完成时刻、主体结构投入使用两年后的内筒和外框架柱的轴向压缩变形量、变形差值以及连接内筒和外框架柱的楼层梁的内力值。以 A 塔楼为例，图 3.6.0-1 为 A 塔楼竖向变形统计点的位置。

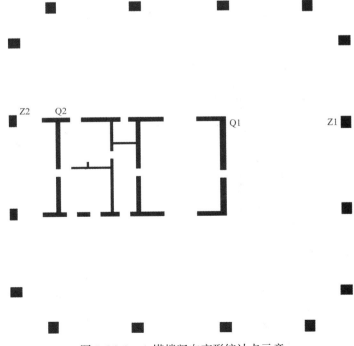

图 3.6.0-1　A 塔楼竖向变形统计点示意

　　轴向变形计算基于以下假定：不计入楼板弯曲刚度；不考虑风荷载作用；施工过程中考虑施工活荷载 4kN/m²；由于 MIDAS Gen 不能对组合截面的徐变收缩进行分析，底部楼层的型钢混凝土柱按轴向刚度换算为混凝土柱，并考虑到型钢对混凝土徐变收缩的有利影响，参考相关文献，对换算的混凝土柱徐变、收缩系数进行修正。

　　预先设定的施工方案为将整个施工过程划分为 50 个施工阶段，假设每个施工阶段施工持续时间为 6d/层。结构施工至 20 层的时候同步开始幕墙、装修面层的施工，主体结构封顶后 120d，假定所有幕墙、装修面层完成。结构封顶一年后一次性加入楼面使用活荷载，投入使用 2 年，施工模拟结束（总工期 1380d）。

　　由图 3.6.0-2～图 3.6.0-5 可以得出，内筒 Q1 在装修完成时总竖向变形最大值约为 39.3mm，发生在第 35 层；外框架柱 Z1 在装修完成时总竖向变形最大值约为 48.6mm，发生在第 31 层。随着徐变、收缩等时间效应逐步发挥影响，最大竖向变形逐步向上部楼层发展，内筒 Q1 在投入使用两年后总竖向变形最大值约为 72mm，发生在第 39 层；外框架柱 Z1 在投入使用两年后总竖向变形最大值约为 81.6mm，发生在第 39 层。而且可以得出，投入使用 2 年后，因徐变和收缩引起的竖向变形在整个变形中占的比例为 50%～70%，且上部楼层混凝土收缩、徐变导致的变形占竖向变形的比例大于底部楼层。对于底部楼层，由于竖向构件承受的荷载较大，弹性变形较大，而底部混凝土强度等级较高，构件截面较大，故混凝土收缩、徐变导致的变形较小，因此底部楼层的竖向变形以弹性变形为主，对于上部楼层，竖向构件承担的荷载较小，弹性变形较小，混凝土强度等级较低，构件截面较小，从而使得收缩、徐变占竖向变形的比例较大；而弹性变形、竖向变形与应力有关，收缩变形与应力无关，因而顶部楼层收缩变形所占比例逐渐增大。

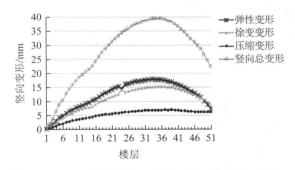

图 3.6.0-2　A 塔楼内筒 Q1 竖向变形（装修完成时）

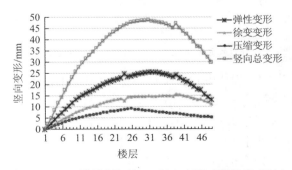

图 3.6.0-3　A 塔楼框架柱 Z1 竖向变形（装修完成时）

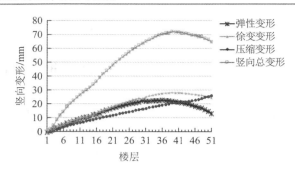

图 3.6.0-4　A 塔楼内筒 Q1 竖向变形（投入使用 2 年时）

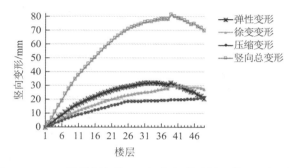

图 3.6.0-5　A 塔楼框架柱 Z1 竖向变形（投入使用 2 年时）

图 3.6.0-6 为两个不同阶段的竖向变形差值，由图可知，装修完成时，框架柱 Z1 和内筒 Q1 的最大竖向变形差值为 12mm，使用 2 年后，框架柱 Z1 和内筒 Q1 的最大竖向变形差值为 14mm，且最大位置发生在 1/3～2/3 楼高处。底部楼层框架柱和内筒的竖向变形差较小，且随着时间发展变化较小，中部楼层的变形差变大，且随着时间发展变化较大，顶部楼层由于斜柱层影响（第 38 层和 46 层），变形差值有突变。

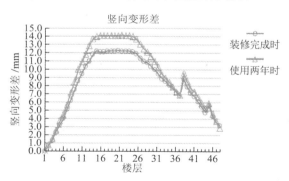

图 3.6.0-6　A 塔楼框架柱 Z1 和内筒 Q1 的竖向变形差

图 3.6.0-7 和图 3.6.0-8 为投入使用 2 年后，连接内筒 Q1 和框架柱 Z1 的楼层梁考虑徐变、收缩因素影响后的梁端内力值增大百分比。由图可以得出，对于底部 1/3 范围的楼层，与墙相连的梁端内力整体呈增大趋势，内力最大可增大约 20%，与柱相连的梁端内力整体呈减小趋势，内力最大可减小约 10%，对于中间 1/3～2/3 范围的楼层，与墙相连的梁端内力整体呈减小趋势，减小幅度很小，与柱相连的梁端内力整体呈增大趋势，内力最大可增大约 9%，而对于顶部 1/3 范围的楼层，与墙相连的梁端内力整体趋势为减小趋势，与柱相

连的梁端内力整体呈增大趋势，且由于顶部第 38 层（图中 B 点）、第 45 层（图中 C 点）、第 48 层（图中 D 点）均为斜柱，故减小或增大趋势在 B、C、D 点有突变。说明内筒偏置的框筒结构体系在考虑徐变收缩影响后的内筒和框架柱之间的不对称变形差造成混凝土筒体"卸荷"转移至外框架柱"增荷"。因此设计时要适当提高底部楼层与墙相连端的楼层梁配筋，同时适当提高中上部楼层与柱相连的梁端配筋。

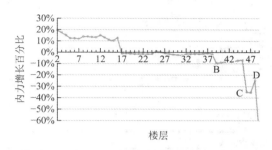

图 3.6.0-7　A 塔楼与内筒 Q1 相连的梁端内力增长百分比（投入使用两年）

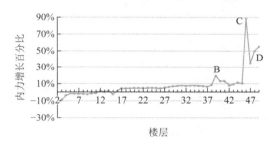

图 3.6.0-8　A 塔楼与框架柱 Z1 端相连的梁端内力增长百分比（投入使用两年）

3.7　复杂塔冠设计

采用高区立面斜柱过渡结合外框架柱高位多级转换，以及屋顶高达 30m 构架的综合设计，实现了 A 塔楼建筑高区及屋顶塔尖逐层收进的立面效果。

A 塔楼 35 层夹层（标高：171.35～176.70m）、39 层（标高：197.70～203.00m）以及 42 层（标高 214.5～221.5m）立面收进，为满足立面效果，采用斜柱过渡，图 3.7.0-1 为 A 塔楼建筑立面和剖面图（局部），图 3.7.0-2 为 A 塔楼结构模型三维图及施工照片。结构柱向内倾斜，斜柱轴力在水平方向的分力在楼板中将产生拉应力。在设置斜柱的楼层处，以壳单元模拟各层楼板，进行了小震、中震和大震下楼板的应力分析。根据计算结果，在楼板应力比较集中的角部区域，以及楼板承受较大的水平力处采取了有针对性的加强措施，并依据计算结果提高斜柱层的梁配筋，用来考虑斜柱水平分力的不利影响。同时在概念设计上，对斜柱在楼盖产生的水平推力进行了传力路径的分析，采取了适当的构造加强措施。图 3.7.0-3 为斜柱立面定位及钢筋构造详图，图 3.7.0-4 为斜柱照片。

为满足建筑的顶部立面层层收进效果，A 塔楼在 228.5m 和 235.5m 标高处分别进行了两次外框架柱的转换，由于高度和宽度的限制，转换框架梁采取了复杂的局部水平加腋措施，并在另一个方向布置连系梁以平衡柱底弯矩。图 3.7.0-5 为 228.5m 标高结构平面图，图 3.7.0-6 为变宽度框支梁钢筋构造详图，图 3.7.0-7 为顶部转换梁节点照片。

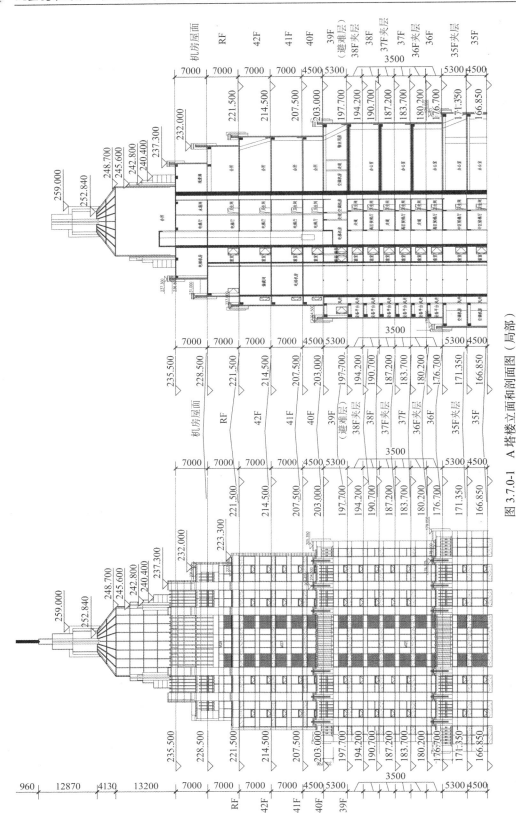

图 3.7.0-1　A塔楼立面和剖面图（局部）

图 3.7.0-2　A 塔楼结构模型三维图及施工照片（斜柱部分）

屋顶塔尖逐渐收进。由两层 13.8m 高的混凝土框架结构和 16.4m 高的钢框架结构组合而成，总结构高度达 30m。钢框架采取多次梁上立柱的方式达到塔尖逐渐收进的目的，在钢柱间设置了斜撑，斜撑与混凝土结构之间采取销轴和螺栓两种连接方式。图 3.7.0-8 为钢构架正立面图和顶部照片，图 3.7.0-9 为箱形钢斜撑与混凝土柱的连接节点详图。

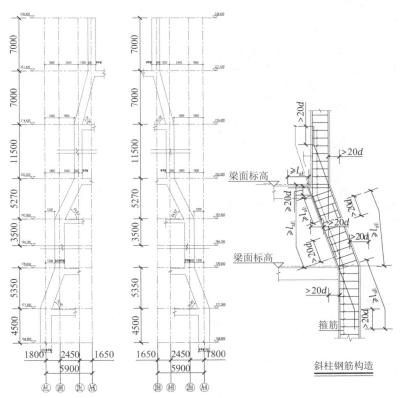

图 3.7.0-3　A 塔楼斜柱立面定位及钢筋构造详图

图 3.7.0-4　斜柱照片

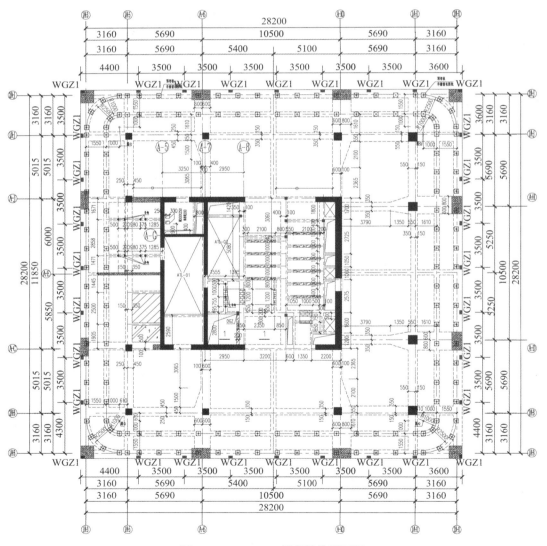

图 3.7.0-5　228.5m 标高结构平面图

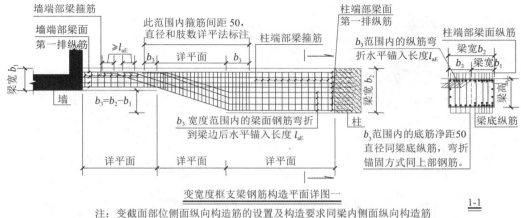

变宽度框支梁钢筋构造平面详图一

注：变截面部位侧面纵向构造筋的设置及构造要求同梁内侧面纵向构造筋

<u>1-1</u>

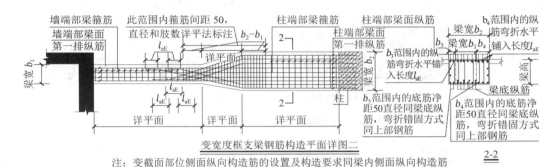

变宽度框支梁钢筋构造平面详图二

注：变截面部位侧面纵向构造筋的设置及构造要求同梁内侧面纵向构造筋

<u>2-2</u>

图 3.7.0-6　变宽度框支梁钢筋构造详图

图 3.7.0-7　顶部转换梁节点照片

　　针对以上层层收进顶部结构和高位局部转换，计算分析时充分考虑了高阶振型对结构顶部和高位局部转换带来的不利影响。结构设计中进行了多遇地震弹性时程分析，并与反应谱法进行了对比分析，依据对比结果，对结构顶部和高位局部转换相关构件作了适当加强。同时进行了罕遇地震下的动力弹塑性时程分析，校核了相关构件罕遇地震下的性能水准。

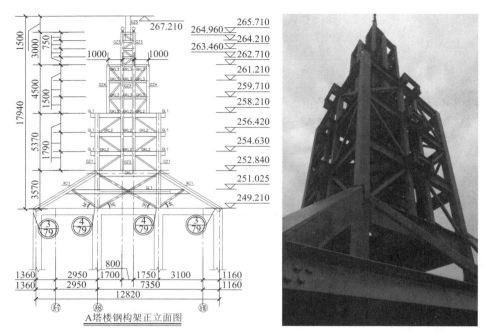

图 3.7.0-8　钢构架正立面图和顶部照片

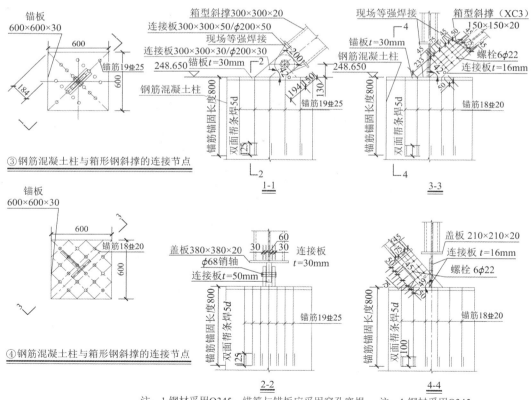

图 3.7.0-9　箱形钢斜撑与混凝土柱的连接节点详图

3.8　新型无梁厚板楼盖设计

为满足 A 塔楼办公和 B 塔楼公寓净高要求，部分楼层取消了连接外框架和内筒的楼面梁，采用厚板连接，建成后使用效果良好。图 3.8.0-1 为 A 塔楼和 B 塔楼厚板实景照片，图 3.8.0-2 为 A 塔楼 15 层结构平面图。

图 3.8.0-1　A 塔楼和 B 塔楼厚板实景照片

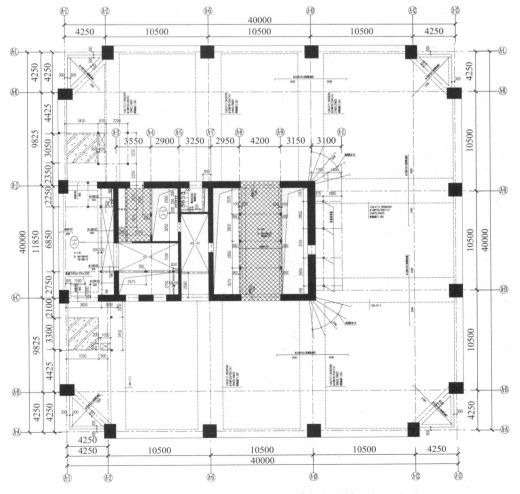

图 3.8.0-2　A 塔楼 15 层结构平面图

3.9　复杂钢骨节点构造设计

经过优化的复杂钢骨节点构造，给施工提供了方便。A 塔楼 24 层以下框架柱采用型钢混凝土柱，15 层以下的内筒有少量型钢。因外框架梁平框架柱边布置，因此梁柱节点处既有柱型钢，又有梁加腋构造，而且型钢混凝土的角柱存在多个方向的加腋梁与其连接，钢筋与型钢的避让及连接更为复杂。其避让原则是：能满足水平段 $0.4l_{aE}$ 的锚固长度的钢筋直接锚入节点，其他不能满足水平段 $0.4l_{aE}$ 锚固长度的钢筋采取如图 3.9.0-1 和图 3.9.0-2 所示的锚固措施。钢筋混凝土梁与含钢骨的剪力墙暗柱的连接节点也较为复杂，如图 3.9.0-3 所示。本工程在型钢混凝土柱变为混凝土柱的中间设置过渡层，过渡层柱按混凝土柱设计，柱全高箍筋加密，下部型钢混凝土柱内的型钢伸至过渡层柱顶部的梁高度范围内截断，并在过渡层整层型钢翼缘外侧设置栓钉。适当减小了过渡层型钢的翼缘和腹板的厚度。

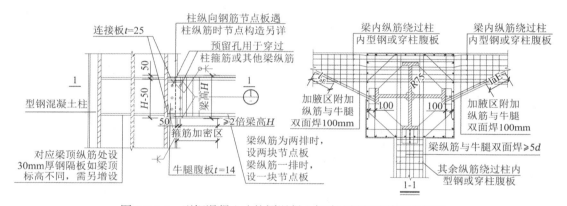

图 3.9.0-1　型钢混凝土边柱同混凝土加腋边梁的连接节点构造

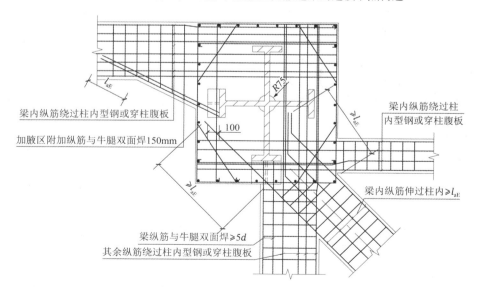

图 3.9.0-2　型钢混凝土角柱同三向混凝土梁的连接节点构造

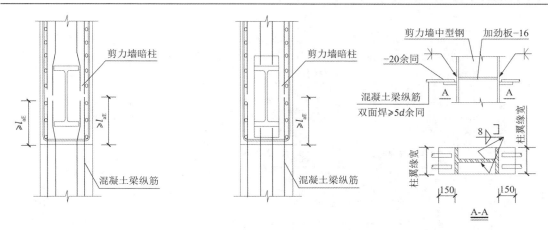

图 3.9.0-3　混凝土梁与钢骨剪力墙的连接节点构造

3.10　裙房大跨度框架的设计及裙房屋顶局部框架柱转换设计

为实现裙房宴会厅的大空间净高要求，结构设计在大跨（约 22m）方向设置了间距较密的单向梁方案，有效地降低了梁高。在裙房屋顶结构采取了局部框架柱转换设计，在裙房屋顶覆土较重的情况下，保证了建筑净高的要求，且无斜撑等影响建筑使用功能的构件。图 3.10.0-1～图 3.10.0-3 为裙房二、三、四层结构平面图。

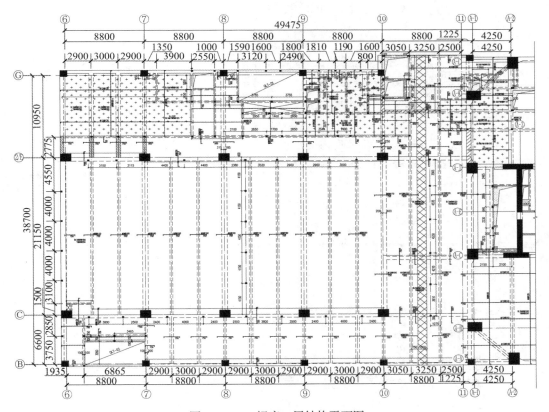

图 3.10.0-1　裙房二层结构平面图

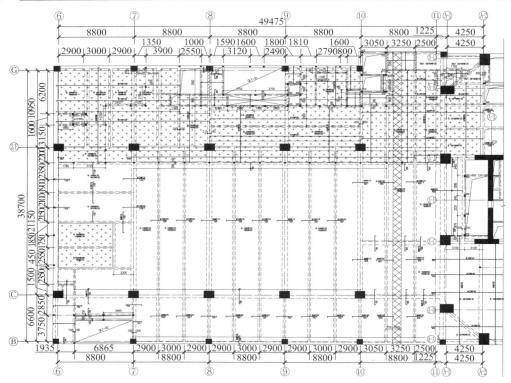

图 3.10.0-2 裙房三层结构平面图

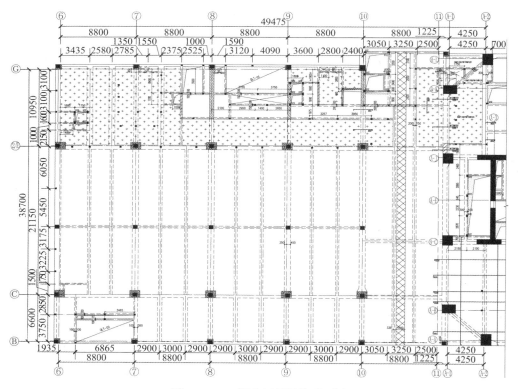

图 3.10.0-3 裙房四层结构平面图

3.11　结构经济性指标和综合效益

3.11.1　经济指标

天悦星晨 A 塔楼的混凝土总用量为 32277.49m³，每平方米混凝土用量为 0.43m³；钢筋总用量为 5871.860t，每平方米钢筋用量为 77.97kg；型钢总用量为 2297.94t，每平方米钢材用量为 30.51kg/m²。

B 塔楼混凝土总用量为 12412m³，每平方米混凝土用量为 0.43m³；钢筋总用量为 1732t，每平方米钢筋用量为 60.01kg。

裙房混凝土总用量为 2616.24m³，每平方米混凝土用量为 0.29m³；钢筋总用量为 445.786t，每平方米钢筋用量为 50.05kg。

表 3.11.1-1 为各塔楼的经济指标。

各塔楼经济指标　　　　　　　　　　表 3.11.1-1

结构部分	混凝土总用量/m³	每平方米混凝土用量/m³	钢筋总用量/t	每平方米钢筋用量/kg	型钢总用量/t	每平方米型钢用量/kg
A 塔楼	32277.49	0.43	5871.860	77.97	2297.94	30.51
B 塔楼	12412	0.43	1732	60.01	—	—
裙房	2616.24	0.29	445.786	50.05	—	—

综合得出，本工程的技术经济指标经济合理。

3.11.2　综合效益

虽存在内筒偏置的不利情况，但经过合理设计，本工程的技术经济指标合理，且比较经济。内筒偏置使所有房间均可瞰江，给业主带来了巨大收益，根据目前销售和租赁情况的统计，与内筒居中相比，至少带来了超过 2 亿元的额外经济效益。

本工程于 2014 年开始基坑开挖，2015 年开始基础及主体结构施工，2016 年 8 月结构全面封顶，2018 年 3 月竣工投入使用。

3.12　结语

（1）本工程作为国内最早设计建成的内筒偏置的超 B 级高度框筒结构，最大限度满足了建筑专业提出的所有房间可以瞰江的需求。设计较好地解决了内筒偏置带来的有关难题，使两栋塔楼均实现了建筑功能的特殊需求，为业主创造了可观的经济效益。

（2）采用有限元法研究框筒结构体系的竖向结构相对位移差对内筒偏置的框筒结构体系超高层结构设计的影响，给出了相应的加强措施。

（3）临江超深（地下 6 层）地下室采用了地下连续墙二墙合一的一体化施工设计，解决了长江汛期施工带来的有关设计施工问题。

（4）采用高区立面斜柱过渡结合外框架柱高位多级转换以及屋顶高达 31m 构架的综合设计，实现了 A 塔楼建筑高区及屋顶塔尖逐层收进的立面效果。

（5）为满足 A 塔楼办公和 B 塔楼公寓净高要求，部分楼层取消了连接外框架和内筒的楼面梁，采用厚板连接，建成后使用效果良好。

（6）经过优化的复杂钢骨节点构造，给施工提供了方便。

（7）裙房大跨度框架的设计及裙房屋面局部框架柱转换设计，满足了在裙房设置无柱大跨度宴会厅的要求，同时在裙房屋顶覆土较重的情况下，保证了楼层净高。

≪ 第 **4** 章 ≫

中建·光谷之星

（中建三局新总部）

4.1 中建·光谷之星概况

中建·光谷之星为中建三局新总部大楼，建设地位于规划中的东湖高新区核心区，地理位置如图 4.1.0-1 所示。该片建设用地划分为 A～I 共 9 个地块，其中中建大院项目包含 G、H、I 三个地块，三块建设用地地形为规则的长方形，东西向长约 580m，南北向宽约 70m。该项目地上建筑面积 33.95 万 m²，地下建筑面积 9.08 万 m²，主要功能为办公、酒店、商业等。

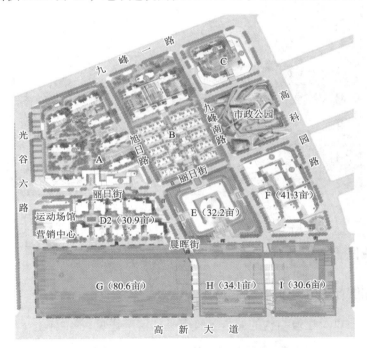

图 4.1.0-1　建设地块平面图

在 G、H、I 三地块各建一栋地上 19 层、地下 2 层的高层建筑（简称 G 塔、H 塔、I 塔），各塔楼建筑高度为 87m，结构主屋面高度为 83m。G 塔与 H 塔、H 塔与 I 塔之间分别在 18、19 两层通过在塔楼的南北两侧各设置 1 组大跨度连接体结构将 G、I 三塔连成一个整体，建筑功能为连廊，如图 4.1.0-2 所示。其中，G 塔与 H 塔之间的连廊跨度为 76.5m，H 塔与 I 塔之间的连廊跨度为 66m，连廊的宽度均为 17m，各连廊距离地面高度为 74.5m。项目建筑效果如图 4.1.0-3 所示，建筑实景如图 4.1.0-4 所示。

图 4.1.0-2　建筑剖面图

图 4.1.0-3　建筑效果图

图 4.1.0-4　建筑实景图

4.2　设计条件

4.2.1　设计基准期及结构设计工作年限

设计工作年限以及建筑结构的安全等级等基本情况详见表 4.2.1-1。

设计工作年限以及建筑结构的安全等级等基本情况　　　　　　　表 4.2.1-1

子项名称	设计基准期/年	结构设计工作年限/年	建筑结构安全等级	地基基础设计等级	建筑抗震设防分类
G 塔	50	50	一级或二级	甲级	乙类（丙类）
H 塔	50	50	一级或二级	甲级	乙类
I 塔	50	50	二级	甲级	丙类

注：1. 地下室顶板为上部结构的嵌固部位。
　　2. 重要构件安全等级为一级，其他构件安全等级为二级。
　　3. （　）内数字用于 G 塔楼酒店。

4.2.2　荷载及作用

1. 楼面附加恒荷载及活荷载根据《建筑结构荷载规范》GB 50009—2012（简称《荷载规范》）及业主使用要求确定。

2. 风荷载

根据《荷载规范》及《高层建筑混凝土结构技术规程》JGJ 3—2010（简称《高规》），50 年一遇基本风压 0.35kN/m²，承载力设计时按基本风压的 1.1 倍采用，地面粗糙度类别为 B 类，考虑相互干扰系数之后的风荷载体型系数为 1.54，舒适度计算采用 10 年一遇基本风压 0.25kN/m²，风振系数和风压高度变化系数按《荷载规范》的有关规定取值。

3. 雪荷载

根据《荷载规范》的有关规定，基本雪压为 0.5kN/m²。

4. 地震作用

抗震设防烈度为 6 度，建筑的场地类别为 Ⅱ 类，设计地震分组为第一组，场地属于建筑抗震一般地段，结构抗震性能目标为 C 级。设计地震动参数见表 4.2.2-1。

设计地震动参数　　　　　　　　　　　　　　　表 4.2.2-1

超越概率值	$A_{max}/$（cm/s²）	α_{max}	β_m	T_g
50 年 63%	18	0.04	2.25	0.35
50 年 10%	50	0.12	2.25	0.35
50 年 2%	125	0.28	2.25	0.40

5. 温度作用

根据《荷载规范》的规定，武汉市基本气温（50 年重现期的月平均气温）：最低−5℃，最高 37℃；根据武汉市有记录的气象部门资料显示：本地区气温最低−18.1℃（1977 年 1 月），最高 41.3℃（1934 年 8 月 10 日）。

温度作用的分项系数取为 1.4，基本组合时组合值系数取 0.6，标准组合时组合值系数取 0.4。合龙温度范围为 15～25℃。

（1）连廊钢结构

对于钢结构，考虑极端气温的影响，基本气温适当提高和降低。

$$T_{min} = [−5℃ + (−18.1℃)]/2 = −11.55℃$$

$$T_{max} = (37℃ + 41.3℃)/2 = 39.15℃$$

考虑到连廊有围护结构，参考《工业建筑供暖通风与空气调节设计规范》GB 50019—2015，室内外温差取为 5℃，且连廊钢结构类似暴露于室外的结构，考虑太阳辐射的影响，基本气温 T_{max} 提高 6℃。$T_{max} = 39.15℃ + 6℃ = 45.15℃$。

故结构的最低平均温度 $T_{s,min}$ 和最高平均温度 $T_{s,max}$ 分别为：

$$T_{s,min} = T_{min} + 5℃ = −11.55℃ + 5℃ = −6.55℃$$

$$T_{s,max} = T_{max} − 5℃ = 45.15℃ − 5℃ = 40.15℃$$

结构最低初始温度 $T_{\text{o,min}} = 15℃$。

结构最高初始温度 $T_{\text{o,max}} = 25℃$。

故：结构最大升温工况：$\Delta T_k = T_{\text{s,max}} - T_{\text{o,min}} = 40.15℃ - 15℃ = 25.15℃$

结构最大降温工况：$\Delta T_k = T_{\text{s,min}} - T_{\text{o,max}} = -6.55℃ - 25℃ = -31.55℃$

（2）混凝土结构

基本气温：

$$T_{\text{min}} = -5℃$$

$$T_{\text{max}} = 37℃$$

混凝土结构均为有围护的室内结构，参考《工业建筑供暖通风与空气调节设计规范》GB 50019—2015，室内外温差取为 5℃。

故结构的最低平均温度 $T_{\text{s,min}}$ 和最高平均温度 $T_{\text{s,max}}$ 分别为：

$$T_{\text{s,min}} = T_{\text{min}} + 5℃ = -5℃ + 5℃ = 0℃$$

$$T_{\text{s,max}} = T_{\text{max}} - 5℃ = 37℃ - 5℃ = 32℃$$

结构最低初始温度 $T_{\text{o,min}} = 15℃$。

结构最高初始温度 $T_{\text{o,max}} = 25℃$。

故结构最大升温工况：$\Delta T_k = T_{\text{s,max}} - T_{\text{o,min}} = 32℃ - 15℃ = 17℃$

结构最大降温工况：$\Delta T_k = T_{\text{s,min}} - T_{\text{o,max}} = 0℃ - 25℃ = -25℃$

考虑混凝土开裂引起的结构刚度降低，温度应力计算分析时，折减系数取 0.5。

6. 其他荷载及作用

（1）土压力

作用于地下室外墙的水、土压力按水土合算的原则确定，按静止土压力计算。

（2）地下水的上浮力

地下水位根据武汉浅层工程技术有限公司 2015 年 7 月 20 日提供的《中建光谷之星二标段场地岩土工程勘察报告书》确定，地下室抗浮设计水位取室外筑成地面标高。

（3）其他荷载

电梯和设备的冲击荷载由相关厂家提供。

4.2.3 不同水准地震作用及风荷载验算原则

根据本工程提出的抗震性能设计目标，分别将小震弹性验算、中震等效弹性验算、大震等效弹性验算及风荷载作用下的主要计算参数列于表 4.2.3-1。中震和大震作用下，因结构部分进入塑性，刚度有所退化，自振周期逐渐变长，考虑结构进入弹塑性造成的总地震力折减，结构所受总地震剪力也会相应减小。中大震设计塑性内力调整，调整相应周期折减系数、连梁刚度折减系数、阻尼比等参数后，按实际分析结果进行。

不同地震水准及风荷载下主要计算参数　　　　　　　　表 4.2.3-1

主要参数	小震弹性	中震等效弹性		大震等效弹性	风（弹性）
		不屈服	弹性		
地震影响系数最大值 α_{max}	0.04	0.12		0.28	—
场地特征周期 T_g/s	0.35	0.35		0.40	—

续表

主要参数	小震弹性	中震等效弹性		大震等效弹性	风（弹性）
		不屈服	弹性		
周期折减系数	0.8	0.9		1.0	—
连梁刚度折减系数	0.7	0.5		0.3	0.9
阻尼比	0.05	0.06		0.07	0.05
荷载分项系数	按规范取值	1.0	按规范取值	1.0	按规范取值
材料强度	设计值	标准值	设计值	标准值	设计值
承载力抗震调整系数γ_{RE}	按规范取值	—	按规范取值	—	—
内力调整系数	按规范取值	—	—	—	—

注：中、大震等效弹性计算时，不计入风荷载作用效应的组合。

4.3　基础选型说明

根据地质勘察报告提供的地层情况，⑤$_1$层强风化泥岩承载力特征值$f_{ak} = 500 \sim 600$kPa，结合拟建建筑物情况，在满足荷载、变形及基础埋深要求的情况下，拟建建筑可以采用天然地基，以⑤$_1$层作为拟建建（构）筑物基础持力层。本工程采用筏板基础加局部柱墩，基础进入持力层深度不少于 200mm。达不到⑤$_1$层处拟超挖后用 C15 素混凝土填至设计标高，再根据实际地质情况和地下室建筑功能调整基底标高。基坑开挖后须做浅层平板载荷试验复核天然地基承载力特征值，并会同业主、施工、设计、勘察及监理单位有关人员共同进行验槽会签后方可进行基础施工。

4.4　结构布置及主要构件尺寸

4.4.1　G 塔

1. 主要结构平面

图 4.4.1-1～图 4.4.1-3 为典型结构平面，上部典型结构平面三中连廊部分为钢结构。

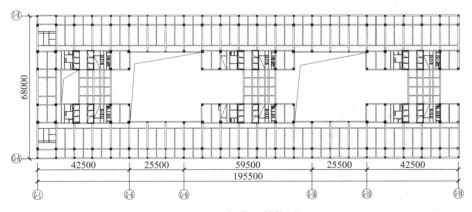

图 4.4.1-1　下部典型结构平面一

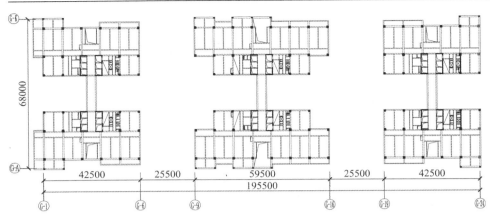

图 4.4.1-2　中部典型结构平面二

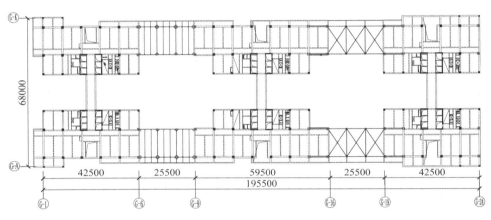

图 4.4.1-3　上部典型结构平面三

2. 主要结构构件尺寸

主要构件尺寸详见表 4.4.1-1、表 4.4.1-2。

主塔楼框架柱、剪力墙截面　　　　　　　　　　　　　　　　表 4.4.1-1

区位	框架柱			剪力墙	
	截面/mm	型钢截面/mm	材料	厚度/mm	材料
1～9层	1200×1200 1100×1100 900×900 SRC-1200×1000	800×200×50×50 + 600×300×50×50 （非对称十字型钢）	C55/C50/Q345	400/200	C55/C50
10～14层	1200×1200 1000×1000 900×900 SRC-1200×1000 SRC-1000×1100	800×200×50×50 + 600×300×50×50 （非对称十字型钢） 600×200×30×40（对称十字型钢） 600×450×20×30（工字钢）	C45/Q345	400/200	C45
15～19层	1000×1000 800×800 700×700 SRC-1200×1000 SRC-1000×1100	800×300×50×50 + 1100×300×50×50 （非对称十字型钢） 600×200×30×40（对称十字型钢）	C40/Q345	400/200	C40

钢结构桁架主要构件截面

表 4.4.1-2

区位	框架柱		剪力墙		大跨度桁架	
	截面/mm	材料	厚度/mm	材料	截面/mm	材料
17 层	SRC-1000×1000 （700×700×40×40） （600×450×20×30） （H 型钢）	C40～C55	400/200	C40～C55	弦杆 H800(700)×500×40×40/ H500×450×24×30 竖杆/腹杆 H450×450×30	Q345GJ

4.4.2 H 塔

1. 主要结构平面

图 4.4.2-1～图 4.4.2-3 为典型结构平面，上部典型结构平面三中连廊部分为钢结构。

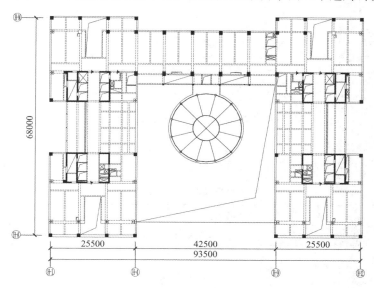

图 4.4.2-1 下部典型结构平面一

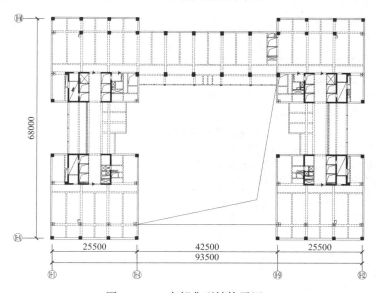

图 4.4.2-2 中部典型结构平面二

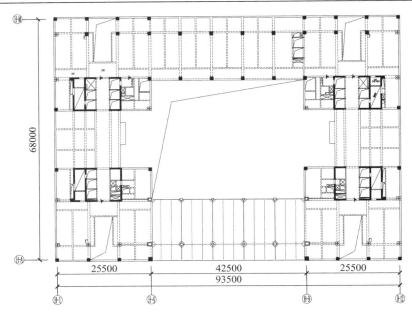

图 4.4.2-3　上部典型结构平面三

2. 主要结构构件尺寸

主要构件尺寸详见表 4.4.2-1、表 4.4.2-2。

主塔楼框架柱、剪力墙截面　　　　　　　　　　表 4.4.2-1

区位	框架柱			剪力墙	
	截面/mm	型钢截面/mm	材料	厚度/mm	材料
1～6层	1000×1000 SRC-1000×1000	600×100×50/40 + 600×100×50/40 （等边十字型钢）	C50/Q345	400	C50
7～12层	900×900 SRC-1000×1000	600×100×50/40 + 600×100×50/40 （等边十字型钢）	C45/Q345	400	C45
13～19层	800×800 SRC-1000×1000	600×100×50/40 + 600×100×50/40 （等边十字型钢）	C40/Q345	400	C40

大跨连廊桁架主要构件截面　　　　　　　　　　表 4.4.2-2

区位	框架柱		剪力墙		大跨度桁架	
	截面/mm	材料	厚度/mm	材料	截面/mm	材料
17～19层	SRC-1000×1000 （F700×700×50）	C40	400	C40	上下弦杆 F600×900×50 腹杆 500×500×40	Q345

4.4.3　I塔

1. 主要结构平面

图 4.4.3-1～图 4.4.3-3 为典型结构平面，上部典型结构平面三中连廊部分为钢结构。

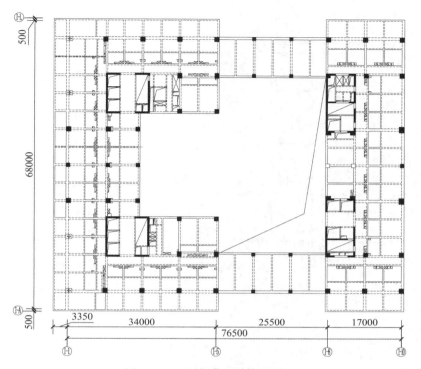

图 4.4.3-1　下部典型结构平面一

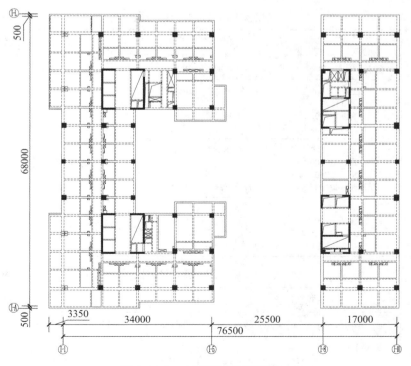

图 4.4.3-2　中部典型结构平面二

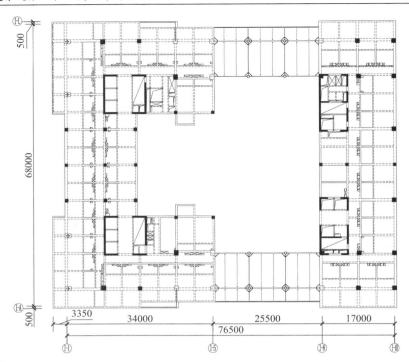

图 4.4.3-3　上部典型结构平面三

2. 主要结构构件尺寸

主要构件尺寸详见表 4.4.3-1、表 4.4.3-2。

主塔楼框架柱、剪力墙截面　　　　　　　　　　　表 4.4.3-1

区位	框架柱			剪力墙	
	截面/mm	型钢截面/mm	材料	厚度/mm	材料
1～9 层	1200×1200 1100×1100 900×900 SRC-1400×1100	800×300×50×50 + 1100×300×50×50 （非对称十字型钢）	C55/C50/Q345	400	C50
10～14 层	1200×1200 1000×1000 900×900 SRC-1400×1100	800×300×50×50 + 1100×300×50×50 （非对称十字型钢）	C45/Q345	400	C45
15～19 层	800×800 SRC-1400×1100	800×300×50×50 + 1100×300×50×50 （非对称十字型钢）	C40/Q345	400	C40

大跨连廊桁架主要构件截面　　　　　　　　　　　表 4.4.3-2

区位	框架柱		剪力墙		大跨度桁架	
	截面/mm	材料	厚度/mm	材料	截面/mm	材料
8～10 层 17～19 层	SRC-1000×1000 （500×100×40×50） （对称十字型钢）	C40～C55	400	C40～C55	上下弦杆 F300×400×20 腹杆 500×500×30	Q345

4.4.4　连接体钢桁架

1. 连接 G 塔与 H 塔的钢桁架

连接 G 塔与 H 塔的连接体钢桁架平面布置详见图 4.4.4-1、图 4.4.4-2，立面布置详见图 4.4.4-3。

2. 连接 H 塔与 I 塔的钢桁架

连接 H 塔与 I 塔的连接体钢桁架平面布置详见图 4.4.4-4、图 4.4.4-5，立面布置详见图 4.4.4-6。

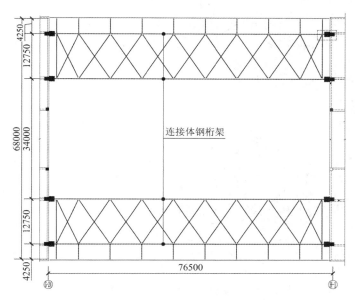

图 4.4.4-1　标高 73.650m 连接体桁架平面布置

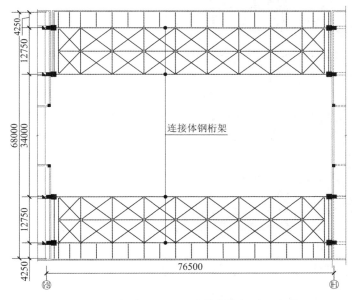

图 4.4.4-2　标高 82.650m 连接体桁架平面布置

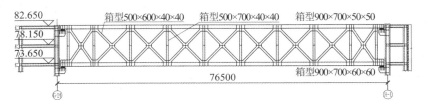

图 4.4.4-3　连接体桁架立面

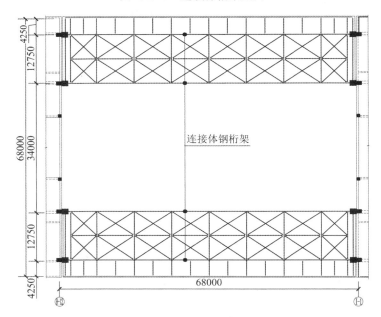

图 4.4.4-4　标高 73.650m 连接体桁架平面布置

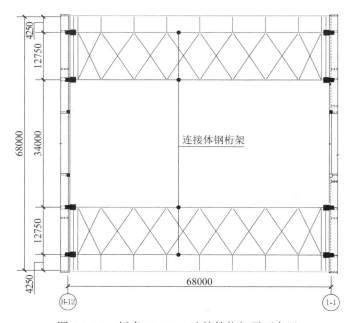

图 4.4.4-5　标高 82.650m 连接体桁架平面布置

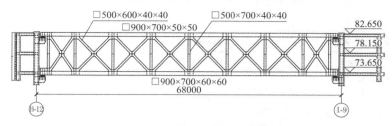

图 4.4.4-6　连接体桁架立面

4.5　两端设置弱连接的大跨度连体结构设计

4.5.1　结构选型：连体结构的强连接与弱连接

本工程各塔楼均采用框架-剪力墙结构体系，现浇钢筋混凝土楼板。在连接大跨度连体结构的结构柱、个别需要控制截面的结构柱和转换钢桁架两端连接的结构柱采用型钢混凝土柱，各塔楼间大跨度连廊采用矩形钢管桁架结构形式。

1. 强连接

强连接分为刚接和铰接，无论采用哪种形式，对于连接体而言，由于它要承担起整体结构内力和变形协调功能，因此其受力非常复杂[42-43]。

强连接形式主要用于连体跨度层数较多、本身刚度比较大、连体两端塔体刚度大致相当的结构。

《高规》要求：刚性连接时，连接体结构的主要结构构件应伸入主体结构一跨并可靠连接；必要时可延伸至主体部分的内筒，并与内筒可靠连接。

2. 弱连接

当连体的刚度比较弱，不足以协调两塔之间的内力和变形时，可设计成弱连接形式。当连体两端刚度相差较大时，也可考虑弱连接[44-45]。

弱连接形式有摩擦摆隔震支座、橡胶隔震支座等。《高规》要求：当连接体结构与主体结构采用滑动连接时，支座滑移量应能满足两个方向在罕遇地震作用下的位移要求，并应采取防坠落、撞击措施。罕遇地震作用下的位移要求，应采用时程分析方法进行计算复核[2]。

3. 强连接与弱连接的对比分析

以下对本工程采用强连接形式和弱连接形式进行了对比分析。为避免连接体局部振型进入主楼主振型的不利情况，当连接体跨度较大时，宜避免采用一端固结或铰接，另一端滑动连接的弱连接形式。考虑到连接体跨度较大，本工程弱连接采用两端设置摩擦摆隔震支座的形式[46-47]。

整体指标的对比分析结果详见表 4.5.1-1。

结构地震质量与自振周期　　　　　　　　表 4.5.1-1

计算类别	连廊强连接	连廊弱连接
地震质量/t	554942.688	543757.563
结构自振周期/s	$T_1 = 2.5234$	$T_1 = 2.6140$
	$T_2 = 2.4669$	$T_2 = 2.5699$
	$T_3 = 2.2022$	$T_3 = 2.2199$

计算类别	连廊强连接	连廊弱连接
结构自振周期/s	$T_4 = 1.8278$	$T_4 = 2.0081$
	$T_5 = 1.2548$	$T_5 = 1.8220$
	$T_6 = 1.0373$	$T_6 = 1.3224$

连廊采用强连接时，整体结构模型前三阶振型如图 4.5.1-1 所示。

(a) $T_1 = 2.5234\text{s}$（X向平动）

(b) $T_2 = 2.4669\text{s}$（Y向平动）

(c) $T_3 = 2.2022\text{s}$（扭转）

图 4.5.1-1　连廊采用强连接整体结构模型振型图

连廊采用弱连接时，整体结构模型前三阶振型如图 4.5.1-2 所示。

(a) $T_1 = 2.6140\text{s}$（X向平动）

(b) $T_2 = 2.5699\text{s}$（Y向平动）

(c) $T_3 = 2.2199\text{s}$（扭转）

图 4.5.1-2　连廊采用弱连接整体结构模型振型图

从主振型情况看，两种连接的区别非常明显。强连接中，连接体协调了各塔楼的动力特性，与各塔楼一起参与整体主振型。而弱连接中，连接体基本未参与塔楼的振型，各塔楼的振型相对独立。

下面是两种连接形式对连接体楼盖结构的影响分析。

17 层为连体结构底面所在楼层，连接体采用强连接时，升温工况下连廊楼板应力如图 4.5.1-3 所示，降温工况下连廊楼板应力如图 4.5.1-4 所示；连接体采用弱连接时，升温工况下连廊楼板应力如图 4.5.1-5 所示，降温工况下连廊楼板应力如图 4.5.1-6 所示。

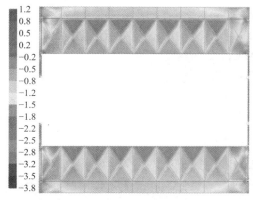

(a) 第 17 层连廊楼板 X 向轴向应力（单位：MPa）　　　　(b) 第 17 层连廊楼板 Y 向轴向应力（单位：MPa）

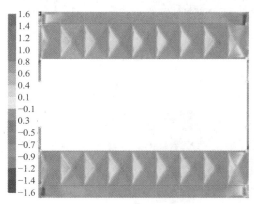

(c) 第 17 层连廊楼板剪应力（单位：MPa）

图 4.5.1-3　连廊采用强连接升温工况下楼板应力图

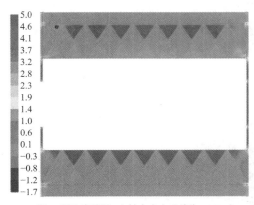

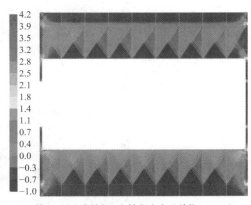

(a) 第 17 层连廊楼板 X 向轴向应力（单位：MPa）　　　　(b) 第 17 层连廊楼板 Y 向轴向应力（单位：MPa）

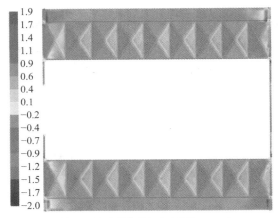

(c) 第 17 层连廊楼板剪应力（单位：MPa）

图 4.5.1-4　连廊采用强连接降温工况下楼板应力图

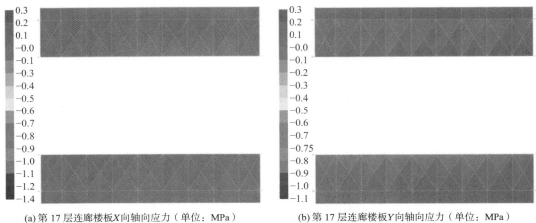

(a) 第 17 层连廊楼板X向轴向应力（单位：MPa）　　　　(b) 第 17 层连廊楼板Y向轴向应力（单位：MPa）

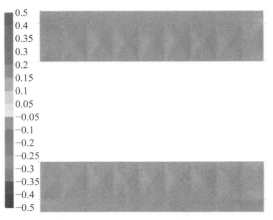

(c) 第 17 层连廊楼板剪应力（单位：MPa）

图 4.5.1-5　连廊采用弱连接升温工况下楼板应力图

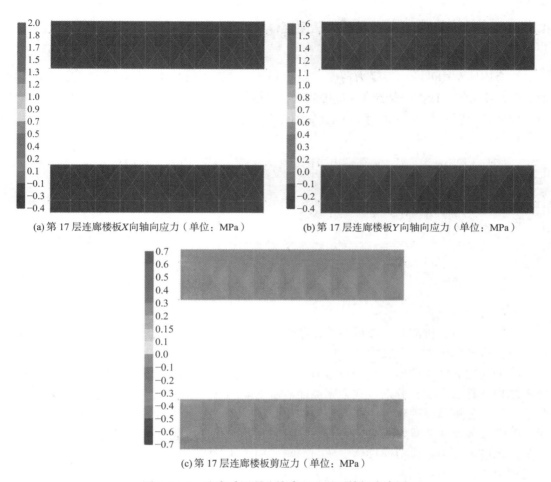

(a) 第 17 层连廊楼板 X 向轴向应力（单位：MPa）　　　　(b) 第 17 层连廊楼板 Y 向轴向应力（单位：MPa）

(c) 第 17 层连廊楼板剪应力（单位：MPa）

图 4.5.1-6　连廊采用弱连接降温工况下楼板应力图

由温度作用下楼板应力分析可知，由于结构超长（约 580m），连接体与主体结构采用弱连接后，会大大减小温度作用对结构的影响。从图 4.5.1-3～图 4.5.1-6 可知，连廊连接体温度应力数值下降为强连接温度应力的 1/2～1/5。

根据上述对比分析，首先可知 G 地块、H 地块及 I 地块三个地块主塔楼的第一振型形态、周期均有明显差异，说明本工程各塔楼刚度相差较大。其次连接 G 地块、H 地块及 I 地块三个地块主塔楼的连接体刚度相对于主塔楼结构较弱，且在强连接的情况下，温度作用产生的内力很大，给设计造成困难。同时结合工程分期建设的需要，最终设计确定连接形式为：连接 G 塔、H 塔及 I 塔的大跨度连接体桁架与上述主塔楼采用弱连接，G 塔、H 塔及 I 塔主塔楼内部的连接体采用强连接（刚性连接），形成由弱连接连系三个具有刚性连接连体结构塔楼的大跨度复杂连体结构。

同样根据连廊弱连接的结构计算分析可知，弱连接上支座竖向受压承载力需大于等于 8000kN，下支座需大于等于 15000kN。如果设计为橡胶隔震支座，则支座尺寸过大，无法满足连廊建筑设计的相关使用要求。故采用摩擦摆隔震支座，其直径可不超过 1m，符合建筑设计的外观要求。

4.5.2 连接G塔、H塔及I塔的大跨度连体结构设计

1. 连体结构布置

结合连体结构的特点及受力情况，在G塔、H塔及I塔之间连接体端部设置摩擦摆滑动支座；考虑到连接体桁架跨度、高度较大，在每个大跨连廊两端各设置4个滑动支座（上下弦杆处各设置2个支座）。平面位置如图4.5.2-1所示。

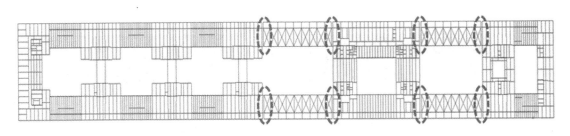

图4.5.2-1　摩擦摆支座位置示意图

2. 结构计算

连体结构中连接部分的楼板狭长，在外力作用下会产生平面内变形，因此在结构内力计算时，将该部分楼板定义为弹性楼板。

根据前述的结构选型，为全面考虑塔楼及连接体的相互作用，研究摩擦摆隔震支座对整体结构计算的影响，分别建立含摩擦摆隔震支座的整体模型和各单塔模型进行对比计算分析。结构分析采用盈建科结构设计软件（简称YJK），整体结构计算模型如图4.5.2-2所示，单塔结构计算模型如图4.5.2-3所示。计算单塔结构时，通过将整体结构模型的支座反力输入单塔模型中来模拟连接体支座的影响，如图4.5.2-4所示。图4.5.2-5为整体结构计算模型中模拟支座示意图。

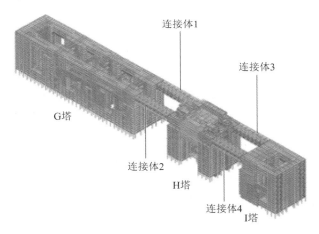

图4.5.2-2　结构整体计算模型

YJK在模拟摩擦摆隔震支座时，采用以下步骤[48]：

（1）建立结构模型，在摩擦摆支座处，创建两个分离的节点单元，间距不小于100mm。其中一个节点连接主体结构单元，另外一个节点连接搁置在支座上的连接体结构单元。

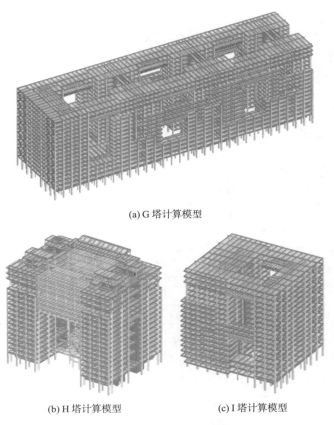

(a) G 塔计算模型

(b) H 塔计算模型　　　　　　　　(c) I 塔计算模型

图 4.5.2-3　结构单塔计算模型

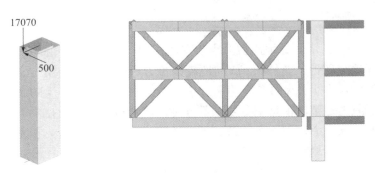

图 4.5.2-4　单塔模型模拟支座　　　　图 4.5.2-5　整体模型模拟支座

（2）定义支座属性：进入前处理模型，通过节点属性中两点约束的方式，连接前一步创建的两个分离的节点单元，此时需要输入摩擦摆隔震支座的相关参数，例如摩擦系数、刚度等（本工程支座竖向受压承载力为：上支座 8000kN、下支座 15000kN；摩擦系数范围：2%~4%）。这些参数将用于模拟支座在地震作用下的力学响应，支座的位置和属性参数将与结构相互关联。

对 G 塔、H 塔及 I 塔及连接体连廊进行了整体计算，根据内力值选取摩擦摆隔震支座的类型，并将相关摩擦摆隔震支座的参数输入程序中进行模拟计算，得到整体计算结果。对各塔楼分别进行独立计算，计算时将整体计算模型中连体结构支座处的作用加在各单塔计算模型上。

结果显示，各分塔计算结果与整体模型中各塔的计算结果，在自振周期、基底剪力、倾覆力矩、位移角、位移比等指标上有一定差别。以下以 H 塔为例进行对比分析，计算结果见表 4.5.2-1。

整体模型与单塔模型中 H 塔计算结果对比 表 4.5.2-1

模型计算类别			整体模型中 H 塔	H 塔单塔模型
结构自振周期/s			$T_1 = 2.2526$	$T_1 = 2.2303$
			$T_2 = 2.2423$	$T_2 = 2.2021$
			$T_3 = 1.9938$	$T_3 = 1.8641$
底部地震剪力/kN		X 向	21073.5	25286.6
		Y 向	21681.7	26304.7
地震倾覆力矩/（kN·m）		X 向	1604674.3	1536566.5
		Y 向	1446790.8	1486115.5
底部风荷载剪力/kN		X 向	6294.3	4884.3
		Y 向	9485.8	6599.9
风荷载倾覆力矩/（kN·m）		X 向	356445.5	322449.0
		Y 向	554820.8	450404.1
剪重比		X 向	0.01279	0.01534
		Y 向	0.01316	0.01596
第一扭转周期/第一平动周期			0.85	0.8358
最大层间位移角		X 向（风）	1/7488	1/9999
		X 向（地震）	1/1389	1/1919
		Y 向（风）	1/3847	1/8115
		Y 向（地震）	1/1697	1/1951

整体模型中 H 塔底部地震剪力小于单塔模型，说明摩擦摆隔震支座增大了结构阻尼，减小了底部地震剪力。整体模型 X 向地震倾覆力矩略大于单塔模型，说明通过顶部连廊连接后，相邻塔楼有少量 X 向弯矩传递过来。整体模型风荷载产生的底部剪力大于单塔模型较多，主要原因是整体模型中分塔顶部连廊的风荷载通过摩擦摆隔震支座传递给了分塔，而单塔模型中未考虑这部分风荷载，导致风荷载产生的底部剪力相差较多。

整体模型中 H 塔前三阶振型如图 4.5.2-6 所示，单塔模型中 H 塔前三阶振型如图 4.5.2-7 所示。

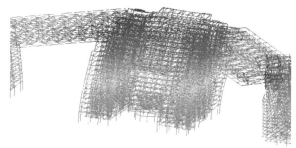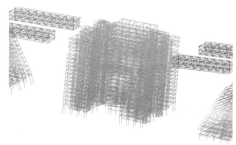

(a) $T_1 = 2.2526$s（X 向平动）   (b) $T_2 = 2.2423$s（Y 向平动）

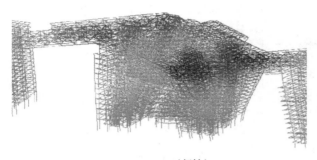

(c) $T_3 = 1.9938s$（扭转）

图 4.5.2-6　整体模型 H 塔前三阶振型

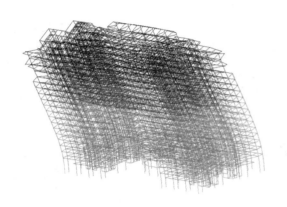

(a) $T_1 = 2.2303s$（X向平动）

(b) $T_2 = 2.2021s$（Y向平动）

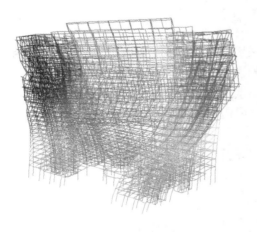

(c) $T_3 = 1.8641s$（扭转）

图 4.5.2-7　单塔模型 H 塔前三阶振型

由表 4.5.2-1 可知，由于连接体采用了滑动支座连接方式，连接体对主体结构自振周期的影响不大。

由表 4.5.2-2 可知，地震作用下，按无连接体单塔模型计算得到的内力值更大，说明连接体设置摩擦摆隔震支座增大了结构阻尼，减小了单塔楼的地震响应。

地震作用方向	位置	整体模型 H 塔层剪力F_1/kN	H 塔单塔模型层剪力F_2/kN	F_1/F_2
X	基底	21073.5	25286.6	0.83
	17 层	9293.1	14428.1	0.64
Y	基底	21681.7	26304.7	0.82
	17 层	9975.9	15236.1	0.65

通过上述对比分析可知，在连接体桁架两端设置摩擦摆滑动支座后，按设置摩擦摆隔震支座整体模型中的分塔计算数据与单塔模型计算数据进行包络设计，可确保结构安全。

3. 设置摩擦摆隔震支座后经济性分析

将连廊采用强连接的整体模型中 H 塔、设置摩擦摆隔震支座的整体模型中 H 塔以及 H 塔单塔模型的主要计算结果进行对比分析，主要计算结果见表 4.5.2-3，由于本工程风荷载非控制工况，故仅列出控制工况地震作用的主要计算结果。

三种模型计算结果对比　　　　　　　　　　表 4.5.2-3

模型计算类别		强连接整体模型中 H 塔	摩擦摆整体模型中 H 塔	H 塔单塔模型
结构自振周期/s		$T_1=2.3084$	$T_1=2.2526$	$T_1=2.2303$
		$T_2=2.3060$	$T_2=2.2423$	$T_2=2.2021$
		$T_3=2.0645$	$T_3=1.9938$	$T_3=1.8641$
底部地震剪力/kN	X 向	25485.2	21073.5	25286.6
	Y 向	27648.5	21681.7	26304.7
地震倾覆力矩/（kN·m）	X 向	1636511.3	1604674.3	1536566.5
	Y 向	1514258.3	1446790.8	1486115.5

从表中数据可知，采用摩擦摆隔震支座后，底部地震剪力和地震倾覆力矩均小于采用强连接的计算模型，且单塔模型数据也小于强连接的计算模型。结合 4.5 节计算结果，连接体与主体结构采用摩擦摆隔震支座后，会大大减小温度作用对结构的不利影响。因此可以得出结论，采用摩擦摆隔震支座能降低结构的综合造价。

4.6 摩擦摆隔震支座设计

4.6.1 摩擦摆隔震支座简介

摩擦摆隔震支座[49]将传统的平面滑移隔震装置的摩擦滑移面由平面改为球面，从而可依靠自身重力自动回复。该支座主要由上、下支座板和一个铰接滑块组成。摩擦摆隔震支座嵌在滑块容腔中的铰接滑块与滑动面具有相同的曲率半径，可与滑动面完全贴合，并使上支座板在支座滑动时始终保持水平。滑动面上涂有低摩擦材料[50]，如聚四氟乙烯（特氟龙）等，可在滑动过程中耗散能量。当滑动界面受到的地震作用或其他水平力作用超过静摩擦力时，会促使滑块在其圆弧面内滑动，从而迫使上部结构轻微抬高，发生单摆运动。然后，支座会在自身受到的竖向荷载作用下自动回复。

4.6.2　摩擦摆隔震支座类型

摩擦摆隔震支座按照曲率可分为单摆和复摆结构，如图 4.6.2-1 所示。单摆结构中间球冠衬板上下曲率相差较大，一般以较大曲率半径为设计基准，而复摆是衬板曲率接近或者相等的结构；单摆结构曲率较大的一端较大，安装不便，高度较低。复摆结构上下尺寸近似相等，安装容易，高度较高。对于周期较大、综合位移较大的结构，采用复摆结构较好。而对于周期较小的结构，单摆结构重量较轻，高度小，比较适合。因此两者适合于不同结构，可根据工程实际选用。

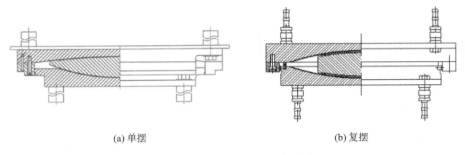

(a) 单摆　　　　　　　　　　　　　　　　(b) 复摆

图 4.6.2-1　摩擦摆支座不同曲率

摩擦摆支座按照摆动方式可分为单曲面和双曲面结构，图 4.6.2-2（a）为单曲面三滑动面支座，地震时挡环剪断，下摆带动结构开始摆动。图 4.6.2-2（b）为双滑动面结构，下转上摆，适用于位移量较大的结构。

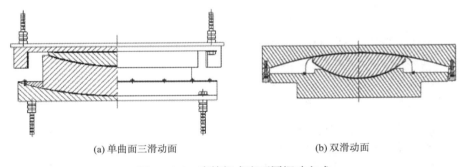

(a) 单曲面三滑动面　　　　　　　　　　　(b) 双滑动面

图 4.6.2-2　摩擦摆支座不同摆动方式

4.6.3　摩擦摆隔震支座设计

根据整体模型计算得到的支座竖向承载力及建筑尺寸要求，本工程选用直径 1m 的双滑动面摩擦摆支座（变形位移限值 ±200mm），如图 4.6.3-1 所示。考虑到连接体桁架高度较大，在每个大跨度连廊两端各设置 4 个滑动支座（上下弦杆处各设置 2 个支座），如图 4.6.3-2、图 4.6.3-3 所示。本工程所采用的摩擦摆支座性能指标如下。

（1）竖向受压承载力：8000kN、15000kN；

（2）等效剪切刚度：2.2kN/mm 和 4.125kN/mm；

（3）等效阻尼比：11.6%；

（4）水平最大允许位移量：±200mm；

（5）常温下，静摩擦系数 ≤ 0.04，动摩擦系数 0.01；

（6）滑动材料采用 MHP 板，MHP 滑板设计抗压强度 60MPa，极限抗压强度 200MPa。

（7）上部结构与支座接触面及支座与预埋件接触面平整度 ≤ 1/300，刨平顶紧。

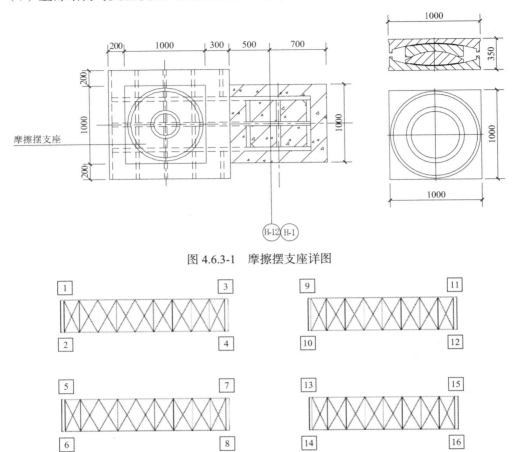

图 4.6.3-1 摩擦摆支座详图

图 4.6.3-2 摩擦摆支座布置图

通过对结构进行多遇地震、设防地震、预估的罕遇地震作用、风荷载及温度作用下的计算，各支座位置的最大滑动位移如表 4.6.3-1 所示。其中多遇地震作用、风荷载及温度作用采用弹性计算分析，设防地震作用采用等效弹性计算分析，罕遇地震作用采用弹塑性动力时程分析[51-52]。由表中数据可知，在预估的罕遇地震、温度作用下滑动支座位移均未超过支座水平变形量限值（±200mm）。

各支座不同工况下的最大滑动位移 表 4.6.3-1

	X 向最大滑动位移/mm	Y 向最大滑动位移/mm
多遇地震	44.85	36.78
设防地震	73.03	59.04
预估的罕遇地震	143.34	93.14
温度作用	32.074	0.87

包括竖向地震作用、上拔风荷载在内的最不利工况下，支座处均不产生拉力。经计算复核，风荷载在支座处产生的水平力未超过支座初始力。

支座设计详图如图 4.6.3-3、图 4.6.3-4 所示，支座现场照片如图 4.6.3-5 所示。

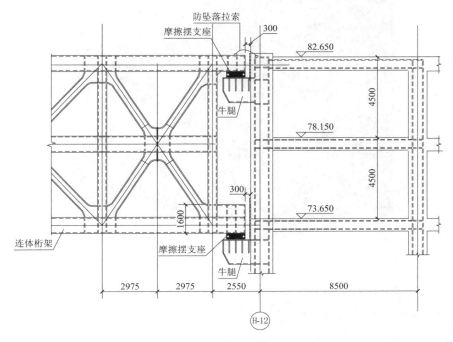

图 4.6.3-3 连体结构桁架端部详图

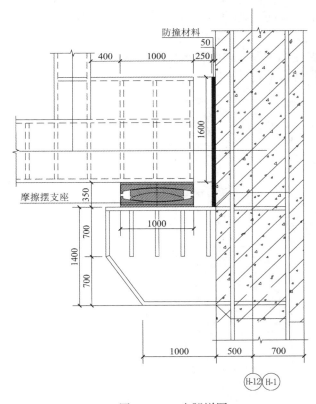

图 4.6.3-4 牛腿详图

图 4.6.3-5　现场摩擦摆支座

4.7　结语

对于复杂高位大跨度连体结构，采用摩擦摆隔震支座与主体结构相连是一种可行的方法，与强连接相比，有如下优点：

（1）由于弱连接使各单塔结构相对独立，各单塔主体结构受力明确清晰。

（2）采用摩擦摆隔震支座后，相当于增大了主体结构阻尼比，能减小地震作用的不利影响，有利于抗震。

（3）能大大减小温度作用对主体结构产生的影响。

（4）能降低结构的综合造价。

《第 **5** 章》

武汉体育中心体育场

（第七届世界军人运动会开幕式主会场）

5.1 项目概况

武汉体育中心是湖北省规模最大的体育建筑群，位于武汉沌口经济开发区腹地，318 国道从其西侧经过，与占地 1600 亩的江汉大学遥遥相对，形成武汉市又一具有现代特色的大型文化中心。开发区是武汉市改革开放的硕果之一，轿车产业发达，近二十年的新型建筑规划合理、布局有致、交通四通八达，这座现代化的体育中心坐落在该区是十分相宜的。武汉体育中心包括体育场、体育馆、游泳馆等一组现代化的体育建筑，其中 6 万座体育场 2019 年成为第七届世界军人运动会开幕式主会场。

体育场是体育中心的主体工程，建筑面积约 80000m²，投资 20 多亿元，设有总高 45m 的二层看台，可容纳 6 万观众，一流的场地设施，可以承担国际国内的一流大型比赛。

体育场由四个花瓣形看台组成椭圆形平台，东西长轴约 277m，南北短轴约 245m，最大悬挑长度约 52m，周长约 800m，竞技场设于其中，从任意位置均可清楚地观看场内比赛。看台采用框架结构体系，设置四个角筒，框架和角筒为篷盖支承结构，篷盖采用大悬挑上拉索预应力桁架 + 整体张拉式索膜结构，施加预应力后与下部支承结构共同受力。观众席上部为索膜结构篷盖，覆盖率达 100%，索膜篷盖下部看台部分为四个花瓣式钢筋混凝土框架结构，平面形状为椭圆形。东西看台篷盖由 18 个伞状膜单元组成，南北看台部分由 14 个伞状膜单元组成，伞状膜单元由内环索、谷索、脊索、上拉索、边索、膜和支撑桁架、立柱、受压环梁、斜腹杆、弦杆组成。它们共同作用，形成一个空间整体结构体系，以抵御外荷载作用。索膜篷盖有 64 个膜单元，每个膜单元通过由外环框架柱悬挑梁端的立柱支撑。东西看台索膜篷盖最高点高约 54.530m，南北看台索膜篷盖最高点高约 38.110m。

体育场整体透视图如图 5.1.0-1 所示，总平面布置如图 5.1.0-2 所示。

该项目设计时间为 1999—2001 年，2002 年以前，根据住房和城乡建设部及武汉市有关文件规定，该项目抗震设防烈度为 7 度。

建筑的场地类别为 Ⅱ 类，设计地震分组为第一组，抗震设防类别为重点设防类（即乙类）。基础采用人工挖孔桩，篷盖支承结构采用框架结构，框架抗震等级为二级。建筑结构安全等级为一级，结构设计工作年限 50 年，耐久性设计年限 100 年。

图 5.1.0-1　体育场透视图

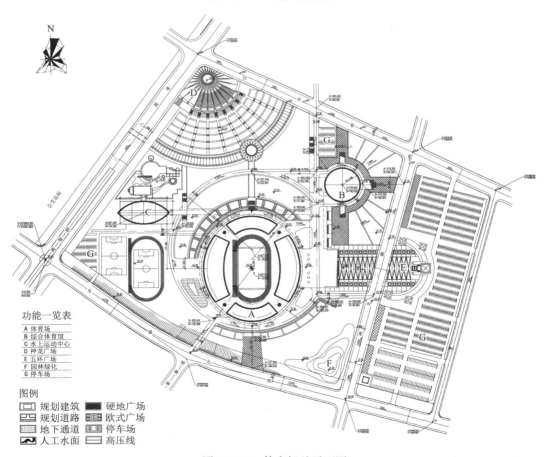

图 5.1.0-2　体育场总平面图

5.2　篷盖支承结构布置及主要构件尺寸

5.2.1　框架结构部分

篷盖以下部分为体育场看台及办公辅助用房，采用框架结构。径向框架为主要受力方向，承受看台及楼盖重量，并承受篷盖荷载。框架共 56 榀，东西区悬挑较大，为减小端点位移，采用 Y 形框架立柱。Y 形框架柱宽 800mm，东西向典型结构剖面如图 5.2.1-1 所示。南北向典型结构剖面如图 5.2.1-2 所示。

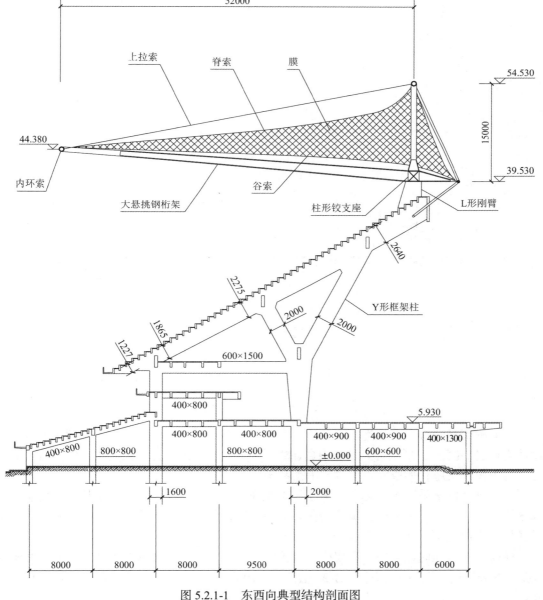

图 5.2.1-1　东西向典型结构剖面图

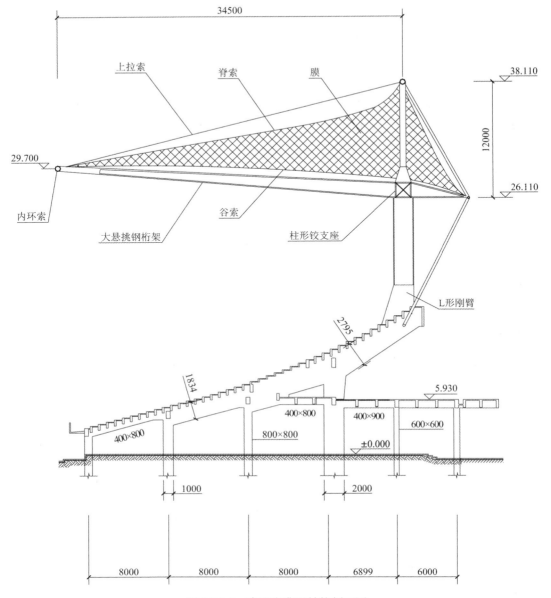

图 5.2.1-2 南北向典型结构剖面图

　　径向框架悬臂端为大悬挑上拉索预应力桁架＋整体张拉式索膜结构的主要支承部位。设计为钢筋混凝土 L 形刚臂。顶点根据篷盖反力和计算简图设计为铰支座，L 形刚臂角部为篷盖下拉杆支座，形成篷盖伸臂的平衡系统。

　　下部支承框架采用 Y 形框架，减小了框架作为篷盖柱铰支座点的悬挑长度，调整了支承框架的内力，保证了框架在最不利荷载下的强度，变形满足要求，并减小了框架截面和配筋量，方便施工，保证了质量。

　　横向框架由径向框架柱、框架梁、楼盖梁等组成。看台梁采用现浇预应力梁，整体性较好。部分结构平面布置如图 5.2.1-3～图 5.2.1-10 所示，框架梁尺寸为 400mm×750mm～400mm×1500mm，看台梁尺寸为 200mm×700mm、200mm×800mm。

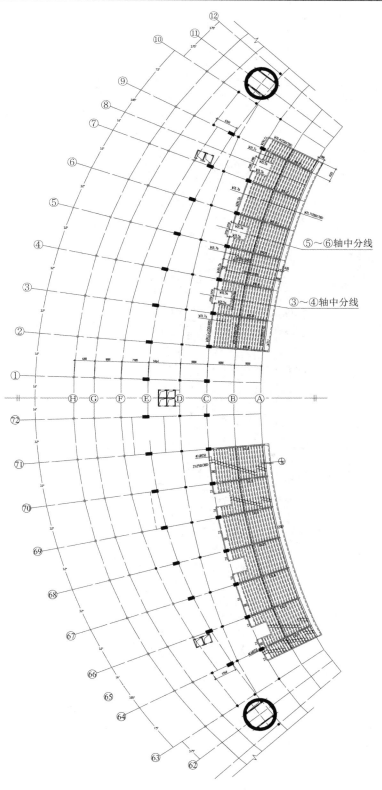

图 5.2.1-3 西区一层看台结构平面

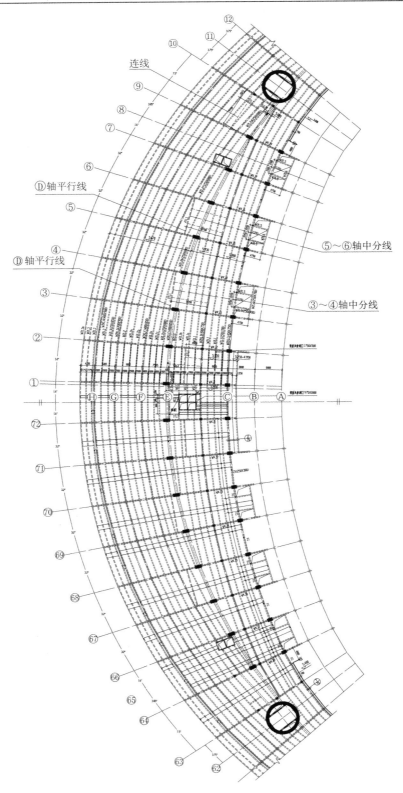

连线

①轴平行线

①轴平行线

⑤～⑥轴中分线

③～④轴中分线

图 5.2.1-4　西区二层结构平面

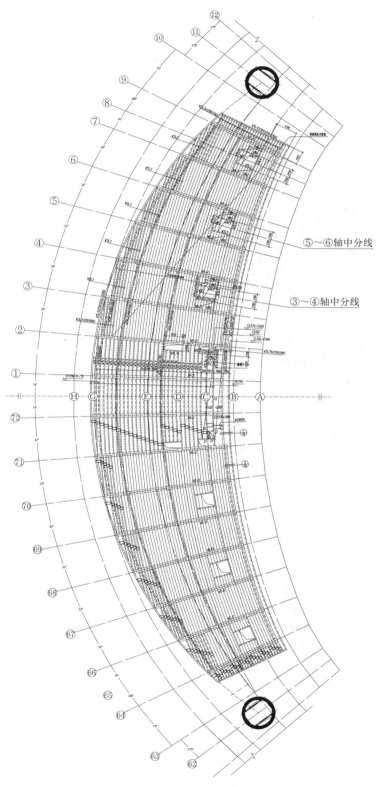

⑤～⑥轴中分线

③～④轴中分线

图 5.2.1-5　西区二层看台结构平面

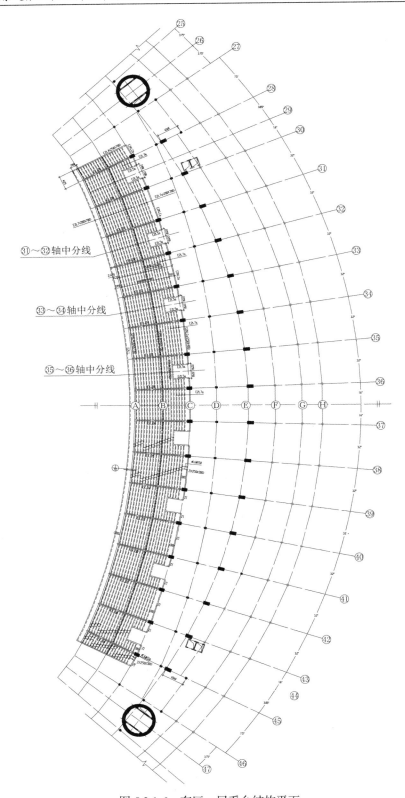

图 5.2.1-6 东区一层看台结构平面

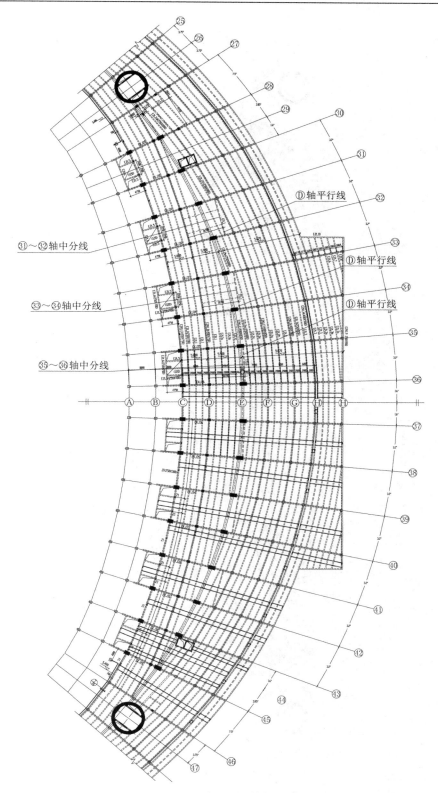

图 5.2.1-7　东区二层结构平面

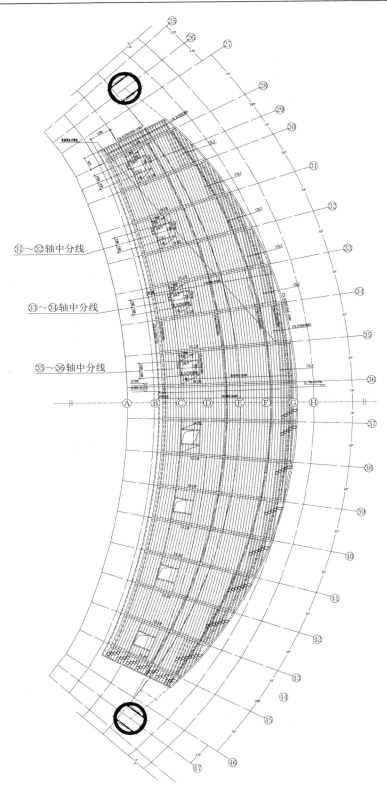

图 5.2.1-8　东区二层看台结构平面

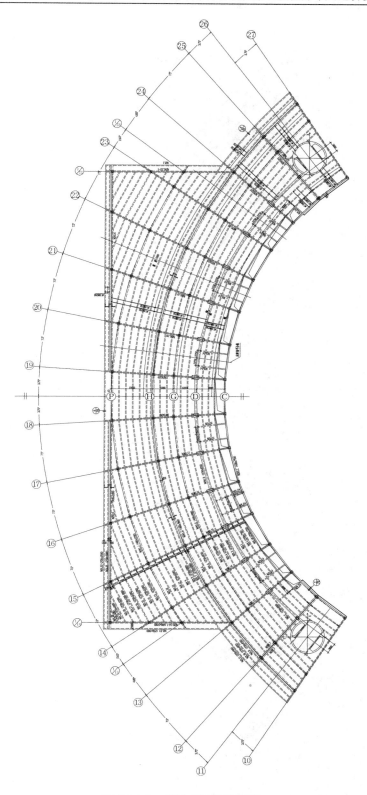

图 5.2.1-9　北区二层结构平面

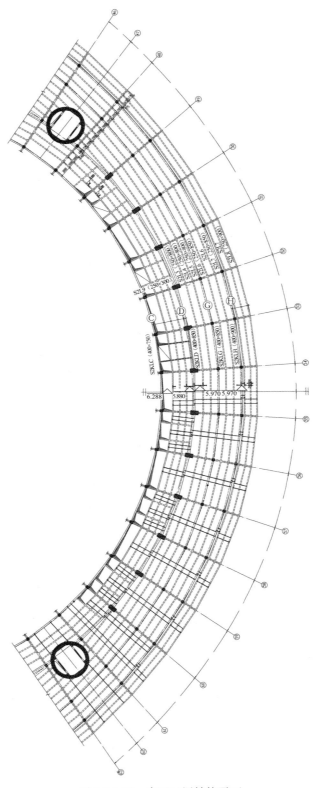

图 5.2.1-10　南区二层结构平面

5.2.2　四角筒结构设计

花瓣形平面四角交汇处设计高约 40m 直径 10m 的钢筋混凝土筒体，承受拱形外环梁的水平推力，保证篷盖结构形成空间受力体系。为确保能承受外环梁传递过来的水平推力，筒体基础采用沉井，嵌固在弱风化泥岩层，嵌岩深度不小于 2m。钢筋混凝土筒体典型结构平面如图 5.2.2-1 所示，沉井施工图如图 5.2.2-2～图 5.2.2-4 所示。

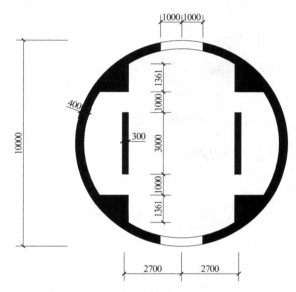

图 5.2.2-1　钢筋混凝土筒体典型结构平面

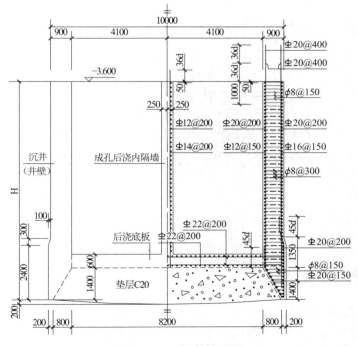

图 5.2.2-2　沉井剖面图

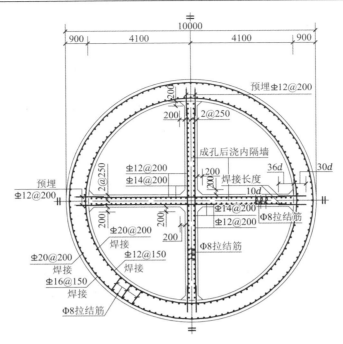

图 5.2.2-3 沉井壁及内隔墙配筋图

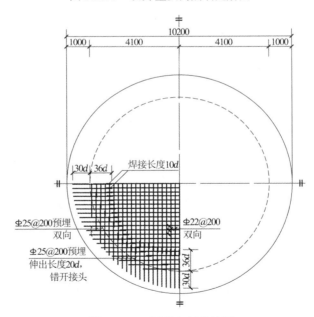

图 5.2.2-4 沉井底板配筋图

5.3 基础设计

本工程基础为桩-承台基础，桩基为人工挖孔扩底灌注桩，采用钢筋混凝土护壁，桩端持力层为弱风化泥岩，桩端入岩深度不小于 0.2m。桩直径 900～1500mm，桩端扩底直径900～3600mm。各区基础平面图如图 5.3.0-1～图 5.3.0-4 所示。

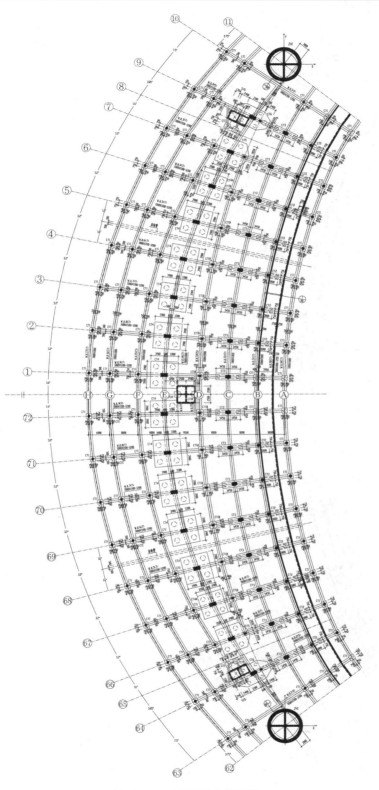

图 5.3.0-1　西区基础平面图

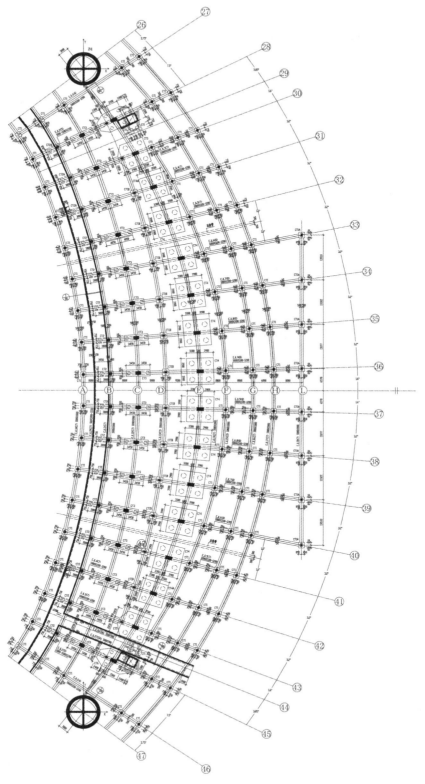

图 5.3.0-2　东区基础平面图

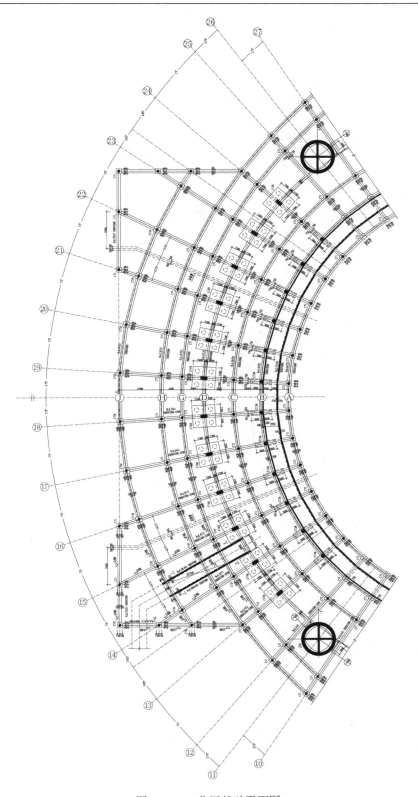

图 5.3.0-3　北区基础平面图

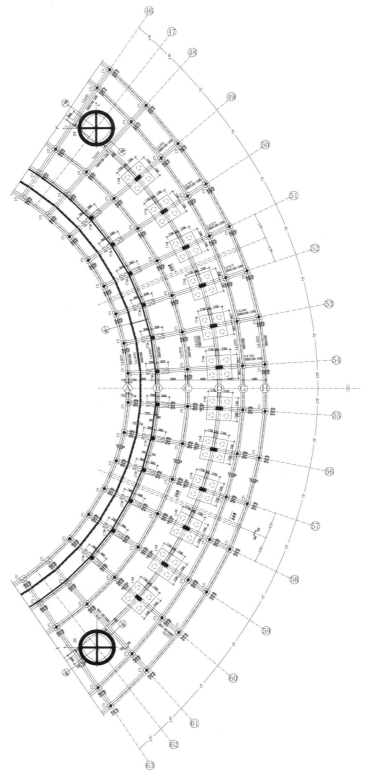

图 5.3.0-4　南区基础平面图

5.4　看台超长无缝结构设计

超长看台现浇框架体系（总长约 800m，四区中最长段约 260m），采用有限元温度应力计算，配置抵抗温度应力的钢筋、部分预应力混凝土并采用无缝施工法，解决了超长结构温度应力设计问题。

各区看台及平台平面尺寸长边均超过规范规定的钢筋混凝土结构伸缩缝最大间距，但未设温度伸缩缝，为减小温度应力对结构带来的不利影响，采取了以下技术措施：

1）为抵抗季节及日温差产生的温度应力，结构设计根据温度应力的计算结果，将各构件按拉弯、压弯构件分类，按相应裂缝控制级别确定钢筋用量。根据以上原则，看台肋梁均采用了无粘结部分预应力混凝土结构，对整体张拉的顺序提出了严格要求。平台框架梁、次梁均采用了普通钢筋混凝土结构，并适当提高了温度应力较大的外围部位配筋率，钢筋通长设置。

2）为减小施工阶段混凝土浇筑过程中水化热产生的温度应力的不利影响，在看台与平台、地下室部分之间以及其他适当的位置设置了后浇带，待各部分沉降稳定后再连成整体，并在混凝土中添加微膨胀剂。

3）为配合以上超长结构无缝设计，对施工提出了如下要求：

（1）施工单位应具备超长结构工程施工经验。

（2）施工单位应通过试验确定合理的配合比及添加剂掺量，优先采用置换型添加剂，减少水泥用量，以降低水化热不利影响，并同时控制好水灰比、坍落度，加强养护，尽可能避免因混凝土干缩产生裂缝。

（3）施工单位宜将混凝土浇筑过程及终凝时温度控制在 20℃（±2℃）。

（4）后浇带混凝土中微膨胀剂掺量应高于其他部位，合龙浇筑时温度宜低于主体混凝土浇筑时的温度。

（5）施工顺序应为先看台后平台。

采取上述措施后，较好地解决了看台混凝土超长的有关技术问题，取得了良好效果。

5.5　篷盖大悬挑上拉索预应力桁架-整体张拉式索膜结构设计

索膜结构以其新颖独特的建筑造型、良好的受力特点，已成为大跨度空间结构主要形式之一，近几十年来在世界建筑工程中得到了广泛应用，发展迅猛。本工程篷盖采用经改进的大悬挑预应力上拉索空间桁架-整体张拉式索膜结构。篷盖覆盖面积约 3 万 m²，对当时流行的索膜结构的改进之处有：将常见的钢结构支承上覆盖膜体系改进为索膜张拉力受力组合体系，由 64 个伞状膜单元形成纵向独立受力单元，通过角筒、环梁、下拉杆屋盖水平支撑形成整体空间受力体系，既能使造型精巧、功能良好，又充分利用了材料受力性能，形成了整体受力体系，将建筑功能和结构作用融为一体，提高了安全性也大大节省了用钢量，节省了投资。

纵向钢撑将常用的单杆铰节点改进为尾部分叉的平面连续钢桁架撑杆，提高了抗震能力，减小了下环梁钢撑杆弹性支点的挠度，同时减小了上下环梁的作用力，提高了上环梁空间拱的受力性能和空间整体性能。尾部分叉桁架用以适应下拉杆空间受力体系的定位和连接。下拉杆采用三角形布局，形成环形封闭空间结构，平衡了大悬挑，提高了整体受力性能。

篷盖由伞状索膜结构单元组成。东西侧看台每侧 18 个索膜单元，南北侧看台每侧 14 个索膜单元，总共 64 个索膜单元。每个索膜单元承担结构自重、屋面活荷载、检修荷载，大悬挑上拉索预应力桁架体系承受音响、灯光、马道等悬挂荷载。风荷载是篷盖结构的主要荷载，通过风洞试验确定取值。

伞状索膜单元由上拉索预应力桁架、索、膜组成。尾部分叉钢桁架为 Y 形平面，采用钢管空间桁架。悬挑最大长度为 52m，后部通过钢管下拉杆平衡。钢管下拉杆组成空间三角形，锚固节点为钢筋混凝土刚臂角部。刚臂上部设铰支座。内环索施加预应力后起弹性支点作用，铰支座处设立柱，立柱与上拉索形成膜需要张拉成形的高度和预张力，满足篷盖的铺设要求。

索膜部分包括谷索、脊索、边索、内环索，各索施加预应力才能参加篷盖受力，预应力值根据索膜找形和使用条件计算确定，内环索各点垂直位移控制在 200mm 以内。

各索膜单元通过上下环梁、内环索相互连结并与四角筒撑杆形成整体受力体系。上下环梁是一个空间拱，拱脚支座为四个角筒，内环索相当于拱拉杆。大部分水平力分力由空间拱承受，垂直力主要由尾部分叉钢桁架通过挑台框架传给基础，同时空间拱也承受部分竖向力。如图 5.5.0-1～图 5.5.0-9 所示。

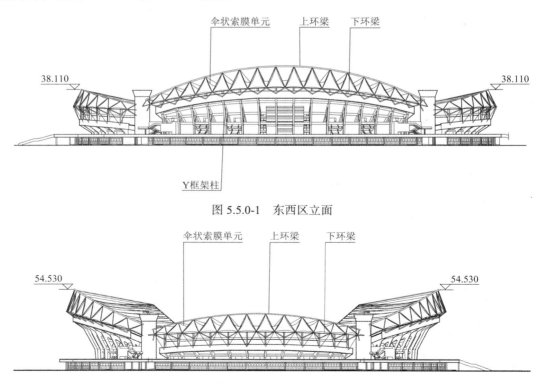

图 5.5.0-1　东西区立面

图 5.5.0-2　南北区立面

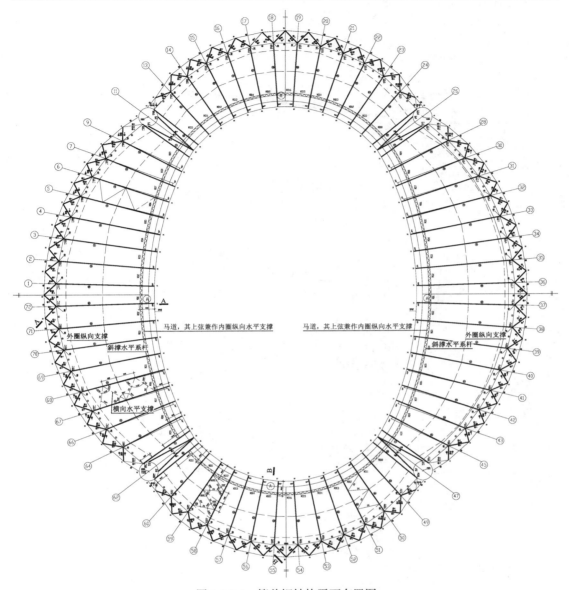

图 5.5.0-3　篷盖钢结构平面布置图

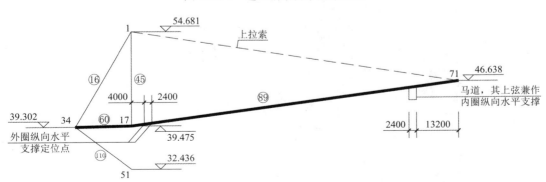

图 5.5.0-4　A-A 剖面示意图

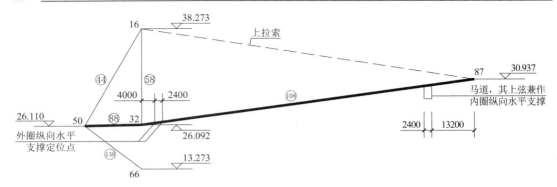

图 5.5.0-5　B-B 剖面示意图

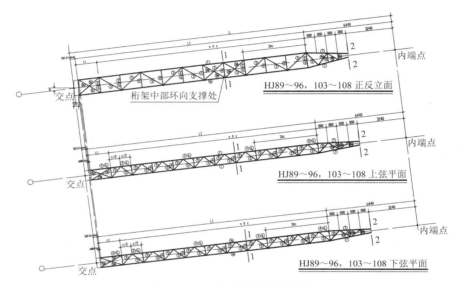

图 5.5.0-6　典型悬挑桁架详图

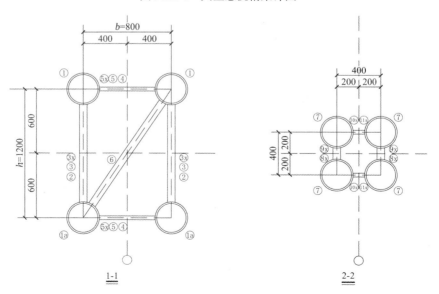

图 5.5.0-7　剖面 1-1 及 2-2

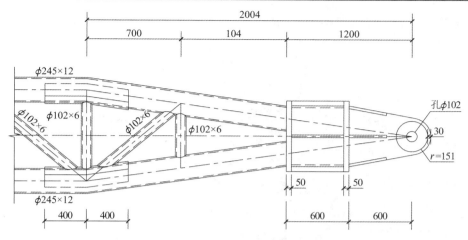

图 5.5.0-8　钢桁架端部典型构造详图

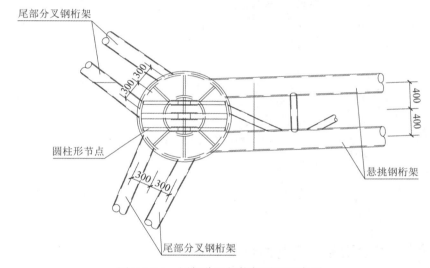

图 5.5.0-9　尾部分叉钢桁架平面示意图

5.6　篷盖支座设计

　　钢桁架撑杆支座为新型空间柱形铰支座，该支座与下拉杆形成大悬挑钢桁架（最大悬挑 52m）的平衡稳定受力系统。铰支座是最重要的支座，关系整个伞状索膜单元的安全。该支座要确保钢桁架的 12 根主杆件通过铰柱实现连续，合力点通过柱铰形心，并不向框架支座传递弯矩和扭矩。柱形铰受力复杂，设计为内外焊接双钢管，钢管间加设 8 条纵肋和 4 条横肋，高 1.8m 的钢柱结构下端设置冠状球面，上端为销接铰，以连接形成高度足够索膜成形并承受垂直力的竖杆。柱铰下端置于框架支承柱顶钢支座内，钢支座由 300mm 厚钢板加工成形，其球面采用球冠形式，球冠深度根据最不利工况的剪力以及允许转动角度进行数次优化计算确定。支承柱顶钢支座设计为偏心支座，以平衡水平力、垂直力对框架支座的附加弯矩，减小柱顶内力，便于柱顶截面优化，减少配筋，方便施工。柱铰不向钢支座传递索膜悬挑弯矩和相邻膜单元张拉不平衡形成的扭矩，保证了框架柱的安全。如图 5.6.0-1 所示。

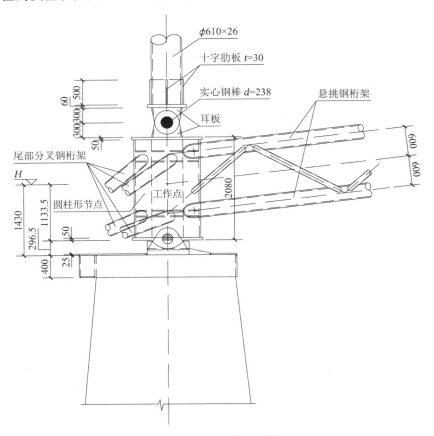

图 5.6.0-1　新型空间柱形铰支座

5.7　体育场篷盖索膜结构受力性能分析

　　索膜篷盖主要受力构件由一些只能承受拉应力，而抗弯和抗压强度几乎为零的索、膜等柔性材料所组成。张拉式索膜结构的分析、设计过程大致可分 2 个阶段。第一阶段是找形阶段：索膜本身并不能维持既定的空间形状，要保持稳定，必须施加预应力。张拉式索膜结构的几何外形与其预应力分布及数值有着密切的依赖和制约关系，不同的预应力分布、预应力值可以导致不同的几何外形，找形的目的就是找出既满足建筑师的外形构思，又符合边界条件和力学平衡的空间形状。找形的结果，是得到上述空间形状的三维坐标以及基于该形状的预应力分布值。第二阶段是荷载作用下结构的变形、内力求解阶段，即由找形分析所得到的曲面形式，在各种外力作用下，求解其变形、内力的过程。

5.7.1　索膜结构非线性有限元方法计算原理

　　采用修正的拉格朗日方法（Update Lagrange Formulation），考虑张拉结构大位移小应变的几何非线性，忽略材料非线性，膜单元选取三节点平面三角形等参单元，索单元采用两节点直线单元，可推导出索膜结构的单元刚度矩阵及有限元基本方程。其中非线性有限元迭代公式[53]为：

$$({}_t^t[K_L]+{}_t^t[K_{NL}])\Delta\{u\}^i = {}^{t+\Delta t}\{R\}-{}^{t+\Delta t}\{F\}^{i-1} \tag{5.7.1-1}$$

其中，线性刚度矩阵：

$${}_t^t[K_L] = \int_V {}_t^t[B_L]^T[C]{}_t^t[B_L]\mathrm{d}^tV$$

非线性刚度矩阵：

$${}_t^t[K_{NL}] = \int_V {}_t^t[B_{NL}]^{T\,t}[\sigma]{}_t^t[B_{NL}]\mathrm{d}^tV$$

式中，$\{R\}$ 为外荷载矢量；$\{F\}$ 为单元应力结点等效力矢量；$[C]$ 为材料应力应变关系矩阵；$[\sigma]$ 为柯西应力矩阵；$[B_L]$，$[B_{NL}]$ 分别为线性、非线性应变位移关系矩阵。

求解(5.7.1-1)，得到新的近似值为：

$$\{u\}t + \Delta ti = \{u\}_{\Delta t}^{i-1} + \{\Delta u\}^i \tag{5.7.1-2}$$

使用式(5.7.1-1)、式(5.7.1-2)不断进行迭代，直至满足适当的收敛准则。

对该结构的初始找形，取索膜结构的平面形状作为初始态，根据预张力的分布状态，将若干控制点（索膜的边缘支承点）提高到规定的位置，形成与之相对应的平衡的曲面形状。非线性求解过程中，式(5.7.1-1)外荷载项为零，忽略变形协调条件和材料的本构关系（线性刚度不起作用）。

结构找形完成后，应用式(5.7.1-1)、式(5.7.1-2)进行迭代求解，即可计算在各种荷载作用下结构的变形和内力情况。

体育场索膜结构的找形分析采用从平面状态开始迭代的方法。在索膜结构初始形态设计中，设计给定控制点的位置以及预张力的分布状态，然后寻求在此条件下与之相对应的平衡的曲面形状。设计过程中，为保证最终得到的初始形态的预张力分布即为初始定的预张力，计算时采用小弹性模量法，索膜取虚拟的小弹性模量。这样求解索膜结构初始形态的已知条件是：结构的平面形状、膜及索的初始预张力的大小和分布、结构的边界控制点位置，求解的是结构成形后其余节点的坐标。步骤为：

（1）在平面状态下进行有限单元网格划分。

（2）给定预张力的分布状态和边界约束条件。

（3）将已知的控制点位置提高或降低（相当于给定部分节点的位移），考虑到由此带来的计算误差或可能发生的迭代发散现象，需合理设置弹性模量的取值和迭代的步数以及单元划分精度。

（4）考察成形后的形状是否满足设计上的要求。若不满足，重复以上步骤，直至满足要求。

5.7.2　体育场索膜结构成形及其在荷载下的反应

本工程采用大型有限元通用程序 ANSYS 进行有限元分析[54]，体育场索膜结构有限元模型如图 5.7.2-1 所示，整个模型共剖分单元 49564 个，节点 58005 个。其中膜单元 5562 个，索单元 2528 个，杆单元 436 个，其余均为梁单元。

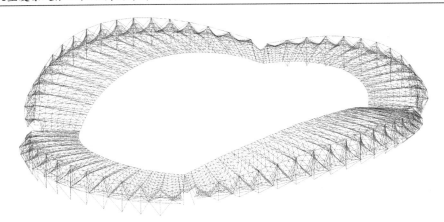

图 5.7.2-1　体育场索膜结构有限元模型

结构所承受荷载工况如下：

（1）恒荷载：预应力 + 自重 + 马道重 + 灯具重 + 音响重。

（2）均布活荷载：0.50kN/m²。

（3）雪荷载：0.6kN/m²（考虑屋面积雪分布系数）。

（4）风荷载：$w_k = \beta_z \mu_s \mu_z w_0 = 1.67 \times \mu_s \times 1.2 \times 0.40 = 0.802 \times \mu_s \text{kN/m}^2$。

其中 μ_s 为体型系数（根据风洞试验结果确定[55]），本项目设计时间为 1999—2000 年，设计时尚无屋盖超限工程的相关规定，故风荷载取 50 年重现期最小极值风压（极端情况，上拔风荷载），风向角分别为 0°、90°、225°时的最大风压（极端情况）。

（5）地震作用：X，Y 向地震作用。

（6）温度作用：+30℃升温，−20℃降温。

（7）安装荷载：钢结构 + 上拉索 + 环索的恒荷载。

按不同情况将以上荷载组合成 10 种工况进行计算。

由于大型体育场索膜结构风荷载取值无规范可循，因此通过风洞试验确定。风洞试验由北京大学完成。根据风洞试验结果，风荷载取值如下：风压最大值 1.15kN/m²（压力），最小值−1.65kN/m²。体型系数最大值 1.4（压力），最小值−2.7（吸力），风振系数根据设计部位不同分别取值 1.25～2.5。

风洞试验为刚性模型，模型比例 1：150，模型每转动 15°角测量内、外表面压力一次，当模型旋转 360°（即 24 次）后，即获取内、外表面的全篷盖压力分布。

主要测点数据详见表 5.7.2-1，风压值已经过换算，设计可直接采用。

各区风压极值　　　　　　　　　　　　　　　　表 5.7.2-1

部位	50 年重现期风压/（kN/m²）	
	压力最大值	吸力最大值
东区	0.9	−1.4
南区	1.0	−0.8
西区	0.9	−1.3
北区	1.0	−0.9

1）膜结构的受力反应分析

膜顶盖为体育场挑篷的主要构件之一，在安装中预应力为 3.5kN/m，对于大位移小变形的几何非线性问题，采用三角形单元。膜是靠膜面内的张力提供刚度承受荷载的，膜材为非抗压性材料，判断膜褶皱的方法为：$\sigma_1 > 0$、$\sigma_2 > 0$，单元正常工作；$\sigma_1 < 0$、$\sigma_2 < 0$，单元退出工作；$\sigma_1 > 0$、$\sigma_2 < 0$，此时单元的工作状态呈正交异性，沿主拉应力方向单元正常工作，沿主压应力方向退出工作。

各工况中膜上第一主应力σ_1及第二主应力σ_2的最大值见表 5.7.2-2。

主要控制工况膜上主应力最大值（单位：N/mm²）　　　表 5.7.2-2

主应力	恒荷载+活荷载	恒荷载+雪荷载	恒荷载+上拔风	恒荷载+X向风	恒荷载+Y向风	恒荷载+XY向风	恒荷载+X地震	恒荷载+Y地震	恒荷载+升温	恒荷载+降温
σ_1	26.548	20.308	33.608	19.918	20.998	24.168	11.357	11.398	11.638	11.172
σ_2	7.883	7.039	8.09	7.409	7.359	7.944	5.263	5.296	5.304	5.219

从表中可见，各工况均满足$\sigma_1 > 0$、$\sigma_2 > 0$，即膜均处于工作状态。升温应力、降温应力以及地震作用对膜上σ_1、σ_2的最大值影响均不大，均低于活荷载的影响，故膜上应力直接受其上活荷载总量的影响。风荷载对膜上应力影响较大，尤其是上拔风及水平风荷载（风荷载作用方向与X、Y向成45°角），上拔风为膜结构设计的控制工况之一。

下面对上拔风控制工况进行分析：

上拔风作用在膜上，使体育场挑篷向上掀，内环索处于受拉状态，膜上的荷载通过外环钢结构传给基础，因此在这些区域的膜上应力增大很多。膜上应力矢量显示，与脊索及谷索平行的主拉应力区域减小，尤其在外环膜边索附近主拉应力方向与脊索及谷索成大约45°角，说明上拔风对膜上传力及工作状态影响很大。

2）膜索结构的受力反应分析

体育场膜索结构包括脊索、谷索、内环膜边索、外环膜边索。单元采用柔索单元，只承受拉力，不承受压力，在轴力≤0时退出正常工作。柔索的刚度由索上的张拉力提供。下面对各种荷载作用下膜索的受力进行分析：

（1）温度作用下膜索的受力分析

温度升高时，膜索松弛，张力减小；温度降低，膜索张紧，张力增大。在本工程中，由于内环膜边索的预张力较小，在温度升高30℃时，内环膜边索上的张力损失相当严重，几乎全部退出工作。

（2）地震作用下膜索的受力分析

地震对脊索、谷索、外环膜边索的影响很小，对内环膜边索上张力影响较大。Y向地震作用下，东、西索南端部分内环膜边索张力为零，退出工作。

（3）上拔风荷载作用下膜索的受力分析

上拔风使内环膜边索和外环膜边索张力普遍增大，该工况下内环膜边索中张力为各种工况中的最大值。

在上拔风作用下，谷索与脊索的反应恰恰是相反的，谷索具有向上的曲率，在上拔风作用下上谷索上张力大幅提高，并且各谷索上的张力全部大于零，全部参与工作。而对于脊索，由于膜面被风向上掀，向下的曲率变小且有变成向上的趋势，同一根脊索上同时存在拉力增大和拉力释放的情况，靠近内环索的脊索拉力增大，而靠近外环附近存在部分单元张力释放，甚至有部分索段退出工作。计算结果表明，单独一个膜单元中的谷索与脊索应力释放不影响整体索膜结构的安全。

（4）雪荷载作用下膜索的受力分析

膜单元的法线方向各不相同，使得作用在其上雪荷载大相径庭，膜索的反应也随之变得相当复杂。一般来说，雪荷载较大的部位，内环膜边索与外环膜边索普遍增大。在雪荷载作用下，脊索上张力全部大于零，所有脊索都参与工作。同时谷索上张力为零的部分范围扩大，不论是对称雪荷载还是非对称雪荷载，大部分谷索上都存在没有参与工作的部分。

（5）风荷载作用下膜索的受力分析

风荷载对各种索的张力影响很大，这种影响可以表示为X向风荷载小于Y向风荷载小于XY向风荷载。XY向风荷载能够引起篷盖的扭转效应，在这种情况下从膜上传来的荷载使内环索两边支座反力差异变大，且在受扭局部索系张力增大很多。谷索上张力有所增大，但增加幅度和雪荷载相比不大，仍然存在零张力部分。

5.7.3 体育场索膜结构的抗连续倒塌分析

篷盖结构在偶然作用发生时，应具有一定的抗连续倒塌能力。国家标准《工程结构可靠度统一设计标准》GB 50153—1992 和《建筑可靠度设计统一标准》GB 50068—2001 对偶然设计状态也均有定性规定。在 GB 50153—1992 中规定当发生爆炸、撞击、人为错误等偶然事件时，结构能保持必需的整体稳固性，不出现与起因不相称的破坏后果，防止出现结构的连续倒塌。在 GB 50068—2001 中规定，对偶然状态，建筑结构可采用下列原则之一按承载力极限状态进行设计：①按作用效应的偶然组合进行设计或采取保护措施，使主要承重结构不因出现设计规定的偶然事件而丧失承载能力；②允许主要承重结构因出现设计规定的偶然事件而局部破坏，但其剩余部分具有在一定时间内不发生连续倒塌的可靠度。

结构连续倒塌是指结构因突发事件或严重超载而造成局部结构破坏失效，继而引起与失效构件相连的构件连续破坏，最终导致相对于局部破坏更大范围的倒塌破坏。局部构件失效后，破坏范围可能沿水平方向及竖直方向发展，其中破坏沿竖直方向发展的影响更为突出。当偶然因素导致结构局部破坏失效时，如果结构不能形成多重荷载传递路径，破坏范围沿水平方向或竖直方向蔓延，最终会导致结构发生大范围倒塌甚至是连续倒塌。本工程设计时，采用的规范没有明确要求进行抗连续倒塌设计。断索工况是根据专家评审时提出的要求补充的。考虑到我国《高层建筑混凝土结构技术规程》JGJ 3—2010（简称《高规》）中增加了结构抗倒塌的规定，本节将其作为参考对篷盖结构完善抗连续倒塌分析。

1. 分析方法

本节采用规范要求的抗连续倒塌的拆除构件方法进行分析，通过拆除局部结构构件，采用弹性静力方法分析剩余结构的内力与变形，具体要求详见《高规》第 3.12 节有关规定。

2. 分析步骤

（1）根据前述设计的构件尺寸及配筋，计算出构件的极限承载力；

（2）建立结构模型，施加边界条件；

（3）移去指定构件，并施加荷载；

（4）计算出各个构件的内力，校核构件是否满足规范关于抗连续倒塌设计的要求。

3. 分析假定及结果假定

瞬时"拆除"篷盖某个结构单元的重要构件来模拟偶然荷载对屋盖的直接影响，评估结构是否具有防止连续倒塌的能力。在本项目中，索膜单元中的上拉索对结构抗连续倒塌性能具有至关重要的影响，按照规范要求，假定以下失效模式，分析结构是否发生连续倒塌。

假定桁架 95 的上拉索断裂失效，如图 5.7.3-1 所示。经计算分析，上拉索断裂失效导致内环索松弛，张力降低，局部最不利区段张拉力下降约 21%，但张拉力仍有约 1200kN，未退张。悬挑桁架支座部位弦杆内力增大约 15%，应力比达到 0.95，满足安全要求。断索对其所在区脊索上的张力影响很大。由于上拉索断裂，本应由上拉索承担的荷载大部分转到该处的脊索上，使其上张力大幅增大，该处脊索最大增幅为恒荷载作用下的 9 倍，可见上拉索的断裂直接影响到脊索的安全。膜上第一主应力 $\sigma_1 = 11.351 \text{N/mm}^2$，第二主应力 $\sigma_2 = 5.252 \text{N/mm}^2$，断索对膜上主应力影响很小。索断裂后，断索所在区悬挑端部位移最大值为 375mm，不影响结构正常工作。

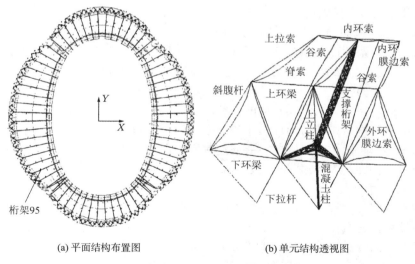

(a) 平面结构布置图　　　　　(b) 单元结构透视图

图 5.7.3-1　断索工况示意图

以上分析表明，设计对脊索留有足够的安全储备，索膜篷盖具有多重重力荷载传递路径。在局部结构构件失效的情况下，重力荷载可以通过其他路径传递，而不会发生破坏沿水平或竖向大范围发展进而导致结构连续破坏的情况，满足规范关于结构抗连续倒塌的设计要求。

5.8 内环索张拉创新设计

5.8.1 内环索张拉的重要性

由于上拔风工况为篷盖设计的控制性工况之一，而设计中主要通过对内环索的张拉使各榀悬挑桁架预先有一垂直向下的拉力与上拉索形成平衡力系来抵抗上拔风荷载，由于内环索在索膜篷盖安装后已张紧，所以在上拔风荷载作用下就不会在悬挑桁架端点产生过大的向上位移，使悬挑桁架根部产生过大的反向弯矩。各榀悬挑桁架在上拔风荷载作用下产生的向上拉力通过内环索变成环向拉力，并汇交在支撑于井筒的外伸桁架端点处，最终将此荷载传给井筒。因此在安装索膜篷盖时，内环索能否按设计要求张拉到位将直接影响整个篷盖在风荷载作用下的安全。

5.8.2 内环索张拉的难度

首先内环索设计的预张力约 2000kN，在 50 多米高的高空下如何实现此张拉力便是一个难题。其次，设计要求内环索张拉时不能对悬挑桁架端点产生环向拉力，因为此环向拉力通过 53m 长的悬挑桁架将会在其根部产生巨大的附加力矩，使其根部焊缝在安装时即承受过大应力，影响篷盖结构的整体安全。内环索的张拉不能采用常规的张拉机械，必须通过适当的方法进行。

5.8.3 内环索张拉的解决方法

1. 设计采取的措施

首先将内环索张拉分为两个阶段完成，第一阶段张拉在大悬挑桁架上拉索的安装阶段完成。单独将预应力上拉索的安装阶段作为一个工况计算，并计算出此阶段内环索张拉力，约为 500kN 左右。施加预张力的方法为，通过计算对内环索进行应力下料后，使内环索安装时索夹与悬挑桁架端点节点板有一定的距离（预先通过计算确定），通过拧紧连接索夹与悬挑桁架端点节点板上的高强度螺栓（其拧紧力亦通过计算确定），使内环索产生环向拉力，完成第一阶段的张拉，并将内环索与索夹之间设计成可自由移动式。第一阶段张拉力达到设计要求后，在张力式索膜膜面的安装阶段完成第二阶段张拉，主要通过对谷索的张拉完成第二阶段张拉，张拉后内环索张拉力必须达到 2000kN 左右，由于第二阶段张拉力的定量控制较第一阶段困难，因此主要通过判断与内环索张拉力相匹配的膜面应力是否达到设计要求来间接确定内环索张拉力是否到位。

2. 施工采取的措施

在第一阶段安装过程中，内环索根据体育场的四个分区分为四段，安装时分段吊装，首先在井筒外伸桁架端点就位，再由各区中点向井筒方向顺序安装，内环索整体安装完成后，由各区中间向两边对称、均匀地沿环向重复渐进式逐步拧紧高强度螺栓，实现内环索第一阶段的整体张拉。在第二阶段安装过程中，通过顶升浮动环、张拉谷索对内环索进行张拉，张拉原则主要为：由各区中间向两边对称均匀、重复渐进地进行整体张拉，通过对各关键工作点坐标位置的控制和调节来实现预张力的控制。

3. 张拉力的验证

本工程进行了施工吊装、张拉以及投入使用后近 10 个月的全过程关键部位杆件的应力监测，结果表明：竣工后的篷盖结构基本实现设计意图，内环索的张拉力达到设计要求。

5.9　结语

通过武汉体育中心体育场设计和施工，得出以下结论：

（1）容纳观众越来越多、场地越来越大，成为大型体育场的建设趋势。索膜结构具有自重轻，造型美观的优势，是当代大型体育场合理先进的结构形式之一。

（2）风荷载为设计膜索时的控制因素，膜索的变形对作用在膜上的风荷载很敏感，宜通过风洞试验确定。

（3）索膜篷盖与下部支承形成整体受力体系，设计的重点是选择好整体受力模式，整体受力应该是稳定的、简捷的、可靠的，这样才是最经济和合理的。体育场篷盖是一个高阶超静定结构，其上各构件相互作用，设计时应考虑下部支承结构与篷盖结构的相互影响。

（4）单独释放一个膜单元中的谷索和脊索的应力，并不影响整个篷盖的整体稳定性，确保了在使用过程中局部破损的可维修性和可更换性。

（5）特殊的节点设计必须加强，要考虑多种可能的受力状况，即需要考虑不利组合的同时考虑施工过程及可能发生的非常规复杂内力，确保安全。

（6）体育场经过 20 多年的使用，看台、平台均无渗漏现象，情况良好。通过合理的超长结构无缝施工设计，完全满足了业主提出的不设置结构缝的要求。

（7）如何安全、高效地实现内环索张拉一直是体育场索膜结构张拉时的难题，本章创新地提出了与传统张拉方法完全不同的内环索张拉思路，为类似工程提供了非常有益的参考。

参 考 文 献

[1] 住房和城乡建设部. 建筑工程抗震设防分类标准: GB 50223—2008[S]. 北京: 中国建筑工业出版社,
2008.

[2] 住房和城乡建设部. 高层建筑混凝土结构技术规程: JGJ 3—2010[S]. 北京: 中国建筑工业出版社,
2011.

[3] 住房和城乡建设部. 高层民用建筑钢结构技术规程: JGJ 99—2015[S]. 北京: 中国建筑工业出版社,
2016.

[4] 广东省住房和城乡建设厅. 高层建筑混凝土结构技术规程: DBJ 15-92—2013[S]. 北京: 中国建筑工
业出版社, 2013.

[5] 住房和城乡建设部. 建筑结构荷载规范: GB 50009—2012[S]. 北京: 中国建筑工业出版社, 2012.

[6] 湖南大学. 横琴 IFC 大厦等效静力风荷载与风振分析研究报告[R]. 长沙: 湖南大学, 2013.

[7] 住房和城乡建设部. 建筑抗震设计规范: GB 50011—2010 [S]. 北京: 中国建筑工业出版社, 2016.

[8] 珠海横琴国际金融中心工程场地地震安全性评价报告: [R]. 珠海: 广东省工程防震研究院, 2013.

[9] 超限高层建筑工程抗震设防专项审查技术要点: 建质〔2010〕109 号[A]. 北京: 中华人民共和国住房
和城乡建设部, 2010.

[10] 横琴国际金融中心大厦场地详细勘察阶段岩土工程勘察报告: ZH13-015[R]. 珠海: 四川省川建勘察
设计院, 2013.

[11] 住房和城乡建设部. 钢管混凝土结构技术规范: GB 50936—2014[S]. 北京: 中国建筑工业出版社,
2014.

[12] 住房和城乡建设部. 混凝土结构设计规范: GB 50010—2010[S]. 北京: 中国建筑工业出版社, 2011.

[13] 住房和城乡建设部. 钢结构设计标准: GB 50017—2017[S]. 北京: 中国建筑工业出版社, 2017.

[14] 李治, 涂建. 珠海横琴新区十字门国际金融中心大厦超限高层建筑工程抗震设计可行性论证报告:
13272[R]. 武汉: 中信建筑设计研究总院有限公司, 2013.

[15] 珠海横琴国际金融中心调谐液体阻尼器可行性评估与概念设计[R]. 珠海: Rowan Williams Davies and
Irwin Inc, 2017.

[16] 李治, 戴苗. 一种矩形钢管混凝土柱过渡到型钢混凝土柱的连接节点及其施工方法: CN 113216417
B[P]. 2023-04-07.

[17] 精武路项目五期结构风荷载及风振响应分析报告: SCUTWT201603 R1V1[R]. 武汉: 华南理工大学土
木与交通学院, 2016.

[18] (武汉) 精武路地块 TC-5 号楼工程场地地震安全性评价报告: 2015AP054[R]. 武汉: 武汉地震工程研
究院有限公司, 2015.

[19] 武汉市城乡建设委员会. 市城建委关于提高武汉市主城区部分新建建筑工程的抗震设防要求的通知:
武城建规〔2016〕5 号[A]. 2016.

[20] 国家发展和改革委员会. 钢骨混凝土结构技术规程: YB 9082—2006[S]. 北京: 冶金工业出版社, 2008.

[21] 李治, 王海. 精武路项目五期 T5 塔楼超限高层建筑工程抗震设计可行性论证报告: 16074[R]. 武汉:
中信建筑设计研究总院有限公司, 2016.

[22] SMITH B S, COULL A. Tall building structures analysis and design[M]. New York: John Wiley and Sons,
Inc, 1991.

[23] WILSON EL, EERI M, HABIBULLAH A.Static and dynamic analysis of multi-story buildings, including P-Delta effects[J]. Earthquake Spectra, 1987, 3(2): 289-298 .

[24] 徐培福, 肖从真. 高层建筑混凝土结构的稳定设计[J]. 建筑结构, 2001, 31(8): 69-72.

[25] 陆天天, 赵昕, 丁洁民, 等. 上海中心大厦结构整体稳定性分析及巨型柱计算长度研究[J]. 建筑结构学报, 2011, 32(7): 8-12.

[26] 杨学林, 祝文畏. 复杂体型高层建筑结构稳定性验算[J]. 土木工程学报, 2015, 48(11): 16-26.

[27] 彭志桢, 吴小宾, 陈文明, 等. 大高宽比巨型框架. 核心筒结构的整体稳定性分析[J]. 建筑结构, 2020, 50(21): 27-30.

[28] 李少成, 刘畅. 质量分布不均匀的高层建筑整体稳定性分析[J]. 建筑结构, 2019, 49(SI): 213-217.

[29] 袁康, 白宏思, 李英民. 超高层建筑结构整体稳定性分析方法研究[J]. 工程抗震与加固改造, 2016, 38(3): 7-12.

[30] 陈伟伟. 质量竖向不均匀分布时刚重比公式的探讨[J]. 浙江建筑, 2015, 32(7): 16-20.

[31] 安东亚. 复杂连体高层结构整体稳定研究[J]. 建筑结构学报, 2019, 40(3): 100-105.

[32] 武云鹏, 韩博, 郭峰, 等. 结构刚重比算法研究及软件实现[J]. 建筑结构, 2015, 45(18): 71-74.

[33] 王国安. 高层建筑结构整体稳定性研究[J]. 建筑结构, 2012, 42(6): 127-131.

[34] 扶长生, 周立浪, 张小勇. 长周期超高层钢筋混凝土建筑$P\text{-}\Delta$效应分析与稳定设计[J]. 建筑结构, 2014, 44(2): 2-7.

[35] 薛浩淳, 范重, 王义华, 等. 重庆恒大中央广场T1塔楼整体稳定性分析[J]. 建筑结构, 2020, 50(SI): 2-7.

[36] 侯小美, 宋宝东. 复杂高层的整体稳定性分析[J]. 结构工程师, 2008, 24(6): 51-56.

[37] 赵昕, 蔡锦伦, 秦朗. 超高层结构基于刚重比敏感性的优化设计方法[J]. 同济大学学报 (自然科学版), 2020, 48(7): 929-936.

[38] 童根树, 季渊. 多高层框架-弯剪型支撑结构的稳定性研究[J]. 土木工程学报, 2005, 38(5): 28-33.

[39] 朱杰江, 吕西林, 容柏生. 高层混凝土结构重力二阶效应的影响分析[J]. 建筑结构学报, 2003, 24(6): 38-43.

[40] 陈载赋. 结构力学简明手册: [M]. 成都: 四川科学技术出版社, 1986: 261-269.

[41] 李治, 陈松. 天悦星晨项目 (三期) A 座写字楼超限高层建筑工程抗震设计可行性论证报告: 13009[R]. 武汉: 中信建筑设计研究总院有限公司, 2013.

[42] 王建, 朱忠义, 周忠发, 等. 高位大跨度连体结构隔震减振多性能目标设计[J]. 建筑结构学报, 2023, 44(4): 54-62.

[43] 张一舟, 刘彦生, 李征宇, 等. 复杂多塔连体高层结构受力特点和设计思路[J]. 建筑结构, 2023, 53(2): 85-91.

[44] 刘劲松, 鲁风勇, 孙逊, 等. 某复杂高层角对称双塔结构弱连接分析与设计[J]. 建筑结构, 2021, 51(20): 28-32.

[45] 李亮. 海门文化中心剧院大跨度连体结构弱连接支座选型分析[J]. 建筑结构, 2023, 53(2): 50-54.

[46] 龚健, 周云. 摩擦摆隔震技术研究和应用的回顾与前瞻 (Ⅰ): 摩擦摆隔震支座的类型与性能[J]. 工程抗震与加固改造, 2010, 32(3): 1-10.

[47] 周云, 龚健. 摩擦摆隔震技术研究和应用的回顾与前瞻 (Ⅱ): 摩擦摆隔震结构的性能分析及摩擦摆隔震技术的应用[J]. 工程抗震与加固改造, 2010, 32(4): 1-19.

[48] 李治, 陈松. 中建·光谷之星超限高层建筑工程抗震设计可行性论证报告: 15067[R]. 武汉: 中信建筑

设计研究总院有限公司, 2016-2017.

[49] 国家市场监督管理总局, 中国国家标准化管理委员会. 建筑摩擦摆隔震支座: GB/T 37358—2019[S]. 北京: 中国标准出版社, 2019.

[50] 李湘杰, 潘鹏, 曹迎日. 摩擦摆隔震支座固体润滑技术综述[J]. 土木工程学报, 2021, 54(1): 14-25.

[51] 涂劲松, 李珠, 刘元珍. 摩擦摆隔震支座振动台试验、数值仿真及应用研究[J]. 世界地震工程, 2014, 30(2): 237-246.

[52] 李永双, 肖从真, 金林飞, 等. 结构高位连桥支座位移分析及控制研究[J]. 土木工程学报, 2013, 46(12): 1-8.

[53] 殷有泉. 固体力学非线性有限元引论[M]. 北京: 北京大学出版社、清华大学出版社, 1987.

[54] 王盟, 徐晗, 黄克戬. 武汉体育中心体育场张拉膜结构静力性能分析[J]. 建筑结构. 2003, 33(6): 43-45.

[55] 张伯寅等. 武汉体育中心体育场风洞模拟实验研究[R]. 北京: 北京大学, 2000.